KB000684

불량엄마의 삐딱한 화학 세상

불량엄마의
빼딱한 화학 세상

1판 1쇄 찍음 2018년 5월 15일
1판 2쇄 찍음 2019년 8월 30일

지은이 송경화
그림 홍영진 · 홍민기

주간 김현숙 | **편집** 변효현, 김주희
디자인 이현정, 전미혜
영업 백국현, 정강석 | **관리** 오유나

펴낸곳 궁리출판 | **펴낸이** 이갑수

등록 1999년 3월 29일 제300-2004-162호
주소 10881 경기도 파주시 회동길 325-12
전화 031-955-9818 | **팩스** 031-955-9848
홈페이지 www.kungree.com | **전자우편** kungree@kungree.com
페이스북 /kungreepress | **트위터** @kungreepress

ISBN 978-89-5820-522-7 03430

값 17,000원

불량엄마의
과학수다
3

불량엄마의 삐딱한 화학 세상

자연의 규칙과 예외가 고스란히 녹아 있는
매력덩어리 화학

송경화 지음 | 홍영진 · 홍민기 그림

궁리
KungRee

“엄마, 지구에 있는 원소는 어떻게 생겨났어?” 햇살 뜨거운 어느 여름날, 날씨만큼이나 무료하게 이 한마디를 던졌다. 어렸을 적에 ‘엄마, 사람은 무엇으로 이루어져 있어?’ ‘사람은 왜 살아?’라는 귀여운 질문을 마구 던지던 너였으나, 어느 순간부터 질문을 하지 않는다. 지식과 질문의 관계는 원과 원의 테두리 관계와 같아서, 지식의 원이 커지면 질문의 크기인 원의 테두리도 커지거든. 그런데 어찌된 일인지 학년이 높아질수록 질문이 줄어든다. 어쩌면 질문하는 방법, 아니 질문 그 자체를 잃어버리고 그냥 던져주는 단순한 지식을 취득하고 있는지도 모르지. 그리고는 시간이 지나면 다 잊어버린다.

인류의 생존과 발전은 질문에서 비롯되어 질문으로 끝난다고 해도 과언이 아니야. 질문하지 않으면 한 발자국도 앞으로 나갈 수 없으며, 문제의 해결 방법을 찾을 수 없으니까. 너도 뭔가가 궁금하면 그 질문에 대한 해답을 찾기 위해 컴퓨터를 뒤지잖아. 궁금하지 않으면? 답을 찾을 필요도 없지. 그런데 말이야, 질문은 네가 했는데, 해답은 인터넷에 떠돌아다니는 정보로부터 오잖아. 질문에 대한 해답을 찾는 방법이 바뀌고 있다는 거지. 얼마만큼의 시간이 될지 정확하게 말할 수는 없지만, 일정한 시간이 흐르고 나면 문제 해결은 인간의 영역이 아닐지도 몰라. 오로지 질문만이 인간의 영역으로 남을지도. 그래서 질문하지 않는 너를 보며 혼자 걱정하고 있었지. 그런 상황에서 위대한 결과로 이끄는 첫 단계인 질문을 했으니, 이 엄마는 기꺼이 자가발전을 해본다.

그러면서 곰곰이 네 의문의 출발점이 어딘지 유추한다. 화학 시간에 원소에 대해 배웠겠지. 수소가 어쩌고, 산소가 어쩌고 하면서. 그러다가 문득 "얘들은 태초에 어떻게 태어났을까?" 하는 의문이 들었겠지. 태초에 얘들이 어디서 왔는지 수많은 사람들이 질문 던지고 미흡하나마 해답을 찾기도 했어. 그래서 물질을 이루는 만물의 근원을 얘기하면서 원자를 빼놓고는 아무런 얘기를 할 수 없다고, 이 세상은 '원자의 세상'이라고 모든 사람들이 입을 모아 얘기해. 더 나아가 원자들이 만들어낸 '분자의 세상', '화학의 세상'이라고 얘기하지. 너라는 존재도 원소로 구성되어 있고, 네가 매일 만지는 모든 물질이 원소로 구성되어 있잖아. 실제로 지구에서 살아가는 그 모든 일상에서 원자로 이루어진 분자들의 상호 작용이 없다면 단 1분 1초도 살아갈 수가 없을 거야. 그런 원자를 쪼개봤더니 원자핵과 전자로 이루어져 있고, 또 쪼개봤더니 더 작은 쿼크, 렙톤이니 하는 더 작은 소립자로 구성되어 있더라는 거지.

그런 원자가 어디서 어떻게 만들어졌냐고? 원자가 만들어지기 위해서는 원자핵과 전자가 있어야 하잖아. 혹시 핵융합발전소라는 말을 들어봤을까? 핵분열의 원리를 이용한 원자력발전소라는 단어는 아주 익숙한데 '핵융합'이라는 단어는 조금 생소하지? 핵융합이란 원자핵을 융합해서 새로운 원자를 만드는 과정이야. 양성자 하나만으로 이루어진, 가장 가벼운 수소를 모아 섭씨 1000만 도까지 끌어올리면 불이 붙으면서 원자핵과 원자핵이 융합하는 반응이 일어나. 그 결과 양성자가 2개인 헬륨이 만들어지고, 이렇게 만들어진 헬륨은 더 높은 온도에서 핵융합해서 탄소로 재탄생하고, 탄소 원소들끼리의 핵융합 결과 더 무거운 원소들이 탄생하고, 그러다가 철이라는 원소를 만드는 순간 모든 것이 끝난 것처럼 보이지.

"엄마, 이거 별의 생성과 소멸 과정 아니야? 초기 별 가루들의 총 질량이 얼마냐에 따라 최종 만들어지는 원소의 종류가 달라지고, 핵융합에 의해 만들어질 수 있는 가장 무거운 원소는 철이라는? 그래서 철로 이루어진 별은 블랙홀이 된다는?" 맞아. 바로 별의 생성과 소멸이지. 핵융합으로 인해 빛나는 별, 태양과 같은 별은 탄소까지만 만들 수 있는 초기 질량을 가졌고, 어떤 별은 아주 무거워 철까지 만들기도 하고. "그럼 별이 핵융합발전소인 거네~ 하지만 지구에는 철보다 더 무거운 원소들도 많잖아. 걔들은 어떻게 만들어지는데?" 별이 살아가다가 거대한 온도와 압력을 견디지 못하고 폭발하는 순간이 와. 그게 지구에서 눈으로 관찰할 수 있는 적색거성이나 초신성 폭발이거든. 그 과정에서 엄청난 양의 중성자가 쏟아지는데, 얘들이 이런저런 원소의 핵에 은근슬쩍 끼어들어가 더 무거운 원소를 만드는 거지.

생각해보자. 약 138억 년 전부터 이런 일들이 지금까지 계속 일어나고 있지. 지구는 약 46억 년 전에 탄생했으니, 지구에 존재하는 원소들은 다 그렇게 우주에서 만들어져 지구에 정착한 거지. 그렇게 우주에서 온 원자들로 만들어진 지구. 이 특별한 지구에는 너와 내가 살고, 특별히 적당한 온도를 유지하고 있기 때문에 별에서처럼 새로운 원소가 마구 생겨나지는 않아. 그렇다고 지구에 있는 원소들이 우주로 날아가는 일도 거의 일어나지 않거든. 그러니 '원자의 세상' '화학의 세상'인 지구에서는 내부 순환에 갇힌 원자들끼리, 분자들끼리 지지고 볶으면서 이렇게도 변신하고, 저렇게도 변신하는 거지.

얘들이 어떻게 지지고 볶냐고? 지구의 일상적인 조건이 원자핵을 새로 만들거나 붕괴할 수 있는 고온과 고압의 상태는 아니니, 비교적 손쉬운 전자를 가지고 지지고 볶겠지. 그래서 지구에서 말하는 원자 세상, 분자 세상, 화학 세상의 범위를 조금 좁히면 '전자의 세상'이라고 할 수도 있을 거야. 우리가 일상에서 접하고 다루는 대부분의 물질들은 전자의 이동, 전자의 공유, 전자가 유발하는 쌍극자 등에 의해 만들어진 물질이거든.

엄마의 이런 얘기에 너는 또 반박을 하겠지. 원소의 전자는 결국은 원자핵의 양성자에 의해 결정되는 것이니 전자가 모든 것을 결정하는 것은 아니라고. 타당한 반박이지. 이 사실을 부정하는 것은 아니야. 다만, 일상에서 접하는 물질들, 일상에서 제어할 수 있는 온도와 압력 하에서 원자핵은 논외의 대상이라는 거지. 지구에서 일어나는 원소와 분자들의 상호 작용은 원자핵을 가지고 노는 특별한 분야를 제외하고는 전자에 의해 일어나는 일이 대부분이니까. 그게 네가 학교에서 배우는 화학의 범위지. 화학은 자연의 규칙이 고스란히 녹아 있으면서도 적당한 예외가 존재하는 매력덩어리이야. 완벽하게 규칙적이면 시간이 지나면서 지루해질 수 있는데, 좀 지루해질 만해지면 늘 예외라는 반전이 생기는. 물론 그 반전마저도 크게 보면 규칙의 범주에 들어가기는 하지만, 그로인해 지루할 틈을 주지 않거든. 엄마가 너의 질문 한마디에 열심히 떠드는 진짜 속내는 질문이 계속 튀어나오게 만들고 싶거든. 이런 과정이 과학자들이 질문을 하고 답을 찾아가는 과정을 이해하는 계기가 되고, 엄마가 미처 다 다루지 못한 다른 질문들을 쏟아냈으면 좋겠어.

그런데 말이야, 그렇게 원자를 구성하는 전자의 움직임에 의해 만들어지는 수많은 물질들을 인류가 열심히 사용을 해오고 있는데 그 과정에서 수많은 문제들이 발생해. 몰라서 생기는 문제, 부주의해서 생기는 문제, 거기다가 사용자의 권한 남용으로 인해 생기는 문제까지. 그래서 위대한 '화학'이라는 단어를 아주 삐딱하게 바라보는 시각이 지배적이지. '화학'이라는 단어를 부정적인 시각으로 바라보고, 이 단어가 들어가는 모든 것들을 나쁜 것으로 간주하곤 하잖아. 화학이라는 단어에 낙인을 찍은 거지. 어쩌면 그 화학이라는 단어를 향한 '삐딱한 시선'은 엄밀하게 말해 '화학'이나 '원소', '분자' 그 자체가 아니라 일부 사용자의 권한 남용일 거야. 그래서인데 원자로 이루어진 화학 세상을 삐딱하게 바라보게 하는 사용자의 권한 남용을 삐딱하게 바라보면 어떨까?

차례

제 1 장

헛된 꿈이 제일 나빠?

연금술과 화학

'엄마, 나 블락비 앨범 사줘' '엄마, 나 씨엔블루 앨범 사줘' '엄마, 나 FT아일랜드 공연 갈래' '엄마, 나 용돈 올려줘' '엄마, 나 드럼 배우고 싶어.' 엄마, 엄마, 엄마…… 네가 '엄마'라고 부를 때, 그래서 엄마와 대화를 원할 때는 딱 두 가지 경우다. 배고플 때랑 돈이 필요할 때. 그래도 돈에 관해서는 모든 것이 연예인과 관계된 것이니 일관성이 있다. 그래서 어느 날 "너 혹시 연예인 되고 싶니?"라고 물어봤다. 그런데 질문을 하고 '아차' 싶었다. '혹시'라는 단어를 사용하는 게 아닌데. '혹시'라는 단어를 사용함으로써 네가 연예인이 되는 데에 매우 부정적이라는 걸 다 드러내버렸네. 그런데 네 반응도 '역시나'다. 아무 관심 없는 척, 그런 걸 물어보는 엄마가 이상하다는 듯이 흘끗 쳐다보더니 그냥 가버렸다. 그러더니 며칠 뒤 서류 한 장을 들고 와 서명을 하란다. '슈퍼스타 K' 참가지원서. 딸아이가 내민 서류를 한참 동안 뚫어지게 쳐다보다가 '혹시'라고 말한 죄가 있어 서명을 해줬다. 1차 예선 통과 결과를 접한 아빠가 잠시 음악을 했던 엄마에게 조심스럽게 물었다. "당신이 보기에는 가능성 있어 보여?" 엄마의 답은 '아니오'로 명확했다. 그런데 이 남자의 반응이 이상하다. "다행이네" "아니 다행이라니? 할 수도 있는 거잖아" "진짜로 한다고 하면 어쩌려고?" "본인이 재능 있고 좋아하면 하는 거지!" '혹시'라고 말했던 나보다 더 심하다. 그러면서 "그래도 '안정적 직업'보다는 훨씬 참신하구만"이라고 중얼거렸다.

네가 6학년일 때 교실 뒤 칠판에 붙어 있던 너의 장래희망이 '안정적 직업'이었어. 보통은 정말 그런 생각을 가지고 있어도 '이건 남들이 다 보는 거니까 뭔가 그럴 듯한 걸 적어야지' 하는 생각을 할 수도 있었을 텐데, 다른 아이들의 '선생님', '피아니스트', '의사' 이런 직업들 사이에 버젓이 '안정적 직업'이 적혀 있었지. 미안하게도 다행이라고 생각하면서 피식 웃었어. 남들처럼 그럴듯하게 포장해서 쓸 수도 있을 텐데도 그러지 않은 반항의 상태, 신체적 변화와 미래에 대한 불안감을 안정한 상태로 돌리고 싶어하는 무의식의 결과, 그러면서도 특별한 답으로 남들의 주목을 받고자 하는 심리적 허영. 이 모든 복잡하고 불안정한 심리적 상태가 '나에게 관심!'이라는 최종 목적지를 가리키고 있었지. 한마디로 사춘기인 거지. 그렇다고 딸애가 사춘기가 왔다는 것을 직접 확인한 상황에서 웃을 엄마는 없을 거야. 그런데 왜 웃었냐고? 불안정한 상태를 안정한 상태로 되돌리려는 우주의 근원, 아니 더 작게는 세상을 지배하는 근원, 그보다 더 작게는 너를 지배하는 근원이 안정한 상태로 되돌리고자 하는 것이니 본능에 충실하다는 얘기지. 더불어 엄마가 다행이라고 생각한 것은 '안정적 직업'이라는 문구가 '나는 절대로 안정적 직업을 가질 수 없다!'라는 반어적 표현으로 들렸기 때문이기도 해. 그런 답은 아무나 쓰는 게 아니잖아. 그랬던 너인데, 슈퍼스타 K쯤이야? 헛꿈 꿔도 괜찮은 나이고, 때로는 남들이 보기에는 헛꿈인데 그게 현실이 될 때도 많잖아? 그런데 아빠는 뭐래니? 헛꿈이 제일 나쁘다고?

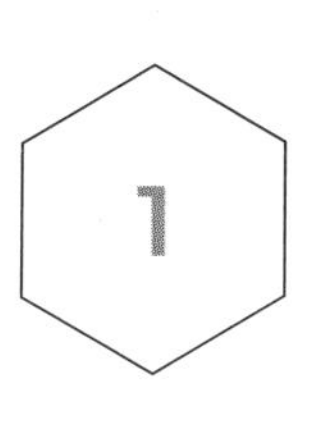

헛된 꿈의 문제들

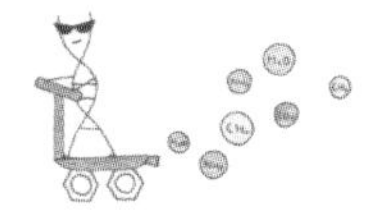

매일매일 배달되는 조그만 상자들. 안 봐도 안다. 그 안에 들어 있는 건 네 방을 굴러다니는 수많은 반지, 귀걸이, 목걸이일 테니까. 어느 순간부터 그런 액세서리 구매가 늘었다. 참 재주도 좋다. 어디서 그 다양한 것들을 주문하는지. 그러더니 어느 날은 아예 자기 띠를 나타내는 18k 금목걸이를 사달라고 한다. 이유는 금속 알레르기 때문이라고…… 그럼 안 하면 되지 굳이 금으로? 몇 번의 조름과 안 된다는 얘기 끝에 결국은 소리를 질렀다. 그런데 튀어나온 말이 너에게 좋은 먹잇감이 될 수밖에 없는"그럼 네가 만들어!"였다. "아니 내가 금을 어떻게 만들어? 내가 허~마이니야? 베라 베르토~ 하고 외치면 쇠반지가 금반지로 변하게?"라며 즉각적인 반

응으로 돌아왔다. 엄마 같으면 가가멜이 튀어나올 텐데 헤르미온느가 튀어나온다. 하긴 세대가 다르니.

세대가 다르기는 하지만, 소설 속 마법사들의 모습은 시대를 막론하고 비슷하잖아. 상상해봤어. 네가 이상한 모자를 쓰고, 어두침침한 곳에서 아무도 모를 비법을 찾기 위해 솥을 걸어놓고 이것도 집어넣고 저것도 집어놓고 '베라 베르토~' 하고 주문을 외우지만 결국엔 폭발로 끝나는 상상을. 뭐 헤르미온느는, 아니 네 발음으로 하면 '허~마이니'는 마법사들 세계에 사니까 언젠가는 성공할지도 모르지만 인간 세상에 사는 너도 성공할 수 있을까? 그게 금과 비슷하게 보이는 납과 같은 금속으로부터 금을 만드는 연금술이잖아.

인류 역사에서 한 번도 변하지 않고 귀한 대접을 받아온 금을 만든다면 한순간에 떼돈 버는 거잖아. 그래서 금을 찾는 것에 만족하지 않고 만들겠다고 덤볐지. 그 시도는 기원전부터 아이작 뉴턴에 이르기까지 거의 2000년이나 넘게 이어져왔으니까. 네 말처럼 연금술이 헛꿈인데, 근대과학의 기틀을 세운 거장 뉴턴이 연금술에 빠져 헤어나지 못했다는 것은 그 사람을 존경하는 많은 과학자들이 믿고 싶어하지 않는 실화거든. 그 시대의 지성의 아이콘이요, 미적분학, 만유인력과 같은 고전물리학, 광학 등 그 어떤 분야라도 파고들기만 하면 상상을 초월하는 결과를 낸 그가, 헛꿈처럼 보이는 연금술에 빠져 모든 일을 팽개쳐두고 두문불출하니 얼마나 기가 막혔겠어. 그렇다고 뉴턴이 연금술에 성공했냐고? 그럴 리가. "아니 왜 그렇게 오랫동안 되지도 않는 일을 하고 그랬대? 역시 아빠 말처럼 헛꿈은 나쁜가?"라며 서류를 들고 사라졌다.

꿈만 꾸고 말았다고? 아니, 꿈을 현실로 만들기 위해 그 긴 시간 동안 부단히도 노력해왔지. 그 결과 금을 만들고자 했던 꿈은 아주 오랜 시간이 걸리기는 했지만 결국은 현실이 되었거든. 만들 수 있다는 얘기지. 더불어 네가 말하는 헛된 꿈이 결코 나쁘지 않다는 것을 알려주마!

비밀이야~

인류의 역사를 구분하는 단어들을 보면 아주 재밌는 사실을 알 수 있어. 주변에 있는 돌을 가지고 도구를 만들어 사용했던 석기시대, 구리를 끓이고 녹여 만든 청동검을 기반으로 고대 국가를 형성했던 청동기시대, 철을 끓이고 녹여 철갑옷도 만들고 농기구도 만든 철기시대로 구분하는데, 얘들은 모두 재료를 나타내는 단어잖아. 철을 제련할 수 있는 기술을 가진 부족은 어느 한순간 급성장해서 거대 국가를 만들기도 했지. 이는 인류가 아주 오래전부터 우연히 알게 된 경험을 통해 지구에 존재하는 수많은 물질에 대한 사용법을 알고 있었고, 이를 기반으로 발전해왔다는 것을 단적으로 나타내잖아. 한마디로 재료가 고대 국가의 흥망성쇠를 결정했지. 그래서 더 다양한 물질의 사용법을 알아내기 위해 수많은 노력들을 했는데 그 모든 노력을 통틀어 '연금술'이라고 정의할 수 있어. 연금술은 금을 만드는 비법이라고? 좁은 의미로 보면 그렇지만, 새로운 물질을 만들고자 했던 그 모든 노력의 결정체가 바로 '금 만들기'였기 때문에 그냥 다 연금술이라고 불러도 무방하지.

본격적으로 연금술이 시작한 시기는 약 2000년 전이라고 보고 있어. 청동기시대나 철기시대의 시작은 2000년보다 훨씬 이전인데 왜 2000년이라고 얘기하냐고? 본격적으로 금을 만들기 위한 노력들이 체계화된 시점을 보면 그렇다는 거야. 2000년 동안의 연금술의 중심지는 역사가 어떻게 흘러갔느냐에 따라 유럽이 되기도 하고 아랍이 되기도 했지. 그리스에서 출발한 연금술은 로마가 번성했을 때는 로마였다가, 로마가 쇠퇴하고 이슬람권이 문명의 중심지가 되었을 때는 아랍이었다가, 13세기 이후 다시 유럽이 되었지.

연금술은 영어로 Alchemy, 이집트어로는 khemia, 그리스어로는 chyma, 아랍어로는 alchemiya야. 그런데 말이야, 동양에는 이런 연금술이 없었겠어? 영어, 이집트어, 그리스어 등의 단어에서 볼 수 있는 공통의 발음이 '켐'이잖아. 이 발음은 어디서 왔을까? 이 발음이 중국의 도교사상에서 왔다는 주장이 있어. 한자로 금은 '金'이라고 쓰고 발음은 '킴(Kim)이잖아. 아니라고? '징'이라고? 현재의 중국어 발음은 그렇지만 고대의 한자 발음은 'Kim'일 거라고 추정하고 있어. 도교사상의 핵심은 영원히 죽지 않는다는 영생불사에 있는데, 도교 지지자들은 다른 물질과 반응하지 않는 금의 무반응성이 영생과 관련 있다고 생각했지. 그래서 이들은 연금술로 금을 만들면 '영생불사약'을 만들 수 있다고 믿었던 거고. 중국의 이런 도교사상이 비단길을 통해 아랍으로 전파되어 모든 언어에 포함되어 있는 '켐'이라는 발음의 기원이 되었다는 얘기가 있지. 엄마가 왜 이렇게 연금술에 대한 얘기를 길게 하냐고? 그건 화학을 뜻하는 Chemistry가 연금술을 의미하는 Alchemy에서 왔으며, 실질적으로 연금술이 근대화학의 기초가 되는 정량적 실험의 토대가 되었기 때문이지.

하지만 연금술은 심각한 부작용을 낳기도 했어. 연금술의 최종 목표가 '금 만들기'와 영생불사와 연관된 '만병통치약 만들기'야. 이들 단어만 봐도 떠오르는 단어가 하나 있지 않냐? "사기?" 맞아. 너무나 쉽게 사기를 칠 수 있다는 거지. 사기를 쳐보자. 당당함으로 무장하고 더 많은 돈이 필요한 왕 앞에 가서 '내가 금을 만들었다'라고 하면서 증거가 될 수 있는 물건을 내미는 거야. 그 증거라는 것은 결국 자신이 만들었다고 주장하는 금이 될 거야. 그래도 한 나라의 왕인데 보여주는 금만 보고 믿지는 않을 거잖아. 그러면 '이렇게 금을 만들기 위해 철학자의 돌을 얻기 위해 30년을 찾아다녔고, 2년 전에 그 돌을 찾았습니다. 보십시오!'라고 열변을 토하면서 '철학자의 돌'을 내미는 거지. 연금술에서 '철학자의 돌'은 모든 문제를 해결해주는 신의 한 수거든. 가열된 금속을 순수한 금으로 만드는 무겁고, 반짝이는 광택을 지닌 적색의 가루. 이 가루를 찾지 못해 금을 못 만든다고 생각해왔었는데, 철학자의 돌을 찾았다고 주장하는 거잖아. 거기다가 그 자리에서 약간의 쇼를 가미한 시연이라도 해봐. 이쯤 되면 돈이 필요한 왕들이 슬슬 현혹당해서 넘어오지.

그 다음은? 왕들이 대량으로 금을 만들기 위한 시설을 구축하기 위한 돈을 대고, 연금술사는 돈 받고 도망가는 거지. 그런 것만 있겠어? 16세기에는 젊음을 회복시켜주는 '프리멈 엔스(Primum Ens)'를 매일 아침 와인과 함께 소량 마시면 손톱, 머리, 이가 빠지고 마지막으로 피부가 마른 뒤 새로운 것으로 교체된다는 말에 속아 엄청난 사람들이 프리멈 엔스를 사 먹었다고 해. 그게 뭔지도 모르면서. 어떤 일이 일어났는지 상상할 수 있겠지? 손톱이 빠지고, 머리가 빠지고 이가 빠졌겠지. 손톱이야 다시 나겠지만 이는 다시 났을까? 안 났겠지. 이런 일들이 16세기까지 공공연하게 일어난 걸 보면 그 이전에는 더 심했을 거잖아. 오죽했으면 1317년 교황 존 22세는 '연금술 금지령'까지 내렸겠어. 그러니 연금술은 더 깊숙이 음지로 숨어들 수밖에 없었지. 1700년대까지도 위세를 떨쳤던 연금술사들은 실명을 사용하지 않고 가명을 만들어 비밀회합을 가질 정도였대.

그런데 16세기에 일어났던 일들이 낯설지가 않잖아. 너도 아침마다 엄마에게 다가와 "엄마, 이게 다이어트에 좋대. 이걸로 2주 만에 5kg을 뺐대.", "엄마, 물은 이온수를 마셔야 한대. 그러니 이 정수기를 사자" 하면서 불확실한 여러 가지 정보를 흘려 구매를 강요하잖아. 그때랑 지금이랑 다르다고? 당연히 다르지. 그때는 그냥 "세기의 연금술사인 라스푸틴이 만든 이 약은 회춘을 시켜 드립니다. 우리 엄마가 먹어봐서 확실합니다. 옆집 아줌마도 똑같은 효과를 봤습니다"라고 했겠지. 지금은 "칼로리가 없는 한천이 90% 이상 포함되어 있어 포만감을 주고, 식욕을 억제하는 디에타민이 들어 있어 다이어트에 아주 효과적입니다. 3년에 걸쳐 5000명을 대상으로 한 임상 실험에서 약 95% 이상이 동일한 효과를 봤습니다"라는 거대한 광고 문구 아래, 돋보기로 확대해야만 보이는 글씨로 '불면증, 우울증, 충동조절장애를 비롯해 혈압 상승, 현기증, 일시적 근시 등 부작용을 유발할 수 있음'이라고 쓰여 있지. 둘이 뭐가 다르냐고? 구체적인 과학적 근거와 의미 있는 통계 정보를 제시하는 것이 다르지. 그때의 광고 문구를 보면 어디에도 정보가 없잖아. 그 약의 구성 물질이 뭔지, 어떤 성분이 어떤 효능을 내는지, 그리고 부작용은 없는지에 대해 전혀 알 수가 없다는 거야. 즉, 아무런 정보를 제공하지 않는 비밀이라는 거지. 연금술은 아주 오랫동안 특별한 사람에게만 전수되었고, 그 자체가 비밀이었어. 현대의 관점에서 보면 비밀이 아니라 공개되어야 하는 정보인데 말이야.

정보가 비밀이 되는 순간 어떤 일이 벌어지는 줄 알아? 공유되지 못하면 잘못된 것을 찾아낼 확률이 매우 낮아진다는 거야. 여러 사람이 함께 고민하면 금방 찾을 수 있는 오류임에도 불구하고 소수만이 알고 있기 때문에 오류가 오류를 낳고, 또 오류를 낳는 악순환이 반복되는 거지. 단순히 오류로 끝나면 괜찮을 수도 있지만, 비밀에 마법이 덧칠해져 신비주의가 되어 근거 없는 믿음이 되는 거지. 네가 그랬지. '내가 허~마이니'냐고. 맞아. 그게 연금술이야. 마법. 하지만 과학에 마법은 없거든. 오로지 관찰과 측정을 통한 결과를 토대로 이루어지는 거지. 그렇다고 오늘날 과학이 만능은 아니지. 과학이 모든 것을 해결해줄 것처럼 얘기하는 일부 사람들이 있기는 하지만, 어쩌면 그 또한 과학을 가장한 신비주의와 사이비 과학일지도 몰라. 현실적으로 우리가 자연에 대해 모르는 게 더 많은데 과학이 모든 것을 해결해줄 수 있다고 말하는 것 자체가 사이비지. 다만, 잘 알지 못하는 현상이나 사실, 그리고 누군가가 강력하게 주장하는 내용에 대해 의심하고 논리적인 가정을 하고 증명해나가는 것이 필요한 거지.

그런데 이상한 게 하나 있지 않니? 기술적으로야 뭔가를 섞으면서 납으로 금을 만드는 노력을 했겠지. 하지만 이론적 배경 없이 오랫동안 이런 헛된 꿈을 꾸기는 어렵지 않을까? 이론이 워낙 탄탄하니까 지금 내가 만들지 못한 것은 '철학자의 돌'을 찾지 못했기 때문이라고 생각하고, 이 돌을 찾기 위해 끊임없이 노력했겠지. 그 이론적 배경이 바로 '물질간의 상호 전환이 가능하다'라는 굳은 믿음이야. 세상을 이루는 근원 물질간의 상호 전환, 즉 물이 불이 되고, 불이 흙이 되는. 연금술사들이 신봉했던 이론적 근거는 엄마가 얘기하겠지만 네가 금을 만들 수 없다고 하는 근거는 뭐니? 그리고 현대에는 연금술이 가능하다고 했잖아. 그건 연금술사들이 그렇게도 찾고 싶어했던 '철학자의 돌'을 찾았기 때문이지. 현대적인 관점

젊음을 되찾아주는 명약
'프리멈 엔스'가 왔어요~

· 프리멈 엔스를 광고하는 연금술사 ·

에서 그 철학자의 돌이 뭐냐고? 중성자라고 할 수 있지.

생각이 더 큰 문제야

동서양의 사람들이 실험에 근거를 둔 연금술에 빠져 헛된 꿈을 꾸는 것과는 달리, 생각을 기반으로 헛꿈을 꾸는 사람들이 있었어. 그들의 질문은 '세상을 이루는 근원 물질은 무엇인가?'라는 딱 한 가지였어. 그들은 과학자라기보다는 철학자였어. 들어는 봤나? 탈레스(Thales), 엠페도클레스(Empedokles), 아리스토텔레스(Aristoteles), 데모크리토스(Demokritos). 이름들이 좀 낯설지? 이들은 모두 고대 그리스 철학자들이야. "머리 아픈 철학?" 응. 머리 아픈 철학! 물론 엄마가 말한 이 사람들 말고도 더 많지만, 이들이 고민했던 내용이 도움이 될 것 같아서 특별히 뽑았어. 엄마에게 선택된 사람들이지. 이들 모두는 세상을 이루는 근원 물질이 무엇인가에 대한 고민을 했는데, 거기서부터 자연과학이 출발했어.

시대적으로 탈레스가 가장 먼저 태어났으니까, 탈레스부터 보자고. 그는 만물을 이루는 근원 물질이 물이라고 했어. 고작 물이라고 생각했냐고? 그게 그렇게 단순하지가 않아. 실제로 물은 가장 오랫동안 근원 물질로 여겨졌고, 물이 근원 물질이 아니라는 것이 밝혀지면서 화학이라는 학문의 영역이 열렸을 정도니까. 이 얘기는 아주 특별하니 따로 얘기하자. 그런데 이 사람이 물이라고 한 이유가 뭘까? 생명체를 이루는 가장 중요한 물질이 물이고, 우리는 물이 없으면 살 수 없어. 그러니까 이 사람은 생명체 관점에서 만물의 근원을 찾아본 거지. 탈레스 외에도 사람이 살아가는 데 없으면 안 되는 공기와 불을 만물의 근원이라고 주장한 철학자들도 있어.

엠페도클레스는 다른 사람들이 얘기한 세 가지를 합치고 거기에 자신의 의견을 보태서 흙, 물, 불, 공기가 만물의 근원 물질이라고 주장했어. 재미있는 건 그가 4개 원소가 '사랑'과 '미움', 두 힘에 의해 혼합되거나 분리되어 세상에 존재하는 물질들이 생긴다고 주장했다는 거야. 사람을 움직이는 힘이 '사랑'과 '미움'인 거고 사람도 근원 물질로 이루어졌으니 그 근원 물질을 움직이는 힘도 '사랑'과 '미움'인 거지. 이 사람의 머릿속에는 사람에 대한 근본적인 고찰이 있었던 것으로 보여. 얼마나 인간적인 발상이니?

엠페도클레스의 4원소설이 아리스토텔레스한테 전해져서 4원소설 이론이 더욱 발전해. 아리스토텔레스의 4원소설에서 가장 중요한 것은 4가지 원소로 이루어진 서로 다른 물질 간의 상호 전환이 가능하다는 거야. 서로 전환이 가능한 이유는 불, 흙, 공기, 물이 각각 독립된 원소로 존재하는 게 아니라 습함과, 건조함, 차가움과 뜨거움이라는 성질에 의해 연결되어 있기 때문이라고 주장했어. 세상을 이루는 근원 물질들은 독립적으로 존재하는 것이 아니라 빈 공간 없이 쫙~ 연결되어 연속성을 지니며, 얘들이 어떻게 연결되느냐에 따라 서로 다른 물질이 만들어진다는 거지. 대단한 분들이지? 아무런 과학적 사실이나 증명 없이 아리스토텔레스의 생각

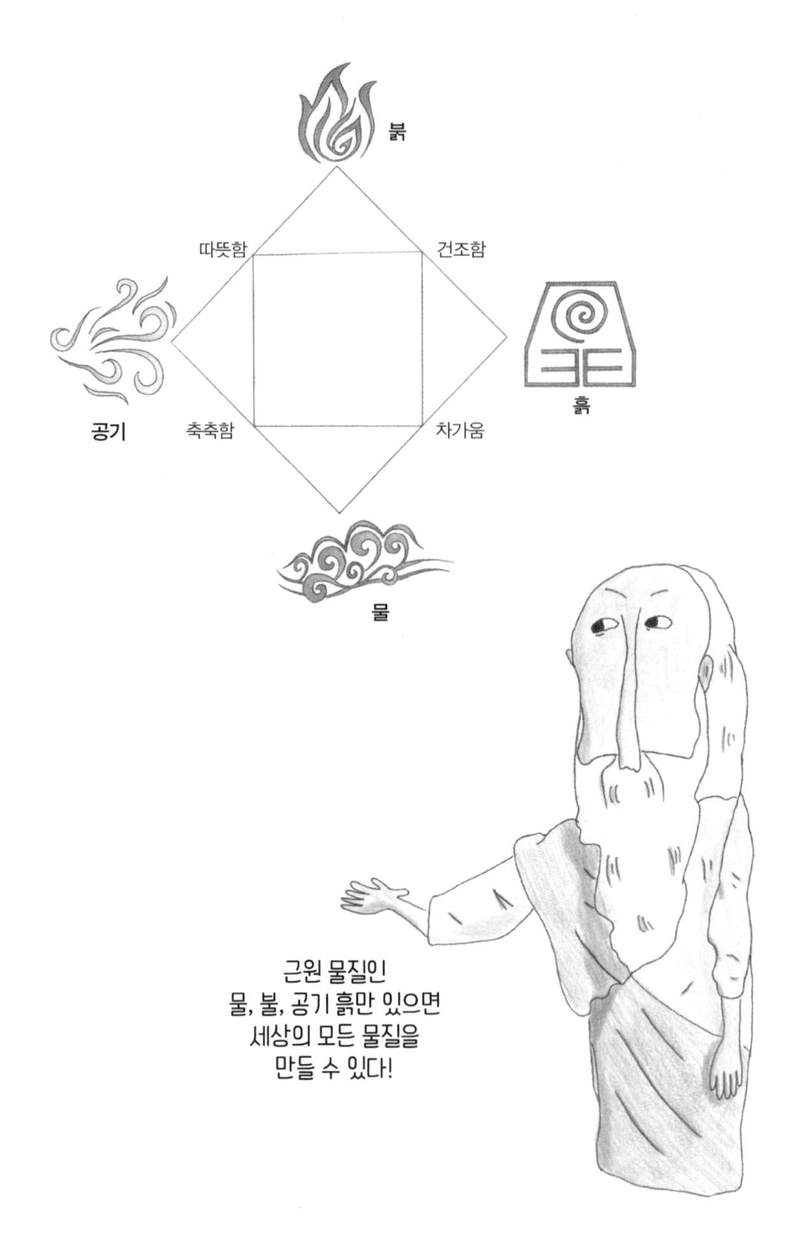

· 아리스토텔레스의 4원소설 ·

이 2000년 넘게 지속되지. 깨지지 않을 진리처럼 말이야.

연금술이랑 좀 비슷하지 않아? 근원 물질이 연결되는 정도에 따라 만들어진 서로 다른 물질들 간의 상호 전환이 가능하니까 납이 금이 될 수 있는 거잖아. 맞아. 바로 이 위대한 아리스토텔레스의 잘못된 생각이 연금술의 이론적 배경이 되었어. 혹시 히포크라테스라고 알아? 이 사람이 현대의학의 창시자라고 하잖아. 그래서 의사가 되려면 '히포크라테스 선서'라는 것을 하는 거고. 이 사람도 아리스토텔레스의 4원소설에 영향을 받아 몸이 아픈 건 4원소의 불균형과 부조화 때문이라고 얘기했지.

지금 들어보면 4원소설은 정말 황당하게 들리지. 하지만 엄마는 적어도 이 시기에 위대한 철학자들이 근원 물질을 연결하는 '힘'에 대해 고민했다는 것이 정말 중요한 사건이라고 생각해. 왜 '힘'이 중요한지는 계속 얘기할 거니까 지금은 접어두자.

"엄마, 그럼 그 누구도 이 사람의 4원소설에 반기를 들지 않은 거야?" 당연히 든 사람이 있지. 아리스토텔레스에 의해 4원소설이 더욱 확장되고 발전되기 전에 데모크리토스가 이상한 이론을 내놓았어. 그는 '세계는 더 이상 분할할 수 없는 것(atomon, 원자)'과 '공허한 공간으로 분리되어 있다'는 개념을 도입하지. 그것뿐인 줄 알아? '원자는 모두 같은 원질로 구성되어 있지만 형태, 크기, 무게는 다르다. 무에서 새로 생기거나 존재하는 것이 소멸하지 않는다. 소멸처럼 보이는 것은 원자 운동에 의해 다른 것으로 변환된 것이

다'라고 얘기했어. 놀랍게도 반박의 여지가 거의 없는 깔끔한 생각이야. 나중에 다시 자세히 얘기하겠지만, 이 사람 생각이 현대의 원자라는 개념에서 크게 벗어나지 않는다는 거지. 특히 '원자'와 '공허한 공간'이라는 두 용어를 썼는데 이는 4원소설과는 완전히 다른 거야. 뭐가 다르냐? 연속성이 아니라는 거지.

"엄마, 그런데 이 사람들은 이런 것을 다 어떻게 알았대?" 너의 이런 무심한 질문에 웃는다. 왜냐? 네가 그렇게 질문하는 바탕에는 이미 과학적 사고가 자리 잡고 있다는 거지. 즉, 실험으로 확인되지 않으면 믿기 어렵다는. 네 말처럼 데모크리토스의 생각도 실험과 증명을 바탕으로 한 것이 아니었잖아. 그 당시 상황을 보면 아리스토텔레스나 데모크리토스나 '내가 만물을 이루는 근본 물질에 대해 이런 생각을 했소!'라고 그냥 발표하는 거잖아. 근데 그 내용이 맞느냐 틀리냐를 어떻게 사람들이 확인할 수 있을까? 현실적으로 방법이 없는 거잖아. 그러니까 결국 누구의 생각이 옳으냐는 누가 더 많이 지지하느냐인 거지. 당연히 아리스토텔레스 지지자들이 많았지. 아리스토텔레스의 제자들은 또 다른 지지자가 되고, 세대를 이어 또 다른 지지자를 낳았어. 그 과정에서 4원소설은 점점 더 견고한 이론으로 발전하게 돼. 그래서 데모크리토스의 뛰어난 생각은 4원소설에 막혀 2000년 넘게 고이 잠자고 있을 수밖에 없었지. 그만큼 4원소설은 넘을 수 없는 4차원의 벽처럼 확고하게 버티고 있었던 거야. 솔직하게 얘기하면 4원소설을 깰 근거도 없었고, 특별한 대안이 없었던 것도 사실이긴 해.

근데 세상을 이루는 근원 물질을 안다고 해서 밥이 나오는 것도 아니고, 돈이 생기는 것도 아닌데 왜 그런 질문에 매달려 헛된 꿈을 꾸었는지. 그리고 왜 만들지도 못하는 금을 만들기 위해 그렇게 헛꿈들을 꾸어왔는지. 두 생각의 출발점이 무지 다르지. 한쪽은 밥도 돈도 안 되는 철학적 질문을, 다른 한쪽은 너무나 세속적인 돈을 벌기 위한 노력을.

영국의 경험철학의 대가인 베이컨은 이솝 우화 이야기를 하며 이런 말을 했대. '아버지가 유언으로 포도밭에 보물을 숨겨놨다고 하니까 자식들이 죽어라고 포도밭을 팠는데, 나오라는 보물은 안 나오고 다음 해에 농사가 풍년이었다. 그게 연금술이다'라고. 헛꿈 꾼 결과가 좋았다는 얘기지. 엄마는 여기에 하나 더 보태려고 한다. '밥도, 돈도 안 생기는 끊임없는 생각이란 걸 통해 후대가 먹고 살 미래를 만들어준 게 철학이다'라고. 엄마의 말이 베이컨의 말처럼 절대 유명해지지는 않을 거지만. 그래도 그 헛꿈에 보내는 불량 엄마식 찬사지. 근데, 그런 생각해서 돈 벌었다고 하면 어떻게 하지? 갑자기 철학자들한테 미안해지네……. 출발이 어찌되었든 그 결과, 둘이 합쳐져서 '화학(chemistry)'이라는 새로운 학문의 시발점이 되었어. 이렇게 진지한 답을 하는 엄마를 향해 네가 일격을 날렸다. "그래서 엄마는 지금 나보고 남 좋은 일 시키는 헛꿈을 꾸라는 거야?"라고.

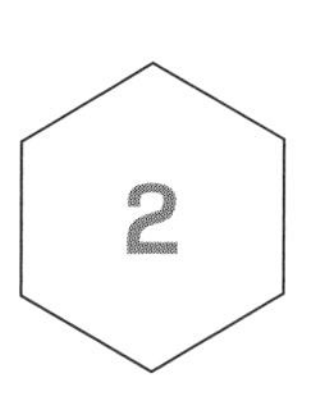

넘을 수 없는 4차원의 벽?

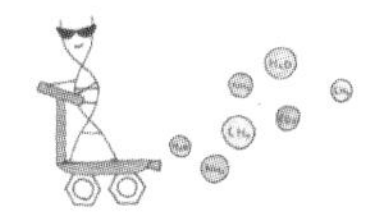

‘슈퍼스타 K’ 2차 예선이 있다고 한 날, 네가 없는 틈을 타서 청국장을 끓였다. 냄새가 어쩌고저쩌고 투덜대는지라 네가 없는 날을 골라 다른 식구들 특식으로 준비를 했는데, 벌컥 현관문을 열고 들어오더니 “엄마, 청국장 끓였나보네. 냄새 좋다~” 한다. 이건 또 무슨 조화란 말이냐. 잠실운동장에서 2차 예선을 해야 할 시간에 문을 열고 들어오면서, 냄새 때문에 싫다고 하던 청국장을 좋다고 하니. 그렇다고 이 어수선하고 어색한 분위기에서 대놓고 물어볼 수도 없어 조용히 밥을 줬다. 그런 엄마를 완전히 비웃기라도 하듯이 네가 말을 걸었다. “엄마, 냄새가 분자 운동 때문이지?” “응, 확산이야” “분자는 자유분방한가봐. 현관문 열기도 전에 냄새가 나니”라고.

이 상황에서 농도가 높은 곳에서 낮은 곳으로 분자가 이동하는 것이 '확산'이라고, 확산은 결국 농도 평형이 이뤄지면 더 이상 일어나지 않는다는 얘기를 할 수도 없고. 결국 웃지도 못하고 혼자 '아무렴 너보다 자유분방하겠냐?'라는 말을 삼켰다. 이런 분위기에 무관한 유일한 사람. 아들이 순진한 얼굴로 어색함을 깼다. "누나, 왜 왔어? 떨어졌어?"라고. 긴장한 엄마와 아빠가 쳐다보는데, 그런 동생을 향해 "날이 너무 더워. 이런 날 잠실운동장에 있다가는 일사병 걸려. 너는 그런 거 하지 마라!" 하면서 오물거린다. 그 답이 떨어지자마자 바로 남편을 째려봤고, 그는 고개를 숙이고 피식거리며 밥을 먹었다. 마누라의 째려봄 속에 '당신 때문이잖아!'라고 외치는 것을 남편은 알고 있었을 것이다. 엄마는 네가 우승할 것이라는 것에 대해 아주 회의적이고, 동시에 그런 너의 당당한 변명에 대해서도 회의적이다. 그 모든 것을 떠나 '도전' 그 자체는 훌륭한 것인데…….

'회의적'이라는 뜻을 알까? '회의적(Sceptical)'이란 단어의 뜻은 어떤 사실이나 예상하는 결과에 대해 '의심을 품는다'는 뜻이지. 정말 네가 그렇게 '날이 너무 덥다'라는 이유로 가지 않았을까? 혹시나 그게 너에게 '넘을 수 없는 4차원의 벽' 같은 거였니? 그래서 참가 자체가 회의적이었던 것은 아니었을까? 그래도 엄마가 아는 너무나도 회의적인 한 남자보다는 덜 회의적일 것 같기는 해. 너는 회의적이어서 실행하지 않았지만, 이 남자는 회의적이어서 확인해보려고 무지하게 덤볐거든.

회의적인 너무나도 회의적인~

그 회의적 남자가 로버트 보일(Robert Bolye)이야. 이 사람의 이름을 들어본 적 있지? '보일의 법칙'에 나오잖아. 보일의 법칙? 간략하게 얘기하면 '온도가 일정할 때 기체의 부피가 압력에 반비례한다'야. 사실 상세하게 설명해도 이게 다야. 다른 게 있다면 $V_1P_1=V_2P_2$라는 식으로 나타낼 수 있다는 정도지. 원래 진리는 단순한 거니. 보일은 이 한 문장을 완성하기 위해 3m나 되는 J자 유리관을 만들어 실험하고, 깨지면 다시 실험하는 과정을 수도 없이 반복했어. 한마디로 실험 중독이라는 얘기야.

실험에 미친 이 남자가 1661년에 아리스토텔레스의 4원소설을 비판하는 내용을 대화 형식으로 쓴 『회의적 화학자(Sceptical Chemist)』를 출간했어. 주된 내용은 한마디로 '실험으로 증명해주마!'인데, 조금 더 풀어보면 '과학은 생각에 근거한 철학이 아니라 실험에 기초해야 한다. 아리스토텔레스 당신이 주장한 4원소설은 옳지 않다. 어떻게 불, 흙, 물, 공기가 물질의 근원이 될 수 있으며 그런 것들이 서로 연속성을 가지고 물질을 이룰 수 있단 말인가? 자연계를 구성하는 근원 물질은 코퍼슬(corpuscles)이라는 일종의 입자들로 구성되며 그 입자들이 결합되는 여러 가지 방법에 따라 다양한 물질이 형성될 수 있다. 당신이 말한 연속성이란 존재할 수가 없다. 내가 실험으로 증명해주마!'라고 한 거지.

그때까지 진리라고 알고 있던 사실에 회의를 품고 견고한 4원소설에 정면으로 도전한 거야. 그런데 내용을 보면, '코퍼슬'이라는 아무도 쓰지 않는 이상한 용어를 썼어. 그냥 데모크리토스가 썼던 '원자'라는 표현을 쓰지 왜 혼자만 쓰는 이상한 용어를 사용했는지……. 사실 이상한 용어이기는 한데, 코퍼슬이란 단어를 사용해 '연속성'이 아니라 '입자'라는 것을 강조하고 싶었을지도 모른다는 거지. 입자라는 얘기는 입자와 입자 사이에 빈 공간이 있다는 거지. 이게 데모크리토스가 썼던 '공허한 공간'이라는 얘기와 일치하잖아.

그리고 정말로 중요한 건 '실험으로 증명해주마!'야. 아리스토텔레스의 4원소설이 실험으로 증명된 것은 아니었으니까. 그래서 자기 돈을 털어 실험실을 만들어 밤낮으로 실험했지. 대단하지 않냐? 돈이 얼마나 많으면 자기 돈을 털어 실험실을 만들겠어. 그런데 실험을 하려면 실험에 필요한 도구와 장치들이 있어야 하잖아. 보일은 연금술이 발달하는 과정에서 개발된 장치들을 자신이 실험하기에 적합한 것으로 바꿔서 사용했겠지. 그런데 이렇게 강력하게 연금술의 이론적 토대가 되었던 4원소설을 비판한 보일이 실제로는 연금술에 몰입했었다는 여러 가지 자료들이 있거든. 특히, 뉴턴과 짝짜꿍이 되어 연금술사들의 비밀회합에 적극적으로 참여했었어. 그렇게 한 이유가 연금술을 믿어서일까? 그것보다는 연금술의 실험적 방법과 관련된 문헌들을 구해 '실험에 기초'한 결과들을 보여주려고 했던 것은 아닐까?

연금술을 가지고 사기쳤던 수많은 사람들로 인해 '연금술은 나쁘다'는 등식이 성립되었지만, 실험 방법과 실험 도구 그리고 결과를 공유하는 방법 등의 여러 가지 순기능들 덕분에 과학 발전의 토대가 되어온 것은 그 누구도 부정할 수 없는 사실이잖아. 그리고 그때의 연금술은 마법에 가깝기보다는 관찰과 실험을 통해 증명하는 과학의 경계에 가까이 와 있었기 때문에, 뛰어난 과학자가 연금술에 빠졌다고 해도 크게 문제가 되지 않았을 거라는 거지. 그런데 사람들은 뉴턴이나 보일처럼 아주 뛰어난 과학자들은 흠집 없는 완전무결한 과학자의 아이콘이 되기를 바라는 막연한 기대감을 가지고 있잖아. 그로 인해 그들이 연금술에 빠졌다는 사실에 실망했을 거라는 생각이 들어.

보일의 업적에 대해 후대가 여러 가지 평가를 하지만, 공통의 평가는 '화학의 아버지'라는 거지. 그렇게 부르는 이유가 '보일의 법칙'을 만들어서냐고? 그런 것도 있겠지만, 결정적인 이유는 실험을 토대로 한 정량과학의 근간을 만들었기 때문이야. 이게 무슨 얘기냐고? 그 이전의 과학들은 주로 정성적인 부분이 강했어. '기체에 압력을 가하면 부피가 줄어든다.' 이런 식으로 말이야. 이런 표현을 정량적으로 바꾸면 반복된 실험을 통해 결과를 수학적으로, 통계적으로 처리해서 제시하는 거잖아. 그래서 '30번에 걸친 실험 결과, 온도가 일정할 때, 기체의 부피는 압력에 반비례한다. 따라서 기체 부피와 압력 간에는 $V_1P_1=V_2P_2$라는 공식이 성립한다'라고 제시하는 거지. 더불어 공식적으로 『회의적 화학자』라는 책을 통해 '달걀로 바위 치기'를 시도한 사람이기 때문이야.

그렇게 보일이 실험의 중요성을 강조하고 책을 써서 4원소설에 정면으로 도전했지만, 2000년 넘게 이어온 생각이 쉽게 깨지겠냐고. 잘 안 깨지지. 일단 달걀로 바위를 치기는 했는데, 바위가 쩍하고 갈라졌을까? 갈라지는 게 한순간에 일어나는 것처럼 보이지만 그 상태에 이르기까지 수많은 달걀들이 바위를 향해 덤볐을 거잖아. 달걀들이 계속 덤비면 아주 미세하게 금이 가기 시작하다가 한계점을 넘는 어느 순간, 지금까지 쌓여왔던 그 모든 힘들이 모여 바위가 갈라지는 거지. 적어도 보일이 바위를 쩍하고 가르지는 못했지만 깨질 수 있는 환경을 만들어줬다고 할 수 있어.

물의 비밀

보일이 죽고 100년 동안 수많은 사람들이 4원소설이라는 견고한 바위에 덤볐겠지. 각 나라마다 과학의 발달 정도가 조금씩 다르긴 했지만, 1700년대를 '화학의 혁명'이라는 이름을 붙일 수 있게 한 몇 명의 과학자들이 있지. 혹시 프랑스대혁명이 언제 일어났는지 아니? 1789년 7월 14일 시민들로 구성된 혁명군이 바스티유감옥을 습격하면서 공식적으로 부패한 절대왕정에 대항한 혁명의 신호탄이 터졌지. 화학 얘기를 하면서 웬 뜬금없는 프랑스대혁명이냐고? 프랑스대혁명이 일어나던 시기에 프랑스에서 화학혁명도 일어났으니까. 근데 왜 화학혁명이 프랑스에서 일어났을까? 그건 아마도 '십자군전쟁'의 결과라고 얘기하고 싶어지네. 연금술이 근대화학에 미친 가장 큰 영향은 바로 실험에 근거한 정량과학이거든. 실험의 모든 근간이 연금술에서 왔는데, 중국에서 꽃을 피우던 연금술이 비단길을 타고 아랍으로 넘어갔고, 로마의 쇠퇴와 더불어 문명의 중심지가 아랍으로 이동하면서 그야말로 아랍은 연금술의 중심지가 된 거야. 그런데 신의 이름으로 시작되어 200년 가까이 지속된 십자군전쟁의 결과, 연금술 관련 비법이 다 유럽으로 넘어간 거지. 그래서 독일, 프랑스, 영국을 중심으로 연금술이 급격하게 발달하게 되었는데, 1743년 8월에 남들이 실험한 결과를 재해석하는 데 천부적인 재능을 가진, 측정의 대가 라부아지에(Antoine-Laurent de Lavoisie)가 파리에서 태어났거든.

프랑스를 지배해온 절대왕정의 체제를 전복시킨 프랑스대혁명처럼, 짧은 시간에 사회 전체에 대변혁이 일어나는 것을 '혁명'이라고 하잖아. 그런데 과학은 오랜 지식의 축적을 기반으로 하는데 '혁명'이라고 부르는 게 가능할까? 눈에 보이는 급격한 변화인 혁명이 일어나기 위해서는 변화를 유발하는 여러 요인들이 긴 시간을 통해 무르익어야 하잖아. 화학혁명도 마찬가지야. 그때까지 수많은 결과들이 축적되어 오다가 어느 한순간 눈에 보이는 위대한 발견이 일어나고, 이 발견으로 그 시대를 지배해오던 생각이 마치 하루아침에 다 바뀌는 것 같은. 그런 일이 프랑스대혁명 시기에 유럽을 중심으로 일어났거든. "그 얘기는 바위가 깨졌다는 거야?"
"깨졌지!"

18세기는 돈도 밥도 안 되는 생각들과 돈 벌기 위해 시작한 연금술이 합쳐져서 학문이라고 부를 수 있는 어떤 경계에 와 있던 시기야. 그때 세상을 지배하던 생각 중의 하나가 '플로지스톤(phlogiston)'이라는 건데 원래 뜻은 '불꽃'이라는 뜻이야. 플로지스톤이론은 연소 현상을 아주 기가 막히게 설명하는 그 시대의 타오르는 이론이었지. 독일의 연금술사 베허(Johann Joachim Becher)는 세상은 물과 다른 세 종류의 흙으로 이루어졌다고 4원소설을 일부 수정했어. 그의 제자인 슈탈(Georg Ernst Stahl)은 흙 중에서도 연소에 관여하는 흙에 '플로지스톤'이란 이름을 붙였고. 즉 어떤 물질이 탈 수 있다는 건, 플로지스톤이라는 물질이 들어 있기 때문이고, 타면서 플로지스톤이 빠져나온다고 생각했어.

연소가 뭐니? 물질이 산소와 결합할 때 짧은 순간 많은 빛과 열을 내는 현상, 그게 연소잖아. 이걸 플로지스톤이론으로 설명했는데, 마치 맞는 것처럼 들린다는 거야. 예를 들면 이런 거지. 빤질빤질한 종이를 태웠더니 재가 남는데, 종이의 빤질빤질한 성분이 빠져버리고 나면 더 이상 종이는 타지 않는다. 빤질빤질한 성분이 바로 플로지스톤인데, 연소하면서 이게 다 빠져나가서 종이는 빤질빤질한 성질을 잃고 더 이상 타지 않는다. 이렇게 설명이 가능하잖아. 또 철을 제련한다고 생각해봐. 푸석푸석한 철광석을 빤질빤질하게 만들려면 플로지스톤을 넣어주면 되잖아. 그래서 가연성 물질인 숯을 넣고 푸석푸석한 철광석을 가열하면 숯에 있는 플로지스톤이 철광석에 들어가서 빤질빤질한 철이 되고, 숯은 재가 된다는 거지. 이 생각도 결국은 아리스토텔레스의 4원소설과 그 원소들 간의 연속성, 그리고 전환이라는 생각에 기초한 이론이지. 즉 연결된 원소들 간에 플로지스톤이 들어가고 빠짐으로 인해 상호 전환이 일어날 수 있다는 거지.

근데 아리스토텔레스의 4원소설이 연금술과 연계되어 발전되어가면서 4원소에 대한 정의가 조금씩 바뀌었는데, 기원전 탈레스 때부터 전혀 바뀌지 않고 남아 있는 원소가 하나 있었어. 바로 '물'이야. 이 물이 '화학혁명'의 시발점이 돼. 물이 근원 물질이라는 얘기는 쪼갤 수 없다는 뜻이잖아. 근데 물이 쪼개진 거지. 그것도 한 명에 의해서가 아니라 영국의 프리스틀리(Joseph Priestley)와 캐번디시(Henry Cavendish), 프랑스의 라부아지에 세 명의 합작으로. 사실 셸레(Karl Wilhelm Scheele)라는 스웨덴 과학자가 최초로 물을 구성하는 산소를 이들보다 먼저 발견했지만 논문으로 발표되지도 못하고 묻혀버렸어. 그럼 이들이 플로지스톤이론을 싫어해서 적극적으로 깨려고 했냐고? 그건 아니야. 프리스틀리나 캐번디시는 플로지스톤의 열렬한 지지자였거든. 4원소설을 깰 생각이 조금도 없었지.

영국 시골 양조장 옆에 살면서 술 만들 때 나오는 이산화탄소를 물에 녹여 인류 최초 탄산수를 발견한 프리스틀리가 얼마나 열렬한 플로지스톤의 지지자였는지를 보여주는 대표적인 실험이 있어. 어느 날 푸석푸석한 산화수은을 손에 넣은 그는 '밀폐된 공간에 산화수은을 넣고 렌즈를 이용해 가열하면 공기 중의 플로지스톤이 푸석푸석한 산화수은에 들어가 다시 빤질빤질해질 거다'라는 생각을 했어. 그리고는 실험을 해봤지. 그런데 결과가 조금 이상한 거야. 산화수은이 빤질빤질해지는 것까지는 맞는데 공기가 이상해진 거야. 공기 중의 뭔가가 들어간 것이 아니라 새로운 기체가 나온 거지. 그렇다고 여기서 끝내면 프리스틀리가 아니지. 이 실험이 플로지스톤이론에 근거한 것이니, 새로운 기체를 또 태워봤지. 그랬더니 엄청 잘 타더라는 거야. 더불어, 이 기체가 생명에 어떤 영향을 주는지 알아보기 위해 유리병에다가 쥐를 가두고는 얘가 숨이 넘어갈 때마다 이 기체를 줬어. 그랬더니 새로운 기체를 마신 생쥐가 다시 평온하게 숨을 쉬더라는 거야.

"엄마, 그 기체, 산소 아니야?" 산소지. 하지만 프리스틀리는 완전히 다르게 해석했어. '푸석푸석한 금속회에 공기 속에 있던 플로지스톤이 들어가서 빤질빤질한 금속이 된다. 플로지스톤이 들어간 것이니 여기서 나오는 기체는 플로지스톤이 빠진 기체다. 플로지스톤이 결핍된 탈플로지스톤은 플로지스톤을 회복하려는 성질이 있기 때문에 엄청 잘 탄다'고 말이야. 그리고 실험 결과를 프랑스까지 건너가서 라부아지에에게 떠든 거지. 산소를 발견했지만 엉뚱하게 해석해서 공식적인 산소 발견의 공로가 라부아지에에게 넘어갔지. 그래도 프리스틀리가 산소를 발견한 건 변함없는 사실이지.

한편, 캐번디시는 산에 금속을 넣어본 거야. 산에 금속을 담그면 기체가 발생하잖아. 지금 우리는 이 반응이 산화-환원 반응에 의해 수소 기체가 발생하는 것이라는 알고 있지만 그 시대에 그런 걸 알 리가 없잖아. 캐번디시가 이 기체를 모아서 태워봤더니 '펑' 하고 터진 거지. 이 공기는 다른 물질이 타는 것과는 달리 폭발력이 어마어마한 거야. 그래서 이 공기를 플로지스톤의 결정체인 '가연성 공기'라고 불렀는데 이게 지금 와서 보니까 수소라는 거지. 근데 캐번디시가 이걸 수소인 줄 알았나? 전혀 몰랐지. 그래서 또 플로지스톤이론으로 설명을 한 거야. 금속이 산에 용해되면 금속에서 플로지스톤이 빠져나와 푸석푸석한 금속회가 되고 '가연성 공기'는 빠져나온 플로지스톤이라고. '가연성 공기'라서 잘 탄다고. 사실 이런 실험 결과를 얻었을 때 캐번디시는 짜릿했을 거야. 지금까지 플로지스톤은 가설에 불과했는데 정말 플로지스톤의 결정체처럼 보이는 가연성 공기를 얻었으니까. 캐번디시만 짜릿했겠어? 플로지스톤이론을 열렬히 지지하던 많은 사람들이 이 '가연성 공기'에 매료되었지.

당연히 프리스틀리도 캐번디시의 플로지스톤 그 자체인 '가연성 공기'에 매료되었지. 지난번 실험에서는 금속회를 빤질빤질하게 만들기 위해 일반 공기를 사용했잖아. 그런데 가연성 공기를 알게 되자마자 바로 일반 공기 대신 가연성 공기를 넣고 똑같은 실험을 했어. 그랬더니 정말로 생각했던 것처럼 푸석푸석한 산화수은이 빤질빤질한 금속이 되고, 이 가설이 옳음을 증명이라도 하듯이 유리그릇 안의 수위가 올라가더라는 거야. 왜? 가연성 공기가

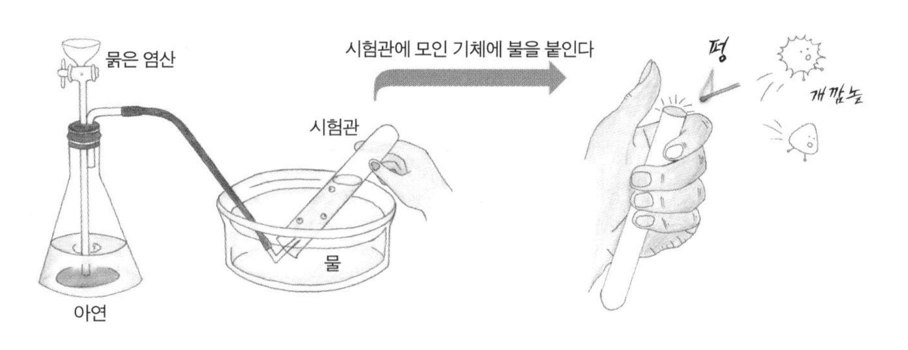

· 금속과 산의 반응에 관한 캐번디시 실험 ·

푸석푸석한 금속회로 들어가 빤질빤질한 금속이 되고, 가연성 공기가 소모되어 수위가 올라간다는 거지. 기가 막히게 딱딱 맞아떨어진 거야. 이 실험에서 발견하지 못한 사실이 하나 있어. 금속회는 산화금속으로 강한 에너지를 가하면 결합했던 산소가 빠져나오고 산소가 가연성 공기라고 부르는 수소와 결합해서 물이 생기거든. 산소가 수소와 결합하면, 유리그릇 내부의 수소가 줄어들잖아. 따라서 공기압이 줄어들어 수위가 올라가는 거지. 그런데 프리스틀리는 이 실험을 물 위에서 했기 때문에 물이 생기는지 몰랐어. 그냥 가연성 공기가 금속회로 들어가 줄어들기 때문에 수위가 올라간다고 해석한 거였지. 물이 생긴다는 사실은 나중에 라부아지에한테 듣고서 알았지. 해석이 맞고 틀리고와는 무관하게, 프리스틀리 생각에 해석 가능한 이 실험 결과가 얼마나 짜릿했겠어? 그래서 프랑스로 건너가 라부아지에한테 또 떠든 거지.

가연성 공기가
금속회로 들어가
금속을 만들고,
가연성 공기가 소모되어
수위가 올라가지

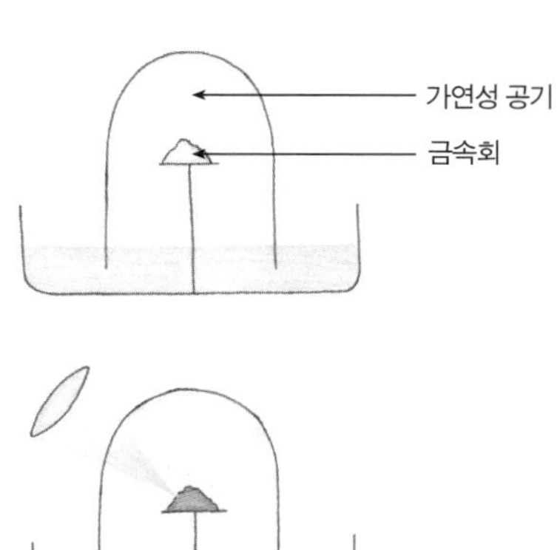

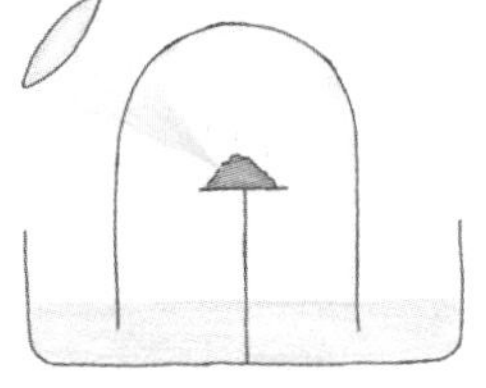

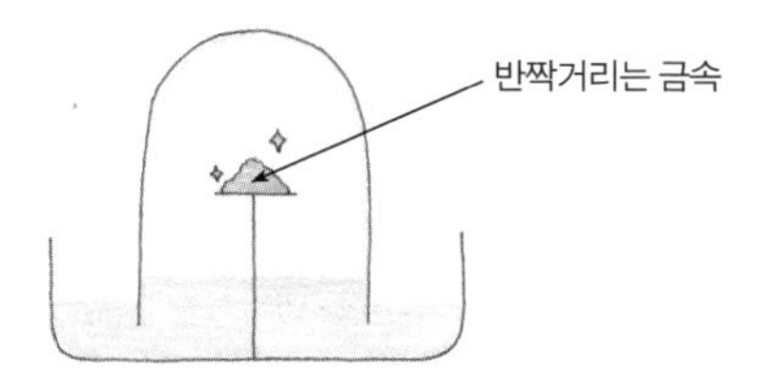

· 가연성 공기를 이용한 프리스틀리의 실험 ·

그런데 라부아지에가 누구냐? 측정의 대가이면서 남들의 실험 결과를 재해석하는 데 뛰어난 재주가 있는 사람이지. 프리스틀리가 부엌에서 허접한 실험 기구를 가지고 실험할 때 라부아지에는 자신의 자비를 털어 엄청난 장치를 만들었지. 그러고는 남들이 대충 눈대중으로 실험할 때 엄청 꼼꼼하고 정밀하게 재고 또 재고. 그렇게 측정의 정밀함에 목숨을 건 그가 남들이 말하는 연소를 들여다본 거지.

플로지스톤이론에 따르면 연소 후 플로지스톤이 빠져나와 질량이 줄어야 하는데, 황(S)과 인(P)을 태워봤더니 오히려 질량이 증가하더라는 거지. 측정의 대가가 자신의 결과를 받아들고는 '오, 이거 이상하다'고 생각했지. 그리고는 이를 완전히 다르게 해석한 거지. 플로지스톤이 빠져나가는 게 아니라 뭔가가 결합한다는 거지. 그러면서 열심히 반응 전후의 질량을 재본 거야. 그래서 탄생한 이론이 '질량보존의 법칙'으로 '반응 전 반응물의 총질량과 반응 후 생성 물질의 총질량은 같다'잖아.

그런 라부아지에에게 프리스틀리가 와서 '내가 플로지스톤이 포함된 공기를 넣고 산화수은에 빛을 쪼여 엄청난 에너지를 줬더니 거기서 기체가 나와'라고 말한 거지. 그때의 라부아지에는 이미 산화수은은 수은이 연소해서 생긴 것이라는 알고 있었거든. 그럼 어떤 생각을 할 수 있겠어? '연소할 때 뭔가가 결합한 거니까, 엄청난 에너지를 줬을 때 빠져나오는 건 결합하고 있던 어떤 물질이다'라는 생각을 할 수 있잖아. 그리고 나중에 프리스틀리의 실험에서 나온 기체가 비금속과 반응해 산을 만든다는 것을 알아내고는 '산을 생성하는 물질'이라는 이름의 산소(Oxygen)란 이름을 자기 멋대로 붙였지.

그것만 있나? 캐번디시의 '가연성 공기'에 대한 실험 결과와 이를 이용한 프리스틀리의 실험 결과를 듣고는 똑같은 실험을 보다 정교하게 진행했어. 특히 프리스틀리가 물 위에서 실험한 것과 달리 수은 위에서 실험을 했지. 그랬더니 프리스틀리가 한 실험과 결과는 똑같은데 수은 위에 물이 생기는 것을 발견하고는 또 재해석을 했지. '프리스틀리가 일반 공기를 넣고 산화수은에 엄청난 에너지를 가하면 산소가 나온다. 그럼 일반 공기 대신 가연성 공기를 넣으면 당연히 산소가 나오고 산소는 가연성 공기와 결합해 물이 생긴다. 이 가연성 공기는 물을 만드는 물질이다. 또한 가연성 공기가 산소와 결합해 물이 되기 때문에 밀폐된 공간 내에 수소가 줄어들어 물의 수위가 올라간다'라고 해석을 했지. 이게 오늘날 우리가 알고 있는 사실이지. 이 사람의 또 다른 뛰어난 점은 훌륭한 작명가라는 거야. 가연성 공기에다가 수소라는 이름을 붙였거든.

수소는 영어로 hydrogen이잖아. hydrogen은 물이라는 hydro와 '생기다'를 의미하는 generate가 결합된 단어거든. 즉, 산소와 결합하여 물을 생기게 하는 것이라는 뜻이지. 이 결과의 가장 중요한 의미는 물이 하나의 물질로 구성되지 않았다는 거잖아. 산소와 수소가 결합한 거라고 재해석한 거지. 4원소설이 제시된 이래 한 번도 변하지 않고 근원 물질이라고 여겨졌던 물. 그게 드디어 깨진 거야. 물이 근원 물질이 아니라 두 가지가 결합된 물질이라는 거지. 각각의 물질에 이름도 붙였잖아? 산소, 수소. 이렇게 캐번디시와 프리스틀리의 실험 결과를 재해석하고 재고 또 재는 정확한 실험을 통한 라부아지에에 의해.

이게 화학혁명의 결정체라고 확신한 라부아지에는 아예 4원소설을 기반으로 한 플로지스톤이론을 박멸하자고 캠페인을 벌이기도 하고, 죽을 때까지 무려 33개의 원소 이름을 작명해. 그거 말고도 새로이 발견되는 화합물의 이름을 어떻게 붙일지에 대한 규칙을 만들기도 했지. 이는 화학을 체계화한다는 거잖아. 이 정도면 화학혁명이 왜 라부아지에가 살았던 프랑스에서 일어났다고 말하는지 알겠지? 넘을 수 없었던 4차원의 벽이었던 4원소설의 벽을 물의 비밀을 밝힘으로써 넘었잖아. 그 다음은 봇물 터지듯이 새로운 근원 물질들이 줄줄이 세상으로 튀어나오는 일만 남은 거지.

이렇게 대단한 일을 한 재해석의 대가 라부아지에. 이 사람의 인생은 혁명처럼 드라마틱했어. 네가 생각하는 안정적 직업이라는 게 혹시 공무원인가? 라부아지에도 안정적 직업을 가지고 있었지. 국가를 대신해서 세금을 징수하는 일을 하는 세금 징수 공무원. 그런데 본인이 워낙 과학에 관심이 많다보니, 나중에는 프랑스 과학아카데미 이사가 되지. 과학아카데미 이사면 우리 사회에서는 과학 정책을 좌우하는 사람이야. 과학 정책이 뭐하는 거냐고? '우리나라가 먹고 살기 위해 필요한 연구가 뇌과학 분야니까 국가가 집중적으로 육성해야 합니다', '우리 사회가 메르스와 같은 전염병에 취약하니까 이런 분야에다가 돈을 집중투자하자'라는 의사결정을 하는 일을 한 거야.

그런데 프랑스대혁명이 끝나고 시민을 못살게 굴었던 사람들이 '당신은 농민을 착취했습니다. 그러니 사형입니다' 등의 죄목으로 혁명재판소에서 즉결심판을 받았는데, 라부아지에도 그중 한 사람이었거든. 과학자가 뭔 죄가 있어서? 라부아지에가 세금 징수 공무원 일을 할 때, 지독하게 세금을 징수했다는 게 이유였지. 하지만 그 이후에 과학 발전에 혁혁한 공을 세운 라부아지에인데 사

2주 뒤에 죽여주시면 안 될까요?
2주일만 더 실험하면 발효에 대해서
잘 알 수 있을 텐데……

람들이 가만히 있었겠어? 살려달라고 탄원서를 냈지. 심지어 평생 아무 직업 없이 할아버지의 유산으로 자신만의 실험실을 차려 연구하던 바다 건너 영국의 캐번디시조차 돈으로 그를 구명하려고 했거든. 하지만 '공화국은 과학자를 필요로 하지 않는다'라는 단 한마디로 여러 사람의 탄원을 무시하고 단숨에 처형했지. 그렇게 안정적 직업을 가지고 있던 라부아지에는 하루아침에 단두대의 이슬로 사라졌어.

세상 밖으로 나온 원자

라부아지에가 4원소설의 마지막 보루였던 물이 산소와 수소로 이루어져 있다는 것을 밝혔다고 해서 만물을 이루는 근원 물질에 대한 이해가 완전해진 것은 아니야. 산소나 수소와 같은 물질들이 정말 근원 물질인지에 대한 의문은 여전히 남아 있었지. 다시 아주 이상한 생각을 했던 데모크리토스를 소환해보자. 그는 이 세상을 이루는 근원 물질에 대한 해답으로 '더 이상 분할할 수 없는 것, atomon'을 제시하면서 몇 가지 가정들을 내놓았지. 그런데 이 사람의 생각은 그냥 생각이었던 거잖아. 그것도 아리스토텔레스라는 사람의 이름과 더불어 더욱 발전된 4원소설에 가려진. 그렇게 오랫동안 잠자고 있던 원자설을 1803년 돌턴이 끄집어냈어. 그렇다고 돌턴이 아무런 근거도 없이 어느 날 문득 떠오른 생각으로 '원자설!' 하고 외친 건 아니야. 실험을 해서 증명했냐고? 물론 돌턴도 실험의 중요성을 강조하기는 했지만 원자설을 실험으로 증명한 건 아니야.

우리가 증명을 할 때는 여러 가지 방법이 있잖아. '실험을 해봤더니 결과가 이렇더라. 그러니까 이게 맞다'고 증명하는 방법이 있지. 그런데 직접 실험해보는 방법 말고 '누구의 실험 결과는 이러하고, 누구의 실험 결과는 이러한데 이 둘 다 맞으려면 이런 가정이 필요하다. 그래서 내가 가정한 게 맞다'고 증명하는 방법도 있지. 돌턴이 원자설을 제시할 당시 이미 라부아지에의 '질량보존의 법칙'과 프루스트(Joseph Louis Proust)의 '일정성분비의 법칙'이 세상에 나와 있었기 때문에 돌턴은 이 두 가지 법칙이 성립하려면 원자설이 전제되어야 한다고 주장했어. 결국 후자를 선택한 거지.

질량보존의 법칙은 얘기를 했고, 일정성분비의 법칙이 뭐냐고? 일정성분비라는 이름을 쪼개보면 일정한 구성 비율을 갖는다는 거잖아. 이는 어떤 반응을 통해 화합물이 만들어질 때 반응하는 물질들 사이에는 늘 일정한 질량비가 성립한다는 거야. 마그네슘 10g과 산소 6g을 반응시켜 산화마그네슘을 만들 때, 마그네슘 9g과 산소 6g만 반응하고 마그네슘 1g은 남는다는 거지. 마그네슘의 양과 산소의 양을 아무리 바꿔도 질량비는 늘 3:2이고, 산과 들에서 찾은 산화마그네슘도 늘 3:2의 질량비를 갖는다는 거야. 네가 들어본 적이 있는 법칙들은 사실 직감적으로 다 알 수 있는 내용들이야. 즉, 일반화되었다는 얘기이기 때문에 이해하기 어려운 수준의 내용은 거의 없지.

반응 전후의 질량은 변함이 없다는 질량보존의 법칙과 일정성분비의 법칙이 원자설이랑 무슨 상관이냐고? 질량보존의 법칙에서 반응 전후의 질량이 같다는 것은 화합물을 구성하는 기본 입자가 사라지지 않으니까 질량이 보존되는 거잖아. 즉, 원자가 쪼개지거나 새로이 만들어지지 않기 때문에 원자의 종류와 수가 보존되고 질량도 일정하게 보존된다고 생각했어. 또 화합물을 구성하는 각 성분 물질의 원소 비율이 일정하기 때문에 성분 원소의 질량비도 일정한 거잖아. 만약 화합물을 구성하는 동일한 원자의 질량이 다르면 일정성분비의 법칙이나 질량보존의 법칙이 성립하지 않는다는 거지. 더불어 이렇게 원자가 쪼개지거나 새로 만들어지지 않는 상황에서 새로이 만들어지는 화합물은 결국 원자의 재배열에 불과하다는 거야. 이런 내용을 바탕으로 돌턴은 아래와 같은 결론을 내렸어.

1 · 모든 물질은 더 이상 쪼갤 수 없는 원자로 이루어져 있다.

2 · 어떤 화합물을 구성하는 동일한 원자는 동일한 크기와 질량과 특성을 가진다.

3 · 화학 변화가 일어날 때 원자는 쪼개지거나 만들어지거나 사멸되지 않는다.

4 · 한 종류의 화합물은 항상 일정한 종류와 수의 원자로 이루어져 있다.

여기에 하나 더 보태. 배수비례의 법칙이라고. 그건 두 가지 원자가 모여 두 가지 이상의 화합물을 만들 때 성립하는 법칙인데, '두 종류의 원소가 모여 두 가지 이상의 화합물을 만들 때, 한 원소의 일정량과 결합하는 다른 원소의 질량비는 항상 간단한 정수비를 나타낸다'는 거야. "엄마, 정수비? 프루스트가 일정성분비의 법칙을 통해 일정한 비율로 결합한다는 것을 알려줬는데 이거랑 달라?" 다르지. 돌턴의 배수비례법칙은 두 가지 이상의 원소가 결합해서 두 가지 이상의 화합물을 만들 때 적용될 수 있어. 예를 들어 탄소와 산소가 만나 일산화탄소(CO)와 이산화탄소(CO_2)를 만들 때 탄소와 결합하는 산소 간에는 1:2의 정수비가 성립한다는 거지. 그리고 중요한 건 정수라는 거지. 정수가 뭐냐? 1, 2, 3 ……이지. 1.2, 2.2의 소수가 아닌 거잖아. 왜냐하면 원자는 절대 쪼개지지 않으니까.

오늘날에 이르러 사실 돌턴의 원자설 내용 중 여전히 옳다고 여겨지는 건 4번 말고는 없어. 1번의 경우, 원자는 전자와 원자핵으로, 그리고 원자핵은 양성자와 중성자로 구성되어 있고, 전자, 양성자, 중성자는 더 작은 소립자로 구성되어 있다는 것이 밝혀졌지. 2번의 경우 원자번호는 같고 질량이 다른 동위원소라는 것이 밝혀지면서 같은 원자라도 질량이 다를 수 있다는 것을 알게 되었고, 3번의 경우 핵융합과 핵분열에 의해 다른 원자로 바뀔 수 있다는 것이 밝혀졌지. 그러니까 백금을 가지고 금을 만들 수 있는 거고.

라부아지에 이후 새로운 원소들이 세상으로 쏟아져 나왔어. 새로운 발견과 동시에 새로운 이름들이 필요하잖아. 대부분 원소들의 이름은 발견된 원소가 어떤 성질을 나타내느냐, 누가, 어디서 발견했느냐 등과 아주 관계가 깊지. 성질을 띤 이름의 예로는 산소와 수소를 들 수가 있잖아. 산소(O)는 산을 생성하는 물질이고, 수소의 H는 물을 만드는 물질이라는 뜻을 가지고 있으니까. 원자번호 84번인 '폴로늄(Po)'은 이를 발견한 마리 퀴리의 조국인 폴란드의 이름을 땄고, 아인슈타인의 이름을 딴 '아인슈타이늄'도 있지. 이는 원소의 이름은 발견과 깊은 관계가 있다는 것을 의미하지만, 모든 원소가 반드시 발견과 관련되어 있는 것은 아니야. 금은 워낙 오래전부터 사람들이 알고 있었기 때문에 발견과 크게 상관은 없어. 금을 나타내는 Au는 라틴어 'aurum'에서 왔는데 이 뜻이 기가 막히지. 빛과 모든 것이 찬란하게 시작하는 새벽. 그게 금인거지.

하지만 처음부터 이렇게 Au, O, H 등의 단순화된 기호로 표시하지는 않았을 거잖아. 누가 이런 생각을 했을까? 긴 이름을 단순한 기호로 표시하는 방법을? 화학의 근간이 연금술에 있으니까 연금술사들이지. 언어의 발달 과정에서 가장 먼저 나타나는 형태는 상형문자잖아. 나무를 그림으로 표현해 '나무'라는 의미를 전달했고, 태양을 그림으로 나타내 '태양'의 의미를 문자로 전달했지. 원소의 표기법도 마찬가지야. 처음에는 상형문자처럼 그림으로 나타냈어. 고대부터 사랑받았던 수은(Hg : hydrargyrum)은 물(hydr~)과 은(argyros)을 뜻하는 단어들의 조합인데, 상온에서 액체인 금속으로 아주 특별하잖아. 그래서 은빛을 내는 달의 형상을 따서 원소 기호를 만들었지. 기호를 만드는 가장 근본적인 이유는 복잡한 것을 단순하게 표현하기 위함이지. 또한 연금술이라는 게 혼자만 몰래 비싼 금을 만드는 비법을 개발하는 건데, 그걸 다 알 수 있는 일반적인 언어로 쓰면 안 되잖아. 그리고 연금술에는 마법이 들어가 있는데 사람들이 그걸 다 알면 마법이 되겠어? 그래서 연금술사마다 자신만의 기호를 사용했었지.

연금술의 비밀이었던 기호를 다른 사람들도 다 알 수 있는 표기법으로 바꾼 두 명의 과학자가 있지. 한 사람은 돌턴이고, 또 다른 사람은 베르셀리우스야. 돌턴은 원자가 둥글다고 생각했기 때문에 원자의 둥근 모양을 따서 그 안에 원소의 이름 첫 글자 알파벳 등을 넣는 방법으로 원소 기호를 만들었어. 그런데 그 시기에 새로운 원소의 발견이 여기저기서 쏟아져, 원을 이용한 돌턴의 방법으로 표시하기 힘들어졌어. 그래서 베르셀리우스가 지금 우리가 사용하고 있는 표기법을 제안한 거지.

베르셀리우스의 표기법에는 두 가지 규칙이 있어. 하나는 '원소 이름의 알파벳 첫 글자를 대문자로 표기해서 기호로 쓴다. 그리고 두 번째 철자를 써야 한다면 두 번째는 소문자로 표시한다'야. 거기까지가 규칙인 거지. 원소가 너무 많으니까 첫 번째 알파벳만으로는 다 표시할 수 없어 두 번째까지 사용하게 된 거지. 그리고 원

	황	철	아연	은	수은	납	금
연금술사				☾	☿	♄	☉
돌턴	⊕	I	Z	S		L	G
현대	S	Fe	Zn	Ag	Hg	Pb	Au

· 몇 가지 원소 기호의 변천 ·

소의 이름은 고유한 이름이니까 대문자로 시작하는 거지. 영어로 네 이름을 표시할 때 첫 글자는 반드시 대문자로 쓰는 것처럼 말이야. 위 표에서 '현대'는 1814년 베르셀리우스 표기법이 받아들여진 시기부터야. 돌턴 이전의 금이나 은의 표기법을 봐봐. 금은 태양 모양이고 은은 달의 모양을 땄지. 지금의 Au와 Ag라는 표현에 비해 훨씬 더 강렬하고 사람들의 바람이 담겨져 있는 원소 표기법이 아니냐?

그런데 우리는 연금술사들과는 반대로 그 기호를 공통의 언어로 사용하고 있거든. 그래서 언어가 다른 어느 나라에 살든지 동일한 원소, 분자, 화학식을 보면 그게 어떤 원소, 분자를 의미하는지 알 수 있어. 아니라고? 왜 아니야? "우리는 Na을 나트륨이라고 부르는데 영어로는 sodium(소디움)이잖아. 언어가 다르잖아~" 물론 언어는 다르지. 하지만 나라마다 원소를 표시하는 기호가 다른 건 아니잖아. 공통적으로 Na라고 쓰잖아. 그러니까 원소 기호와 화학식을 화학의 공통 언어라고 하는 거지. 그리고 사실 나트륨도 우리말은 아니지. 독일어 'Natrium'에서 온 건데~ 그래도 다행이지? 화학은 화학식으로 표현해놓으면 누구나 다 이해할 수 있는 공통의 언어를 사용하고 있으니 말이야.

엄마가 이런 얘기를 하면서 원자와 원소를 마구 섞어서 쓰고 있는데, 원자랑 원소랑 같은 것인가? 너는 원소라는 말에 익숙하니, 원자라는 말에 익숙하니? 원소는 영어로 'element'이고, 원자는 'atom'이지. 아마 atom이라는 용어에 훨씬 익숙할 거라는 생각을 해. 둘을 구분해서 사용하느냐? 많은 문헌들에서 원소와 원자를 구분하지 않고 사용하고 있어 무지 헷갈려하기도 하지. 엄마가 지구과학에서 잠시 '원소는 원자의 종류를 말할 때 쓰는 추상적인 용어이고, 원자는 숫자를 세거나 구조를 얘기할 때, 그리고 원소 하나하나를 일컬을 때 사용하는 구체적인 용어야'라고 둘을 구분한 적이 있어. '물은 무엇으로 구성되어 있는가?'라는 질문에 너는 뭐라고 대답할래? 수소와 산소요 아니면 수소 2개랑 산소 1개요라고 대답할래? 첫 번째 답은 원소의 측면에서 답을 한 거고, 두 번째는 원자라는 개념에서 답을 한 거지. 다른 비슷한 질문을 해보자 '우리 몸을 구성하고 있는 원소는 무엇인가?'라고 물어보면, '탄소, 수소, 질소, 산소, 인, 황, 기타 등등……'이 답이 되겠지. 하지만 '우리 몸은 어떤 원자로 어떻게 구성되어 있는가?'라고 질문을 하면? 답을 할 수가 없어. '탄소 원자가 몇 개, 수소 원자가 몇 개, 질소 원자가 몇 개' 이렇게 대답해야 하는데, 우리는 알 수가 없거든. 우리가 흔히 물질을 구성하는 기본 물질에 대해서 원자, 원소 이런 표현을 쓰지만 엄마가 답한 내용을 보면 원소는 셀 수가 없지만 원자는 셀 수 있는 거지.

언어라는 것은 단순히 글자만으로 완성되는 것은 아니잖아. 글자와 글자가 모여 단어가 되고, 단어가 모여 문장이 되잖아. 이와 마찬가지로 화학에서의 문제도 단어였어. 만물의 근원이었던 물이 쪼개져서 수소와 산소로 이루어져 있다는 것까지는 알았어. 하지만 얘들이 어떻게 조합하는지를 알 수가 있어야지. 1800년대에 원소 기호를 만든 위대한 '원자론의 아버지'인 돌턴은 이 문제에 대한 답을 '최대 단순성의 규칙'이라고 한마디로 정의했지. 그리고는 이 규칙에 따라 물의 분자식은 수소와 산소가 최대한 단순하게 구성된 HO라고 한 거지. 돌턴의 최대 단순성에 규칙에 따라 암모니아의 화학식을 만들면 NH_3가 아니라 NH가 되는 거지. 하지만 이 규칙이 원자설처럼 질량보존의 법칙이나 일정성분비의 법칙과 같은 근거를 가지고 제시된 게 아니야. 아무 근거도 없는 가정일 뿐이었지. 더불어 돌턴이 살던 시대에 발견된 수소와 산소로 구성된 물질은 물밖에 없었기 때문에 틀렸는지 맞았는지도 알 수가 없었어. 그러니 일정 기간 동안 물의 분자식이 HO라는 것이 정설이었지.

그런데 '기체 상태의 물질들 간에 화학 반응이 일어나는 경우,

기체의 부피가 아주 간단한 정수비를 이룬다'는 게이뤼삭(Joseph Gay-Lussac)의 '기체반응의 법칙'을 접한 아보가드로가 완전히 새로운 생각을 한 거지. 기체반응의 법칙? 수소 기체와 산소 기체가 만나 물을 만들 때 수소 기체와 산소 기체의 부피비는 늘 2:1이라는 거야. 이걸 본 아보가드로는 아주 엉뚱하고도 특별한 새로운 가정을 도입해서, 부피비를 나타내는 이 숫자가 바로 분자식일 거라는 생각을 했어. 아주 엉뚱하고 특별한 새로운 가정이 뭐냐고? '동일 부피, 동일 입자 수'라고. 즉, 종류가 뭐든지 상관없이 동일한 압력, 동일한 온도에서 부피만 같으면 모든 기체는 동일한 입자 수를 가진다는 거야. 물론 몇 개가 들어 있는지는 아보가드로도 몰라. 보이지도 않는 입자를 세어볼 수도 없는 일이잖아. 나중에 후대가 그 숫자를 확인했는데, 그건 나중에 얘기하자고.

그런데 말이야, 수소 2L와 산소 1L가 반응해서 만들어진 물의 부피는 얼마일까? 질문이 잘못 되었다. 물의 부피가 아니라 기체 상태의 물 부피라고 물어야 하는데. 2L가 되더라는 거야. 이 결과를 확인한 아보가드로는 끙끙거리면서 마구 그림을 그려봤어. 〈물 생성에 관한 아보가드로의 고민〉 그림(61쪽)을 보자. ①번처럼 그렸더니 물의 부피가 1L밖에 안 되고, ②번처럼 그려봤더니 더 이상 쪼갤 수 없는 원자를 쪼개야 하고. 그래서 생각해낸 것이 ③번이야. 즉 수소와 산소가 원자가 아닌 이원자의 분자 상태일 때 반응이 정확하게 맞아떨어진다는 거지. 그래서 물의 분자식은 HO가 아니라 H_2O가 되었고 H_2와 O_2같은 '분자' 개념이 도입되었어. 특별한 몇몇 종류를 제외하고 우리가 접하는 모든 물질은 대부분 분자잖아. 어떤 물질의 특성이 어쩌고저쩌고 할 때도 분자의 특성을 얘기하는 경우가 대부분이거든. 분자라는 것은 일정한 성질을 나타내는 궁극의 단위 물질이라는 거지.

사람들이 아보가드로의 이론을 한순간에 받아들였냐고? 알잖아, 절대 아니었을 거라는 걸. 시골학교 선생님이었던 아보가드로의 말을 들어줄 리가 없었지. 하지만 분자 개념이 오늘날 너와 내가 세상을 이루고 있는 모든 물질을 단숨에 알게 해주는 분자식이 되었거든. 사실 화학은 분자식만 봐도 절반 이상은 안다고 말할 수 있거든. 세상에는 고집 센 사람들이 참으로 많지. 개인이 고집스러운 거야 어쩔 수 없다고 하지만, 집단이 논리를 내세워 고집을 부릴 때는 보일처럼 또 달걀로 바위를 치는 일을 반복해야 할 거야. 그 반복의 결과, 2L의 수소 분자와 1L의 산소 분자가 반응해서 2L의 기체 상태의 물이 생긴다는 '$2H_2 + O_2 \rightarrow 2H_2O$'는 진리가 되었고, 너는 이 진리를 달달 외우잖아.

근대화학의 시작, 화학혁명 이후에 쏟아진 새로운 원소의 발견과 측정을 기반으로 한 과학의 발전. 이렇게 눈부신 발전을 이룩하는 데 있어서 라부아지에의 공을 말로 다 할 수는 없지. 그리고 엄마가 얘기한 프리스틀리와 캐번디시, 돌턴, 프루스트, 게이뤼삭, 아보가드로 등등의 사람들과 엄마가 얘기하지 않은 셀러, 라부아지에의 아내였던 마리와 헤일, 블랙 등 그 이외의 수많은 과학자들

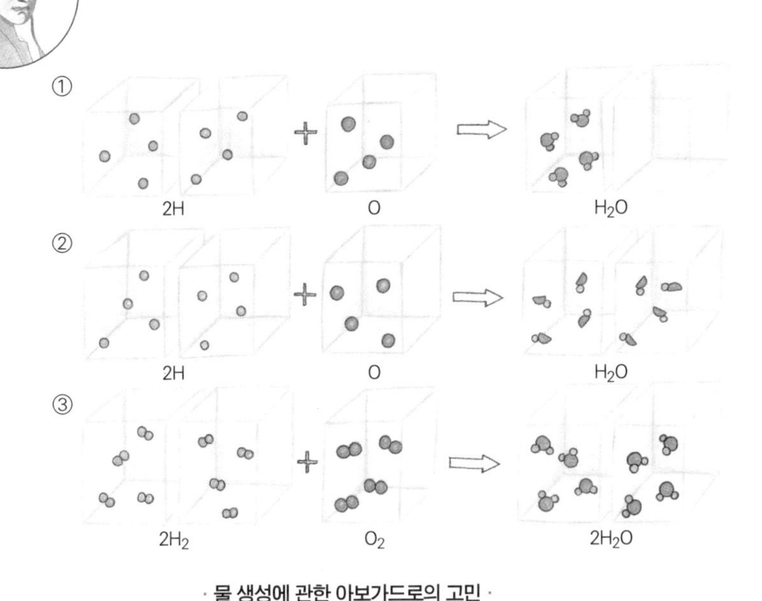

· 물 생성에 관한 아보가드로의 고민 ·

이 있었지. 하지만 엄마는 이들 말고도 누군지도 모르는 누군가를 추가하고 싶어. "아니 누군지도 모르면서 추가한다는 거야?" 응. 기체 발생 실험을 하면 그 기체를 모을 수 있는 장치를 만들어주고, 무게를 잴 수 있는 정확한 저울을 만들어준 사람들이 있잖아. 그 사람들이 정밀한 장치를 만들어주지 않았다면 정확한 측정이 가능했겠어? 측정이라는 단어는 '정량'이라는 단어와 늘 함께 다니잖아. 오늘날의 과학이 정량적으로 측정이 가능한 상태에서 급속도로 발전했다는 것은 누구도 부인할 수 없지. 과학이라는 것은

'측정'을 기반으로 한 통계의 학문이거든. 그 측정을 가능하게 한 사람들, 엄마는 그 사람들을 추가하고 싶은 거지.

더불어 우리 인류, 그 자체를 추가하고 싶어. 세상에 화학 물질로 구성되지 않은 것이 있어? 너도 나도 화학 물질로 구성되어 있고, 결국은 물도 화학 물질이잖아. 그런 상황 속에서 인류는 늘 새로운 화학 물질의 실험 대상이었어. 산과 들, 그리고 바다에 마구 널려 있던 동식물을 먹어보고 '이건 먹을만 하네~'라면서 인류는 끊임없이 실험해왔지. 물론 그 과정에서 독버섯을 먹고, 전갈에 물려 죽은 인류도 있었겠지. 그들의 죽음 덕분에 오늘날 인류는 이 버섯은 먹으면 안 되고, 전갈을 조심해야 한다는 것을 알게 되었지. 그 모든 이들이 지금의 우리가 편안하고 안전하게 생존할 수 있게 해준 이들이지.

"근데 지금은 연금술이 가능하다면서? 그럼 금을 만들면 되잖아. 그래서 돈 많이 벌면 되잖아." 문제는 돈이지. 어떤 물건을 만드는데 들어가는 비용이, 만들어진 물건보다 비싸면 그 물건을 만들겠어? 들어가는 비용보다 만들어진 물건이 더 가치가 있어야 하는 거, 그걸 경제성이라고 해. 납으로부터 금을 만드는 연금술은 그 당시의 연금술사들의 실험조건에서는 불가능한 일이야. 그런 일은 아주 특별한 조건에서만 가능한 일인데, 현대에 이르러 중성자를 알게 되면서 백금으로부터 금을 만드는 게 가능하다는 것을 알게 되었지. 근데 백금이 금보다 더 비싸. 그런데다가 그걸 만드는 데 들어가는 시설과 비용이 워낙 비싸거든. 즉 만들면 만들수록 손해야. 그 과정을 밝히는 사람들이 아니면 누가 만들겠어? "엄마는 헛된 꿈을 꾸라면서? 그렇게 말해놓고는 돈타령하는 거야?"

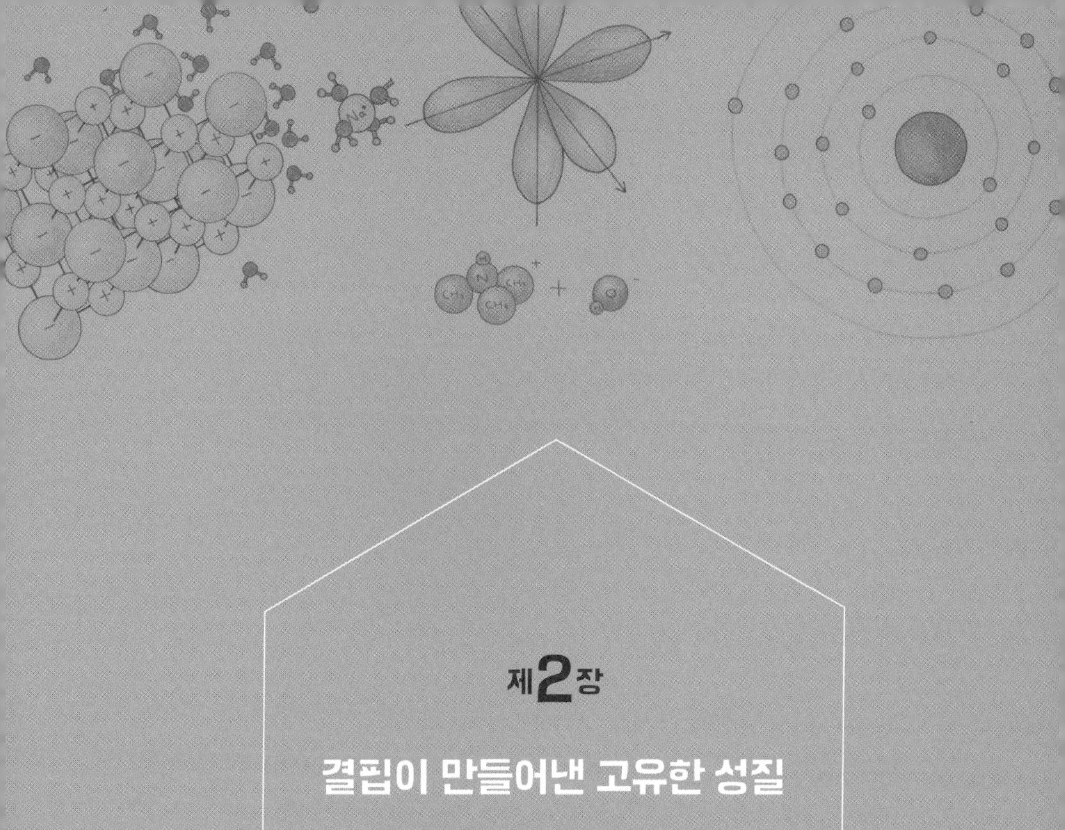

제2장

결핍이 만들어낸 고유한 성질

원소와 주기율표

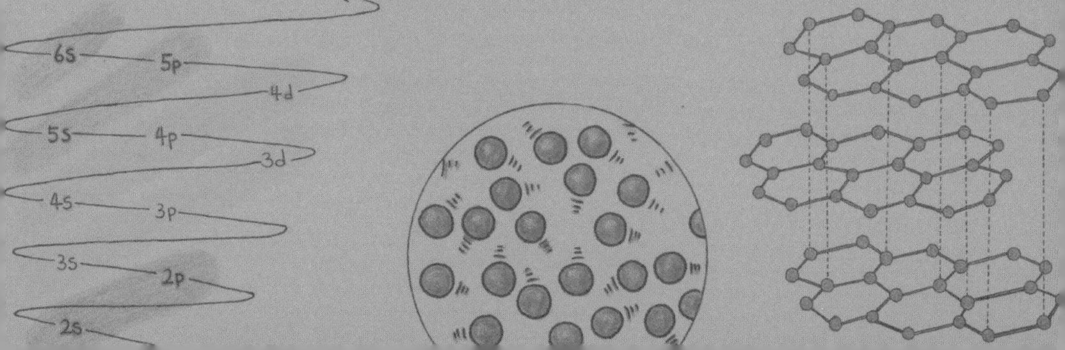

네 책상 위 연습장에 리튬과 탄소의 전자 배치가 여러 번 반복되어 그려져 있다. 반복하는 것을 싫어하는 너도 그 정도의 전자 배치는 알아야 된다고 생각한 모양이지? 그렇다고 정말 아무 생각 없이 반복했을 너는 아니지. 당연히 꿍시렁대면서 그렸겠지. 그 옆에 아주 작은 글씨로 너의 생각을 적어놨더군. 리튬 옆에는 '너는 왜 이렇게 생겼냐?' 탄소 옆에는 '너는 왜 전자가 6개라 내 머리를 아프게 하냐'고 써놨다. 이 정도는 귀여운 애교지. 그래도 공부하겠다고 했으니. 그러다가 탄소의 전자 배치보다 더 많이 끄적거린 동일한 단어가 눈에 확~ 들어왔지. '화포자'. 네가 사용하는 줄임말들을 다 이해하는 것은 아니지만, 이 단어는 그대로 훅!하고 머리에 꽂혔지. 화학을 포기한 자.

화학을 포기하고 싶을 정도로 전자 배치가 싫었냐? 네가 공부한 흔적들을 이리저리 뒤적거렸으나, 그 어디에도 모든 화학책 맨 앞에 와 있는 주기율표에 대한 얘기는 없다. 혹시나 엄마가 놓쳤을까 싶어, 이리 찾아보고 저리 찾아봤는데도 없다. 주기율표를 모르면 포기하고 싶어질지도 모르지. 주기율표에 110개가 넘는 원소들이 있는데, 너처럼 이렇게 모든 원소의 전자 배치를 개별적으로 다 알아야 한다면 엄마라도 포기하고 싶어지겠지. 그런데 다행스럽게도 원소들은 일정한 규칙성을 가지고 있거든. 아주 단순한 몇 개의 입자가 모여 110개가 넘는 원소를 만들고, 또 이 원소들이 모여 셀 수도 없는 물질들을 만들려면 그 원리가 단순해야만 가능할지도 몰라. 자연이 특별히 너를 위해 단순성을 부여해 머리를 덜 아프게 했다는 거지. 단순함의 아름다움이고, 단순함의 복잡성이지. 단순함의 아름다움은 알겠는데 복잡성은 뭐냐고? 동일한 양성자, 중성자, 전자가 만나 100개가 넘는 원자를 만들었는데, 개개의 원자는 다 자기만의 독특한 특징을 가지고, 이들이 모여 분자가 되면 분자들은 또 그들만의 고유한 특성을 가지잖아. 이게 복잡성이라고 할 수 있지.

우리는 현실에 너무 급급해 눈앞에 보이는 문제 해결에만 목숨을 걸 때가 많아. 시험에 급급해 그게 무슨 얘기인지도 모르면서 전자 배치를 외우는 너처럼. 누구나 그럴 때가 있지. 그럴 때 가장 좋은 방법은 다른 사람들은 어떻게 했는지를 보는 거야. 그러면 복잡한 현상들을 명쾌하게 정리하는 단순성을 보다 쉽게 찾을 수가 있어. 단순성이라는 게 별스런 것이겠어? 나는 나고, 너는 너처럼 보이는 것들의 규칙성이 있다는 거지. 118개나 되어서 규칙성이라고는 찾아보기 힘든 것처럼 보이는 원자의 단순한 규칙은 크게 고민하지 않아도 돼. 다행히도 원자들의 규칙성은 생명체보다 훨씬 단순하고, 이미 위대한 사람들이 복잡해 보이는 원자를 단숨에 이해할 수 있도록 단순한 규칙들을 다 밝혀놨거든. 그래서인데, 위대한 사람들이 밝혀낸 원자 구성의 단순성과 규칙성, 그리고 그 과정에서 만들어진 원소의 주기율표 보는 방법은 알려주마. 방법은? 엄마만의 특별한 정공법이지!

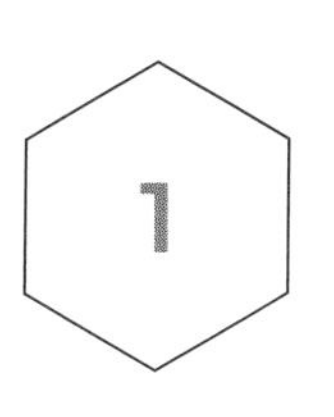

의심하며 쪼개기

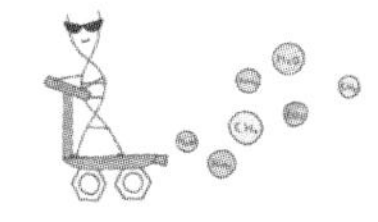

18세기 화학혁명을 거치면서 근원 물질은 물도 불도 아닌 원자라는 사실이 돌턴에 의해 공식적으로 등장했잖아. 돌턴의 원자설에서 매우 중요한 사실은 '원자는 절대로 쪼개질 수 없는 입자'였지만, 결국 이것도 다 깨졌지. 만물의 근원 물질이 더 이상 쪼갤 수 없는 원자였는데, 의심을 품고 얘를 쪼개고 쪼개봤더니 양성자, 중성자, 전자로 구성되어 있더라는 거지. 원자가 더 이상 쪼갤 수 없는 입자가 아니라는 사실을 어떻게 알았겠어? 그 시작은 '정말 안 쪼개져?'라는 의심을 품은 회의적 생각에서 출발했어. 그래서 끊임없이 쪼개고 쪼개는 환원주의(reductionism) 방법을 사용했어. 그 중심에 '톰슨(Joseph John Thomson)과 그 일당들'이 있었지. 왜

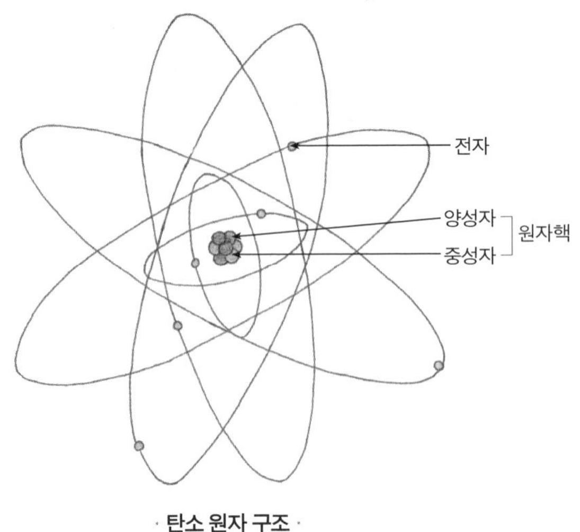

· 탄소 원자 구조 ·

그 일당이냐고? 톰슨과 톰슨의 제자 러더퍼드(Ernest Rutherford), 러더퍼드의 제자 보어(Niels Bohr)와 채드윅(James Chadwick)이 원자의 구조를 밝히는 데 지대한 공헌을 했으니까.

그래서인데 네가 알고 있는 원자는 어떻게 생겼니? 가운데 원자핵이 있고, 원자핵 주위를 전자가 돌고 있는 것인가? 원자핵은 양성자와 중성자로 구성되어 있다고? 그렇게 생긴 거 맞지. 그런데 왜 이렇게 생겼는데? 탄소의 예를 들어보자. 탄소 원자를 표시할 때, ${}^{12}_{6}C$라고 표시하지. C는 베르셀리우스가 제안한 원소 이름의 첫 번째 알파벳 글자를 따서 표기하는 거고, 6이라는 숫자는 원자번호인데 양성자 숫자를 의미해. 12라는 숫자는 양성자와 중성자의 상대적 질량을 합한 질량 수인 거지. 모르는 용어가 마구 튀어나오지? 그런데 정말 원자가 이렇게 생긴 게 맞기는 한 걸까?

원자를 쪼개다

1897년 1월쯤, 영국 케임브리지 대학 트리니티 칼리지의 한 실험실에서 톰슨은 음극선관을 가지고 씨름하고 있었어. 진공 유리관 양 끝에 전극을 설치하고 음극에 금속 조각을 붙인 후 수천 볼트의 높은 전압을 걸어봤어. 그랬더니 (-)극에서 (+)극 쪽으로 빛을 내며 직진하는 어떤 선이 나오는 것을 관찰했어. 이 선이 무엇인지 알아내기 위해 무한반복에 가까운 실험을 했어. 이 정체 모를 빛이 음극에서 나오니까 '음극선'이라고 불렀지. 톰슨은 이 정체를 밝히기 위해 음극선에 전기장을 걸어봤지. 그랬더니 음극선이 (+)쪽으로 휘는 것을 발견하고, 음극선이 (-)전하를 띠는 입자의 흐름이라는 것을 알아냈지. 거기다가 이 입자의 질량을 재봤는데, 그때까지 알려져 있던 가장 가벼운 입자인 수소에 비해 질량이 2000분의 1밖에 안 된다는 것을 발견했지.

세상 만물을 이루는 가장 작은 입자라고 생각했던 원자보다 더 가벼운 입자? 이건 원자보다 더 작은 입자가 있다는 거잖아. 이렇게 원자도 음극선 실험에 의해 허무하게 한순간에 쪼개져버렸지. 음전하를 띤 이 입자가 후대들이 '전자'라고 부르는 녀석이야. 톰슨은 전자라고 안 부르고 고집을 부려가며 '코퍼슬'이라고 불렀어. 보일이 코퍼슬이란 단어를 사용했다는 것을 기억하는가? 그때는 원자가 입자임을 강조하기 위해 사용한 단어인데, 톰슨은 원자를 구성하는 더 작은 입자라는 것을 강조하기 위해 '코퍼슬'이라는 용어를 사용한 거겠지. '입자'라는 단어를 사용하면 빈 공간이 선명하게 드러나잖아. 그래서 빈 공간이 명확하게 드러나는 푸딩 모양의 원자 모형을 제시했어. 즉, 원자는 양전하를 띤 구 모양에 전자가 여기저기 박혀 있다는 거야.

하지만 제자인 러더퍼드가 스승의 모형에 근거해 열심히 실험을 해봤는데 다른 결과가 나온 거야. 물론 방법론적으로 완전히 다른 방법을 썼어. 이 사람의 주된 관심사는 방사성 원소였는데, 방사성 원소를 연구하던 중 발견한 (+)전하를 띠지만 정체를 정확하게 알 수 없었던 알파 입자를 가지고 원자를 두들겨본 거야. 왜? 의심했던 거겠지. 정말 스승의 원자 모형이 맞을까. 그냥 의심으로 끝났으면 아무것도 아니었겠지만, 의심을 가설로 발전시켰지. '(+)전하를 띤 정체가 모호한 알파 입자는 전자에 비해 질량이 매우 크고 아주 빠른 속도로 움직인다. 그렇기 때문에 톰슨의 원자 모형이 맞다면 전자와 충돌해도 경로의 변화가 거의 없다'는 가설을 수립했어. 의심을 가설로 구체화한 후에 실험을 한 거지.

그런데 결과는 완전히 그의 예측을 빗나갔어. 물론 대부분의 알파 입자는 톰슨의 원자 모형에서 예측되었던 것처럼 거의 휘지 않고 그대로 통과했지만, 소수의 알파 입자들이 정반대 방향으로 튕겨 나오는 것을 관찰한 거야. 이 결과는 원자 가운데 매우 작지만 (+)전하를 띤, 알파 입자를 튕겨낼 정도로 밀도가 큰 무엇인가가 있다는 것을 보여주잖아. 톰슨의 원자 모형으로는 설명이 불가능하잖아. 그래서 이런 결론을 내리지. '원자 내부의 공간은 대부분

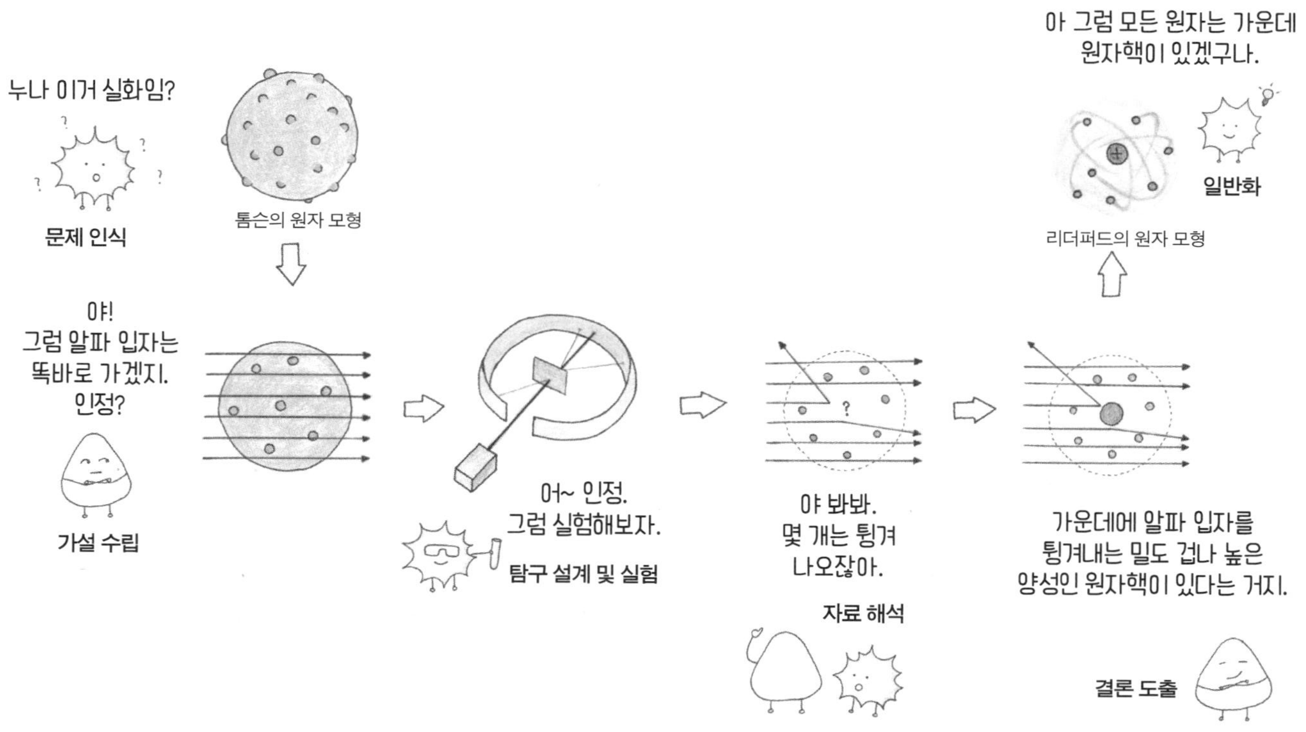

누나 이거 실화임?

문제 인식

톰슨의 원자 모형

야!
그럼 알파 입자는
똑바로 가겠지.
인정?

가설 수립

어~ 인정.
그럼 실험해보자.

탐구 설계 및 실험

야 봐봐.
몇 개는 튕겨
나오잖아.

자료 해석

가운데에 알파 입자를
튕겨내는 밀도 겁나 높은
양성인 원자핵이 있다는 거지.

결론 도출

리더퍼드의 원자 모형

아 그럼 모든 원자는 가운데
원자핵이 있겠구나.

일반화

· 원자핵을 밝히는 러더퍼드의 실험 ·

비어 있으며, (+)전하를 띠는 매우 작지만 알파 입자를 튕겨낼 정도로 밀도가 큰 원자핵이 중심에 있고 그 주위를 (-)전하를 띠는 전자가 빠른 속도로 회전한다'는 원자 모형을 발표했지.

그런데 러더퍼드의 실험 결과에 따르면, 원자핵의 존재는 명확하지만 전자가 정말로 그렇게 배치되어 있는지는 알 수가 없잖아. 이 사람이 이런 형태의 전자 배치를 제시할 수밖에 없었던 이유가 있는데 그건 차차로 얘기하고, 러더퍼드의 업적을 조금 더 보자. 사실 원자핵의 존재를 밝힌 연구는 러더퍼드의 아주 뛰어난 업적 중 하나에 불과하거든. 원자핵을 발견하는 데 가장 큰 공로자는 무엇보다도 알파 입자라는 거잖아. 이게 없었으면 러더퍼드의 실험이 가능했겠어? 근데 이 알파 입자의 정체가 무엇인지 누가 알고 있었겠어? 아무도 몰랐어. 그 당시의 과학자들은 방사성 원소가 붕괴될 때 나오는 (+)전하를 띤 어떤 입자를 알파 입자라고 부르고 있었지. 그런데 알파 입자는 헬륨 원자(He)가 전자를 모두 잃고 핵으로만 구성된 입자(He^{2+})라는 것을 밝힌 사람도 이 사람이고, 질소를 이용해 소위 현대 물리학의 총아라고 불리는 핵분열을 처음으로 성공한 사람도 이 아저씨야. 1919년 질소에 알파 입자를 튕겼더니 수소와 산소가 생기더라는 것이지. 이게 인류 최초 원자핵 분열 사례야. 자세히 들여다보면 질소가 수소와 산소로 변한 거잖아.

연금술을 납으로부터 금을 만드는 것에 국한하지 않고 하나의 원자가 다른 원자로 바뀐다는 관점으로 확대하면, 현대 연금술의 시작점인 거지. 이게 전부가 아니야. 1920년 양성자의 전하량과 헬륨 원자핵의 전하량을 재봤더니, 헬륨 원자핵의 전하량은 양성자 1개의 2배지만, 질량은 양성자 1개의 4배라는 것도 밝혔어. 이는 두 가지를 의미하지. 하나는 헬륨 원자핵의 양성자는 2개라는 것과 또 다른 하나는 질량이 비교적 큰 다른 입자가 원자핵 안에 존재할 것이라는 거잖아. 이 결과를 가지고 러더퍼드는 '아마 원자핵 내부에 무거운 중성의 입자가 있을 것이다'라는 예측을 했고, 그의 예측은 1923년 그의 수제자 채드윅에 의해 증명되었지. 이게 바로 중성자거든. 이렇게 톰슨과 그 일당에 의해 원자를 구성하고 있는 입자들인 전자, 양성자, 그리고 중성자의 존재가 밝혀졌지.

사랑과 미움의 역학 관계

그렇게 원자는 양성자, 중성자, 전자의 3종류 입자가 모인 것이라는 게 만천하에 드러났어. 사실 얘들이 더 이상 쪼갤 수 없는 궁극의 입자는 아니야. 더 작은 쿼크, 렙톤과 같은 소립자들이 얘들을 구성하고 있다는 것이 밝혀졌지. 그런데 말이야, 어떻게 이 입자들이 모여 원자를 만들 수 있을까? 그냥 서로 좋아해서? 누군가를 좋아하기 위해서는 일단 만나서 알아봐야지. 만나는 데 있어서 무엇보다도 중요한 것은 물리적 거리잖아. 거리가 멀어 만날 수 없으면 좋아하지도 미워하지도 않는, 그냥 모르는 존재가 될 뿐이잖아. 그러니 일정한 범위 내에서 만나야지.

원자가 얼마나 작은지 상상할 수 있을까? 원자를 이루는 소립자는 또 얼마나 작은지, 원자핵과 전자의 거리는 얼마나 되는지 상상할 수 있을까? 왜 이런 걸 상상해야 하냐고? 거리를 알아야 이 입자들을 모이게 하는 힘을 이해할 수 있으니까. 원자에서 원자핵과 전자 사이의 거리는 약 0.1나노미터(nm) 정도야. 이렇게 말해도 감이 안 오잖아. 네가 가늠할 수 있는 미터로 환산하면 약 10^{-10}m야. 이 얘기는 입자와 입자는 연속되어 있지 않고 떨어져 있다는 건데, 아무리 거리가 짧아도 아무런 힘도 없이 얘들이 모여 원자를 이룰 수는 없잖아. 접착제로 얘들을 붙여놓은 것도 아니고. 그럼 그 힘이 뭐냐는 거지.

오늘날에 와서 보니까 세상을 지배하는 네 가지 힘이 있더라는 거야. 중력, 전자기력, 강한 핵력, 그리고 약한 핵력. 그런데 순서를 조금 바꿔보자. '강한 핵력 → 전자기력 → 중력'의 순으로. 왜 순서를 바꾸냐고? 쪼개고 쪼갠 입자들을 엮어 거시 세계를 만드는 힘의 순서야. 약한 핵력은 뺐다고? 약한 핵력은 원자핵에서 중성자가 붕괴될 때 확인할 수 있는 힘이거든. 조금 복잡하게 얘기하면, 현대의 표준 모형에서 양성자, 중성자 수준이 아닌 이보다 더 작은 소립자들을 연결하는 매개 입자에 관한 얘기라, 우리가 얘기하고자 하는 양성자, 중성자 그리고 전자의 관계에서는 뺐어. 강한 핵력과 전자기력에 의해 원자가 만들어지고, 얘들이 모여 분자가 되고 눈에 보이는 거대 물질이 되고, 또 얘들이 모여 너를 만들고, 더 큰 지구도 만들었지. 이렇게 미시 세계를 연결해 거시 세계를

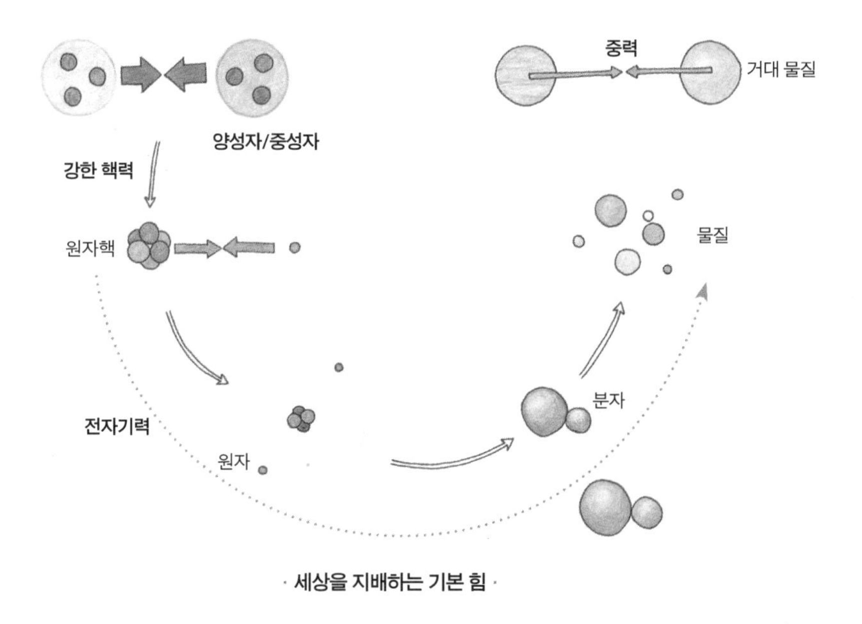

· 세상을 지배하는 기본 힘 ·

만드는 힘들이 얘들이거든. 결국 입자가 만나 이루어진 너도 이 힘에 의해 지배당하고 있다는 얘기지.

원자를 보면 전기적으로 양전하를 띠고 있는 원자핵과 전기적으로 음전하를 띠고 있는 전자가 전자기력에 의해 묶여 있지. 몇 개가 어떻게 묶여 있냐고? 흔히 ${}^{12}_{6}C$라고 표현했을 때 6은 원자번호이면서 동시에 양성자가 6개라는 얘기를 했는데, 탄소는 전기적으로 중성이라는 얘기잖아. 양성자가 6개니까 중성이 되기 위해서는 '양전하'에 대응하는 '음전하'도 동일한 전하량을 가져야 중성이 될 수 있지. 즉, 6개의 전자를 가진다는 얘기지. 그런데 이렇게 얘기할 때 매우 중요한 가정이 하나 성립해야 한다는 걸 알아챘을까? 그건 바로 양성자 1개의 (+)전하량과 전자 1개의 (-)전하량이 같아야 한다는 거지. 그래야지만 양성자 6개와 전자 6개의 전하량 합이 '0'이 될 수 있지. 이렇게 원자핵과 전하가 서로 다른 전하를 띠기 때문에 전자기력에 의해 원자를 구성할 수 있게 되는 거야. 전자기력은 단순히 양성자와 전자 사이에 작용하는 힘만을 나타내는 것은 아니야. 넓은 의미에서 전하를 띤 물질 간에 적용하는 모든 상호 작용을 전자기력이라고 해. 엠페도클레스 아저씨는 원자가 뭔지도 모르는 상태에서 근원 물질이 '사랑'과 '미움'이라는 힘에 의해 연결된다는 얘기를 했었지. 이 아저씨가 말한 힘의 개념으로 바꾸면, 양전하와 음전하가 서로를 끌어당기는 전자기력은 사랑이라고 해석되지 않을까? 그럼 같은 전하를 가진 입자들끼리 서로 밀어내는 척력은 '미움'이라고 해석할 수 있다고?

· 원자를 구성하는 입자의 전하량 ·

구분		전하량	상대적 전하량	질량	상대적 질량
원자핵	양성자	$+1.602 \times 10^{-19}$	+1	1.673×10^{-24}	1
	중성자	0	0	1.675×10^{-24}	1
전자		-1.602×10^{-19}	−1	9.110×10^{-28}	1/1837

그럼 양성자와 중성자로 구성되어 있는 원자핵은? 먼저 양성자라는 이름을 쪼개보자. '양성'과 '자'로 쪼개질 수 있겠지. 전기적으로 양전하를 나타내는 입자라는 거잖아. 중성자는 전기적으로 중

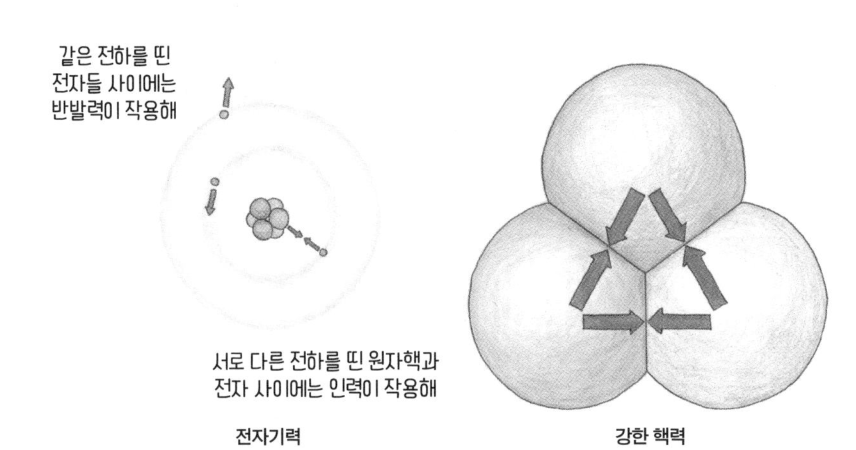

· 원자 내에 작용하는 힘들 ·

성이라는 얘기지. 따라서 핵은 (+)전하를 띤다는 거고. 그런데 이게 좀 이상해. 양성자가 원자핵에 몰려 있는데, 동일한 전하를 띤 양성자들을 서로 밀어내려고 할 거잖아. 어떻게 서로 밀어내려고 하는 양성자가 원자핵 내에 집중적으로 몰려 있을 수 있지? 그 이유를 설명해주는 힘이 바로 세상을 지배하는 힘 중의 하나인 '강한 핵력'이야. 강한 핵력은 아주아주 좁은 공간에서 질량을 가진 입자들 간에 끌어당기는 '인력'을 의미해. 즉, 일정한 질량을 가진 양성자와 양성자가 아주 짧은 거리에서 전기적 척력을 극복하고 인력에 의해 서로를 붙잡고 있다는 거지.

원자핵을 잘 들여다봐봐. 양성자 사이사이에 중성자가 끼어들어가 있어. 전기적으로 중성인 중성자가 사이사이에 존재함으로써 양성자 간의 전기적 척력을 줄여줌과 동시에 강한 핵력으로 원자핵을 안정하게 만들어주는 역할을 해. 그래서 원자핵 내에서는 양성자와 중성자, 중성자와 중성자 그리고 양성자와 양성자 간에 강한 핵력이 작용하지. 실제로 아주 짧은 거리에서는 양성자 간의 전기적 반발력보다 강한 핵력이 100배 이상 강하기 때문에 원자핵 안에서 같은 전하를 띤 양성자가 모여 있을 수 있는 거야. 엄밀하게 얘기하면, 강한 핵력은 양성자와 중성자를 구성하는 더 작은 소립자인 쿼크들 간에 작용하는 인력인데, 양성자와 중성자에 쿼크가 들어 있으니 여기서는 이들 간의 인력이라고 하자.

그럼 도대체 엄마가 얘기하는 강한 핵력이 작용하는 '아주 짧은 거리'란 얼마만큼의 거리일까? 가장 작은 원소인 수소 원자의 반지름을 정밀한 측정 방법을 통해 재봤더니 5.292×10^{-11}m인데, 이는 약 1억 개의 수소를 한 줄로 세워야지만 1cm가 되는 크기야. 그럼 이 크기 안에서 원자핵의 크기는 얼마나 되는가? 원자핵의 지름은 원자의 1/100,000밖에 안 되거든. 이는 원자를 커다란 야구장에 비유했을 때 원자핵은 작은 구슬에 불과한 정도의 크기밖에 안 되는 거지. 이런 얘기들의 결론은 아주 단순하게도 '원자는 우리가 상상할 수도 없을 만큼 작다'라는 거야. 그래서 원자핵의 지름을 표시할 때는 원자핵과 전자의 거리를 나타내는 데 사용하는 나노미터(nm, 10^{-9}), 옹스트롬(Å, 10^{-10})보다 더 작은 단위인 피코미터(pm, 10^{-12}m)나 펨토미터(fm, 10^{-15}m)를 사용하지. 그런데 원자핵 내의 양성자와 중성자 사이의 거리는 1피코미터보다도 짧은 거리일 거잖아. 너무 작은 숫자라서 그냥 잊어버려도 된다는 얘기? 그건 네가 알아서 판단하고. 엄마가 이렇게 작은 숫자들을 들먹이면서까지 원자핵의 크기를 말하는 이유가 뭐겠어? "안다고~, 강한 핵력이 얼마나 짧은 거리에서 작용하는 대단한 힘인지 상상할 수 있다고~" 이 또한 엠페도클레스 아저씨가 얘기한 사랑의 힘이라고 할 수 있지. 그것도 우리가 일상에서 어쩌지 못하는 아주 강력한 사랑의 힘이지.

원자핵 내에 중성자가 없는 경우는 양성자가 1개인 수소($^1_1$H)밖에 없어. 원자번호가 2번인 헬륨만 해도, 2개의 양성자와 2개의 중성자를 가지고 있거든. 이는 2개 이상의 양성자를 가진 원자핵이 안정화되려면 2개 이상의 중성자가 필요하다는 것을 의미하잖아. 그럼 양성자와 중성자의 비율이 어느 정도가 되어야 안정된 원자핵을 구성할 수 있을까? 원자번호가 양성자 수이니까 원자번호가 작은, 다른 말로 양성자가 몇 개 안 되는 원소들은 양성자 수와 대략 같은 중성자 수를 가지고 있어. 탄소가 6개의 양성자 수를 가지고 있기 때문에, 안정된 원자핵을 유지하기 위해 6개의 중성자가 필요한 것처럼 말이야. 하지만 원자번호가 점점 커지면 양성자 수가 늘어나고 양성자 간의 거리도 멀어져 반발력도 커지겠지. 이를 해결하기 위해 양성자보다 더 많은 중성자를 가질 수밖에 없거든. 철은 원자번호 26번이라서 26개의 양성자를 가지고 있지만, 중성자는 26보다 많은 30개가 되거든. 이렇게 중성자 수가 더 많아야지만 거리가 멀어져 생기는 양성자 간의 반발력을 중재할 수 있는 거지.

그렇다고 중성자가 이 모든 문제를 해결할 수 있는 것은 아니야.

양성자를 많이 품어서 원자핵이 점점 커지면, 아주 많은 중성자로도 양성자 간의 반발력을 잠재울 수 없는 어느 한계점이 분명히 있겠지. 그 한계라는 것은 원자핵을 구성하지 못할 만큼의 양성자를 가지는 경우가 되겠지. 자연계에서 그 한계의 범위 내에서 원자핵을 구성한 가장 큰 원자는 원자번호 92의 우라늄(U)이야. 우라늄은 원자번호가 92번이니까 92개의 양성자를 가지고 있잖아. 그럼 중성자의 수는 몇 개나 되냐고? 원자량이 238인 우라늄은 146개나 되는 중성자를 가지고 있지.

물론 이보다 큰 원자들도 있어. 하지만 그건 대부분 인공적으로 현대의 연금술인 입자가속기를 이용해 합성한 거야. 입자가속기? 원자를 아주 빠르게 가속시켜 원자핵만 딸랑 남긴 후, 이 원자핵을 다른 원자의 핵과 충돌시켜 새로운 원자핵을 합성하는 거지. 새로운 원자핵의 탄생? 이는 새로운 원자의 탄생을 의미하잖아. 원자를 이루는 근본 핵심은 원자핵이니까. 이렇게 인공적으로 원자를 합성해서 원자번호 104나 108, 111 등의 원자를 만들 수는 있지만, 원자번호 300번 이런 것은 만들 수 없어. 왜냐고? 강한 핵력이 작용하기에 원자핵이 너무 커서 붕괴되어버리거든. 원자핵이 없는 원자는 없잖아.

다시 탄소의 표기법으로 돌아가보자. ${}^{12}_{6}C$에서 6은 양성자 수인 동시에 원자번호라고 얘기했는데, 12는 뭐냐고? 질량 수야. 질량을 결정하는 숫자라는 거지. 원자를 구성하는 전자, 양성자와 중성

· 원자를 구성하는 입자의 질량 ·

구분		전하량	상대적 전하량	질량	상대적 질량
원자핵	양성자	$+1.602 \times 10^{-19}$	+1	1.673×10^{-24}	1
	중성자	0	0	1.675×10^{-24}	1
전자		-1.602×10^{-19}	−1	9.110×10^{-28}	1/1837

· 원자의 질량과 상대적 질량 ·

원자	탄소(C)	수소(H)	산소(O)	질소(N)
원자 1개의 질량	1.99×10^{-23}	1.67×10^{-24}	2.66×10^{-23}	2.33×10^{-23}
상대적 질량비	1	1/12	16/12	14/12
원자량	12	1	16	14

자 각각의 질량을 보면 전자의 질량은 무시할 정도로 작기 때문에 흔히 질량 수를 얘기할 때는 양성자와 중성자만 얘기해. 탄소의 질량 수 12라는 숫자는 양성자와 중성자의 상대적 질량을 각각 1이라고 했을 때, 탄소의 양성자 수 6과 중성자 수 6을 더한 숫자지.

그런데 전자의 아주 미세한 질량만 무시한 게 아니라 자세히 보면 양성자보다 아주 약간 무거운 중성자의 0.002×10^{-24} 추가 질량도 무시했지. 상대적 질량이라는 측면에서 보면 양성자와 중성자의 차이가 얼마 나지 않으니까 그냥 같다고 하는 거야. 물론 0.002×10^{-24}이라는 미세한 질량 차이를 가지고 애들보다 더 미세한 소립자가 존재하고, 양성자나 중성자가 애들이 만나서 만들어진 녀석들이고, 또한 이 미세한 차이가 모이고 모여 방사능이라는 엄청난 에너지를 만들어낸다는 것을 밝히기도 했어. 하지만 일반적인 상황에서는 저 미세한 차이가 크게 영향을 주지는 않기 때문에 그냥 같다고 하는 거야. 여기서 일반적인 상황이란 엄청난 에너지를 가해 강한 핵력을 깨뜨릴 수 없는 상황이지.

"질량 수라는 용어 말고 원자량이라는 용어도 있잖아. 둘이 같은 거야?" 이미 얘기한 것처럼 질량 수라는 것은 양성자와 중성자의 상대적 질량의 합이잖아. 원자량은 한 원자의 질량을 기준으로 다른 원자의 상대적 질량을 표현하는 방식이야. 질량 수는 양성자와 중성자의 발견 이후에 정해진 거지만, 원자량이라는 표현은 돌턴 시대에도 있던 용어거든. 이때는 질량 수라는 개념이 없으니 '1' 또는 '100'과 같은 쉬운 기준을 사용했겠지. 돌턴은 가장 가벼운 수소 원자를 1로 정하고 이를 기준으로 다른 원자의 원자량을 결정하자고 주장했지만 현실적으로 사용하기 편한 기준은 아니었나봐. 질량 수가 밝혀진 후에도 산소 기준으로 사용하는 사람들과 탄소를 기준으로 사용하는 사람들이 있어서 원자량에 대한 정의가 통일되지 않았어. 그러다가 1961년에 질량 수 12의 탄소를 기준으로 다른 원소의 원자량을 정하자고 약속했어. 이렇게 복잡해 보이는 정의를 사용하는 이유는 원자 1개의 질량이 너무 작기 때문에 사용하기 불편하기 때문이야. 수소 원자의 질량은 0.0000000000000000000000168g(1.68×10^{-24}g)이고, 질량 수 12의 탄소 1개 질량은 0.0000000000000000000000199g(1.99×10^{-23}g)인데 이걸 말하려면 얼마나 힘들겠어? 그러니 간단한 방법을 찾은 거지. 원자량은 상대적 질량이라 단위가 없다는 것은 말하지 않아도 알지?

그런데 화학의 모든 기준을 정하는 국제순수응용화학연합회가 공식적으로 제공하는 탄소의 원자량은 12가 아니라 12.011야. 이는 질량 수 12의 탄소를 기준으로 질량 수가 다른 탄소의 동위원소들의 존재 비율을 고려한 값이야. 엄마가 원자번호 92번인 우라늄의 원자량이 238일 때 중성자 수가 146개라고 했잖아. 어떻게 중성자 개수를 한 번에 구할 수 있었겠어? 엄마가 측정하거나 외웠냐고? 설마~ 원자량이 양성자의 상대적 질량과 중성자의 상대적 질량을 더한 것과 같으니 둘을 구분하지 않고 그냥 238에서 92를 빼서 척하고 계산해낸 거지. "에이~ 엄마, 그럼 '우라늄 원자량이 238일 때'라고 하면 안 되고, '우라늄의 질량 수가 238일 때'라고 해야 하는 거잖아 인정?" 아니, 인정하지 않아. 동위원소를 고려하지 않고 우라늄의 원자량이 238이라고 했으니, 이 경우 질량 수와 원자량은 같은 거니까.

미시 세계에서 쿼크와 렙톤 같은 소립자들이 모여 양성자, 중성자와 전자라는 입자들을 만들고, 얘들이 모여 원자가 만들어졌지. 세상에 존재하는 원자는 100개가 넘는데, 얘들이 모두 동일한 소립자들과 동일한 힘인 강한 핵력과 전자기력 그리고 약한 핵력에 의해 만들어졌잖아. 특별히 다른 입자가 있는 것도 아니지. 기원전에 생각만으로 원자라는 개념을 이끌어낸 데모크리토스의 표현을 빌면 세상에 존재하는 모든 원자는 '동일한 원질'로 구성되어 있는데, 개개의 원자의 경우 원질의 비율만 다른 거지. 실제로 모든 원자를 구성하는 입자는 양성자, 중성자, 전자로 다 똑같잖아.

너는 세상에 존재하는 모든 물질을 셀 수 있니? 엄마는 죽었다 깨어나도 못 세. 너무 많기도 하고, 아마 아직까지 찾지 못한 물질도 있을 거고, 또 새로운 물질들이 끊임없이 만들어질 테니까. 하지만, 이 모든 물질이 고작 118개, 아니 118개는 사람이 인위적으로 만든 원소까지도 포함을 하고 있으니 약 100개도 안 되는 원소들이 모여 셀 수도 없는 수많은 물질을 만든 거지. 세상에 원자로 구성되지 않은 물질도 있어? 아니. 있을 수가 없지. 생명체인 너? 너도 생명체니까 분해하고 분해하면 결국 생명체를 구성하는 기본 원소인 C(탄소), H(수소), O(산소), P(인), I(요오드), N(질소), S(황)(CHOPINS) 등으로 구성되어 있고, 이 원자들도 쪼개면 소립자들로 구성되어 있지. 너도 소립자로 이루어진 원소들의 집합이라는 거지. 물론 단순히 집합으로 모인 상태가 아니라, 약한 핵력, 강한 핵력 그리고 전자기력과 같은 사람과 미움의 역학 관계로 맺어진, 그러니 세상을 원자의 세상, 화학의 세상이라고 부르는 거지.

전자의 불연속성

그런 거대한 화학의 세상을 이루는 데 무엇보다도 중요한 역할을 하는 게 '전자'야. 화학 반응을 통해 원자와 원자가 결합해 분자가 만들어지는 것은 전자가 들락거리는 현상이거든. 원자핵의 양성자와 중성자? 애들은 너무 강한 핵력으로 결합되어 있어서, 일반적인 조건에서 서로 떨어지지 않아. 그래서 화학 세상을 얘기할 때, 전자를 빼고는 아무런 얘기도 할 수 없다는 거야. 그러니 원자를 둘러싸고 있는 전자의 배치를 조금 자세히 알아보기 위해 러더퍼드의 원자 모형을 다시 들여다보자.

러더퍼드가 전자는 원자핵 주위를 아주 빠르게 회전하고 있다는 원자 모형을 제시하기는 했지만, 사실 이는 특별한 방법이 없어 내놓은 궁여지책이었어. 원자핵이야 원자 가운데 떡~하니 자리잡고 있으면서 양전하를 띠는 알파 입자를 튕겨내니 존재 자체를 의심할 여지가 없었지만, 전자의 배치는 증명해 보일 방법이 없었거든. 러더퍼드의 초기 생각은 태양을 중심으로 행성들이 배치된 것과 같이 전자가 배치되어 있을 거라고 생각했어. 이런 걸 태양계 원자 모형이라고 해. 하지만 전자가 행성처럼 원운동을 하는 경우, 원자핵에 비해 아주 가벼운 전자는 급속히 원자핵으로 빨려 들어가 충돌해버리거든. 그래서 이런 문제에 대한 해결책으로 전자가 아주 빠르게 회전하고 있다는 모델을 제시한 거야. 즉, 회전력으로 구심력을 극복한다는 거지.

그런데 문제의 해결 방법은 엉뚱한 곳에서 튀어나왔어. 그 방법을 얘기하기 위해 아주 낭만적인 현상을 아주 낭만적이지 않게 얘기해보자. 밤하늘에 터지는 불꽃놀이는 원소의 고유한 성질을 이용한 결과잖아. '가스레인지 불꽃에 소금을 던지면 노란색이 나온다. 이는 나트륨(Na)이 들어 있기 때문이다. 리튬(Li)은 붉은색, 칼슘(Ca)은 주황색, 칼륨(K)은 보라색, 바륨(Ba)은 황록색, 구리(Cu)는 청록색, 스트론튬(Sr)은 붉은색을 나타낸다'라는 사실을 모아 밤하늘을 수놓는 폭죽을 만들었지. 원소는 왜 이런 고유의 색깔을 나타낼까? 단순히 고유의 색깔을 방출하기만 하는 것일까? 아니라는 것을 이미 알고 있지 않나? 엄마가 지구과학에서 분젠(Robert Bunsen)과 키르히호프(Gustav Kirchhoff)가 각각의 원소는 특정한 파장의 빛을 내는 동시에 동일한 파장의 빛을 흡수도 한다는 사실을 밝혔다고 얘기했었지. 이런 걸 어떻게 알았냐고? 뉴턴이 고안한 프리즘을 이용해 빛을 분리해본 거지. 이게 19세기 말에 등장한 위대한 분광분석법이야.

스위스의 수학자였던 발머(Johann Jakob Balmer)는 분광분석법을 이용해 얻어진 수소의 선스펙트럼을 더 자세히 들여다봤어. 가시광선 영역에서 4개의 선스펙트럼 파장(λ)은 4101.2Å, 4340.1Å, 4860.74Å, 6562.1Å 인데, 이 의미 없어 보이는 숫자들 안에 숨어 있는 규칙성을 찾으려고 노력했고, 결국은 'n'이라는 미지의 수를 이용해 '$\lambda=\frac{n^2}{n^2-2^2}\times a$'라는 식을 만들어냈지. 이때 n은 자연수, 즉, 1, 2, 3, ……야. 대단하지 않냐? 도대체 아무 규칙도 없어 보이는 이 숫자들의 규칙성을 찾아내다니. 물론 이 수식은 나중에 리드베리(Johannes Rydberg)에 의해 일부 수정되기는 했어.

그런데 그 당시에 스위스와 영국은 물리적으로 거리가 멀었는지, 원자 모형을 가지고 끙끙대고 있던 러더퍼드와 그의 수제자 보어는 이런 연구가 있는지도 모르고 있었지. 다행스럽게도 코펜하

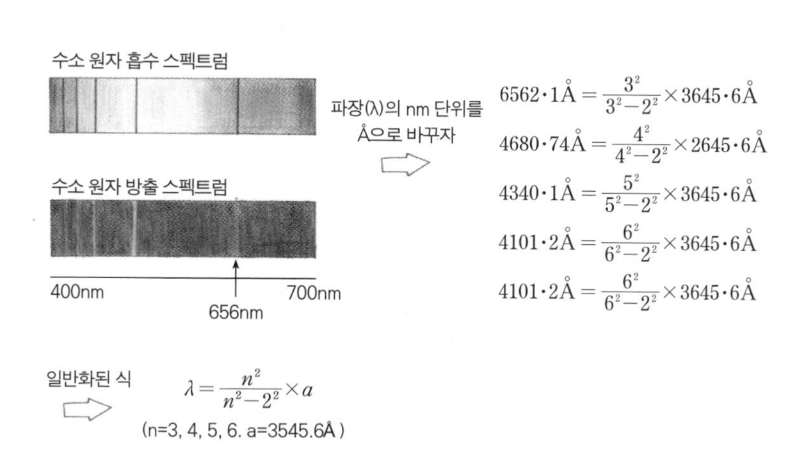

· 발머가 찾아낸 수소 선스펙트럼의 규칙성 ·

겐의 분광학 전문가 한센(Hans Hansen)이 보어에게 편지를 보내서는 발머와 리드베뤼 수식의 의미를 설명해달라고 한 거야. 보어의 회고에 따르면 '발머의 수식을 보는 순간 알 수 없었던 모든 것이 분명해졌다'고 할 정도로 발머의 수식은 전자의 배치에 관한 의문을 한순간에 해결해줬지.

보어가 분명하게 알 수 있었던 것을 한마디로 얘기하면 자연수 'n'에 의한 '불연속성'이야. 도대체 뭐가 불연속성이냐? 불연속이라는 말은 이어져 있지 않다는 거니까 원자에서 보면 전자의 배치가 불연속이라는 거야. 전자의 배치가 양파 껍질처럼 1단계에서 2단계로 도약하거나, 2단계에서 1단계로 떨어지는 불연속성을 유지해야지만 선스펙트럼이 나올 수 있다는 거지. 발머의 수식이 나타내는 바에 따르면, 전자가 한 궤도에서 다른 궤도로 도약할 때는 특정한 파장의 빛을 흡수하고 떨어진 때는 동일한 파장의 빛을 방출한다는 거잖아. 궤도와 궤도의 중간은 비어 있다는 거지. 보어는 이런 전자의 불연속성을 기반으로 1913년 양파 껍질처럼 전자 껍질이 겹겹이 둘러싸고 있는 원자 모형을 제시했지.

수소 선스펙트럼은 그 이외에도 아주 중요한 사실들을 제공했어. 수소 선스펙트럼을 보면 여러 계열의 에너지가 나오잖아. 자외선 영역인 라이먼 계열, 가시광선 영역의 발머 계열, 그리고 적외선 영역의 파센 계열의 빛을 흡수하거나 방출하는 것을 볼 수 있지. 발머 계열이라는 이름에서 알아버렸을까? 파장의 이름은 다 발견한 사람의 이름을 딴 거지. 발머 계열은 어느 전자 껍질에서 전자가 뛰어내리든지 간에 무조건 두 번째 전자 껍질까지 뛰어내릴 때 나오는 파장이고, 라이먼 계열은 무조건 첫 번째 전자 껍질까지 뛰어내릴 때 나오는 파장이며, 파센 계열은 세 번째 전자 껍

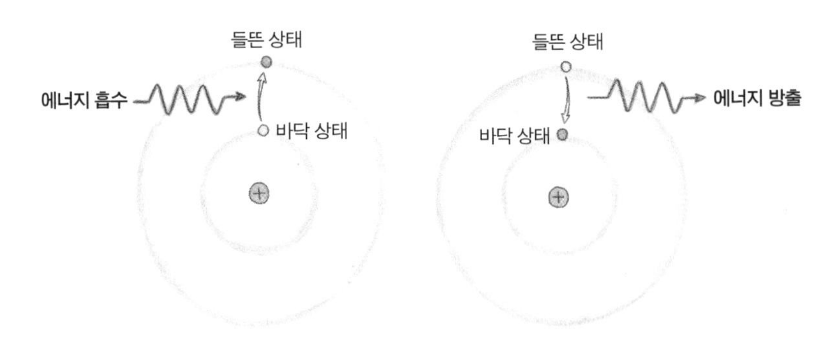

· 원자의 선스펙트럼이 나타나는 원리 ·

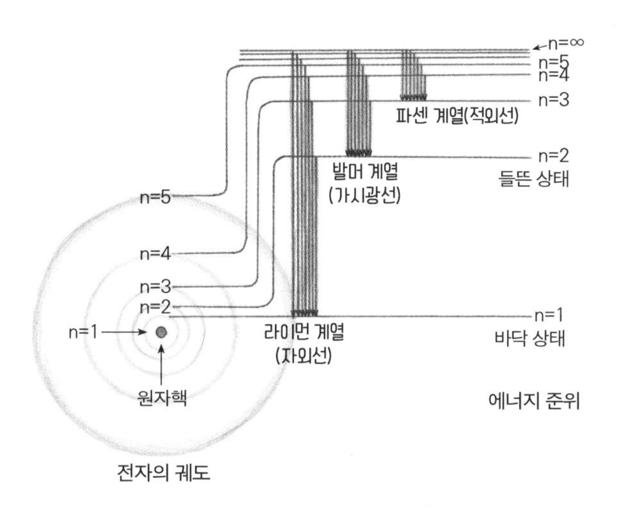

· 원자의 전자 껍질에 따른 전자의 에너지 준위 ·

질까지 뛰어내릴 때 나오는 파장이지.

이건 불연속적인 전자의 에너지 준위가 하나가 아니라는 얘기잖아. 원자핵 주위에 양파 껍질 마냥 여러 개의 에너지 준위가 존재하는데, 원자핵에서 먼 전자 껍질의 에너지 준위가 높다는 거야. 에너지 준위가 높다는 게 어떤 의미냐고? 전자가 들뜬 상태가 되었다가 바닥 상태로 다시 돌아올 때 나오는 에너지양을 말하는데, 높은 곳에서 떨어지는 물이 더 큰 에너지를 만드는 것처럼 원자핵에서 멀면 멀수록 나오는 에너지가 크겠지. 다른 말로 표현하면 원자핵으로부터 멀어져 원자핵과의 인력이 약해져 전자의 불안정성이 크다는 거야. 똑같은 얘기를 또 다른 말로 표현하면, 에너지 준위가 높은 상태의 전자는 원자핵에서 멀기 때문에 원자에서 탈출

할 가능성이 높다는 얘기이기도 해. 이렇게 불연속적인 전자의 에너지 준위를 다른 말로 주양자 수라고 하는데 보통 'n'이라고 표시해. 그래서 에너지 준위 단계를 순차적으로 1, 2, 3, 4, 5, 6, 7이라고 하지. 주양자 수는 전자 껍질과 유사한 개념으로 사용되고 있는데, 전자 껍질은 원자핵을 중심으로 순차적으로 K, L, M, N, O, P, Q라는 이름을 가지고 있잖아. 주양자 수와 전자 껍질의 이름을 같이 놓고 보면, K 전자 껍질은 주양자 수가 1이고, L 전자 껍질은 주양자 수가 2, M은 3, N은 4가 돼.

그런데 엄마가 숫자를 무한대로 놓지 않고, 7까지 그리고 Q까지만 썼잖아. 7보다 에너지 준위가 큰 주양자 수는 없나? 다른 말로 Q보다 더 큰 전자 껍질을 가질 수는 없나? 자연적으로는 불가능해. 이미 답은 알고 있잖아. 원자핵이 무한대로 커질 수는 없다는 것을. 원자핵이 무한히 커질 수 없으니, 원자핵이 영향을 미치는 범위 안에서 결정되는 전자 껍질 또한 무한히 커질 수 없는 거지.

"엄마, 전자 껍질의 이름이 알파벳순이잖아. 그런데 왜 A부터 시작하지 않고 K부터 시작해?" 그건 X선 산란이라는 방법을 이용해 에너지 준위가 가장 낮은 전자 껍질을 찾은 찰스 바클라(Charles G. Barkla)가 너무나도 겸손해서 그런 거야. 실험을 통해 에너지 준위가 가장 낮은 전자 껍질을 찾아서는 알파벳순으로 이름을 붙이기로 했지. 그런데, 자신이 A부터 순차적으로 이름을 붙였는데 나중에 더 에너지 준위가 낮은 전자 껍질을 찾으면 이름을 붙이기가 난감할 거잖아. 그래서 다른 사람의 새로운 발견을 위해 A~J까지는 비워두고 K부터 시작한 거지. 그런데 너무 겸손했나봐. 다른 사람이 열심히 찾아봤지만, 결국은 바클라가 찾은 K전자 껍질보다 에너지 준위가 낮은 전자 껍질은 존재하지 않더라구.

슈뢰딩거의 고양이

에너지 준위가 다른 전자 껍질이 불연속적으로 존재한다는 보어의 원자 모형만으로도 전체적인 큰 틀에서 전자의 배치에 관한 내용들이 설명이 되기는 해. 그런데 이게 현실과 똑같지는 않아. 보어가 대상으로 한 원자는 수소잖아. 수소는 전자가 1개이기 때문에 에너지를 가해 단계적으로 전자의 에너지 준위를 달리하면 전자가 어떤 에너지 준위의 단계로 배치되는지 쉽게 알 수가 있어. 하지만, 그건 주위에 방해하는 다른 전자가 없기 때문에 가능한 거지. 즉, 전자가 1개가 아닌 다전자 원자라면 상황이 완전히 달라질 수 있다는 거야. 실제로 다전자 원자를 가지고 선스펙트럼을 조사해봤더니 수소 원자처럼 그렇게 명확하게 떨어지지 않더라는 거지. 수소와 전자가 10개나 되는 네온($_{10}Ne$)의 선스펙트럼을 비교해보면, 네온의 선스펙트럼은 수소보다 훨씬 선의 수가 많고, 가까이 모여 무리를 지은 선들이 나타나는 것을 볼 수 있잖아. 결국 보어의 원자 모형으로 설명하지 못하는 새로운 사실들이 존재한다는 거지.

그럼 우리는 영원히 원소의 전자 배치를 일반화할 수 없을까?

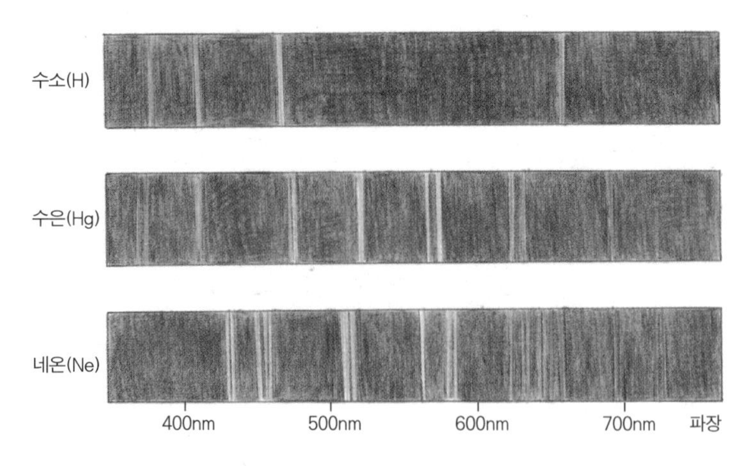

· 수소와 다전자 원자의 선스펙트럼 ·

그냥 개별 원소마다 특별한 전자 배치를 다 외워야 할까? 하지만 이미 어떤 규칙성이 있을 거라는 것은 충분히 직감할 수 있었어. 왜? 엄마가 그렇다고 말해서? 아니, 아주 오래전부터 원소가 화학 반응을 할 때 일정한 규칙성을 보이고 있고, 화학 반응이라는 것은 원자핵이 아닌 전자가 관여하는 반응이라는 것을 알고 있었거든. 물론 그 전자는 결국은 원자핵에 의해 좌우되기는 하지만.

1920년에 이르러 어떤 일정한 규칙을 찾았어. 어떻게 찾았겠어? 이론과 실제 스펙트럼의 종류와 세기를 측정한 결과를 모두 모아 찾았지. 그 결과를 한마디로 얘기하면 '전자는 원자핵을 중심으로 일정한 궤도 내에서 끊임없이 움직인다'는 거야. 궤도는 영어로 오비탈(orbital)이라고 하는데, 궤도를 나타내는 orbit에 확률을 의미하는 접미사 'al'을 붙여 만든 단어야. 전자의 오비탈 얘기만 나오면 빠지지 않고 등장하는 위대한 두 명의 과학자가 있는데, 한 사람은 슈뢰딩거(Erwin Schrödinger)고 또 다른 한 사람은 하이젠베르크(Werner Heisenberg)지.

슈뢰딩거는 파동함수를 이용해 전자의 오비탈을 이론적으로 이끌어냈고, 하이젠베르크는 행렬을 이용해 동일한 결론에 도달했어. 물론 두 사람의 이론은 선스펙트럼의 종류와 세기를 이용한 실험을 통해 증명되었지. 엄마가 '위대하다'고 말하지만, 엄마 심장이 미친 듯이 뛰거나 쫄깃쫄깃해지지는 않아. 수식까지 전부 이해하면 그 오묘함에 심장이 마구 뛰겠지만, 수학을 기반으로 한 것이라 다 이해하지는 못하거든. 세상에는 잘난 사람들이 너무 많아~ 어떻게 이런 생각을 하고, 어떻게 이론적으로 접근해서 실험 결과와 일치시키는지 경이로울 뿐이지. 그것도 눈에 보이지 않는 미시세계를 가지고 말이야. 물론 지금이야 원자주사현미경 같은 아주 대단한 장비를 사용해서 원자의 일부를 눈으로 볼 수 있지만 그 당시에 그게 가능했겠어? 위대한 다른 과학자들도 오비탈을 사랑하지만 싫어하기도 했지. 그렇게 된 배경에는 슈뢰딩거와 하이젠베르크의 한판 승부가 지대한 공헌을 했다고 할 수 있어. 둘이 서로 다른 방법으로 접근해서 같은 결론에 도달했음에도 불구하고 아주 미세한 부분에서 첨예하게 대립하는 부분이 있거든.

슈뢰딩거에 따르면 전자는 정해진 오비탈 안에서 움직이고 있기 때문에 관찰할 때 정확하게 '여기 있다'라고 확인할 수 있지만,

하이젠베르크에 따르면 그렇게 말할 수 없다는 거야. '단지 여기에 있을 확률이 높다'라고 말할 수 있다는 거지. 하이젠베르크가 왜 이렇게 얘기했냐고? 전자는 질량이 매우 작아서 빛의 영향을 받으면 운동 방향이 달라지는데, 관측하려는 순간 빛의 영향을 받아 운동에너지가 변하게 되기 때문에 절대로 정확한 위치를 알 수 없다는 거야. 관측된 전자의 위치는 진정한 전자의 위치가 아니라 관측자에 의해 결정된 위치라는 거야. 이게 전자의 위치와 운동량을 동시에 정확히 알 수 없다는 그 유명한 '불확정성의 원리'야.

슈뢰딩거는 불확정성을 무지 싫어했어. 그러다가 다른 사람들이 자신이 전자는 '여기 있다'라는 것을 확인하기 위해 만들어낸 파동함수 방정식을 가지고 '여기 있다가 아니라 여기 있을 확률이 높다'라고 얘기하자 '욱' 하고 폭발한 거지. 그 폭발의 방법이 너처럼 소리 한 번 꽥~ 지르는 게 아니라, 그 유명한 '슈뢰딩거의 고양이'라는 사고 실험으로 반박했어. 사고 친 실험이 아니라 생각하는 사고야~ 사실 슈뢰딩거의 고양이는 너무 어려워. 〈사랑에 대한 모든 것〉이라는 영화를 통해 일반인들에게 일대기가 알려진 위대한 물리학자인 스티븐 호킹(Stephen Hawking)마저도 '누군가 슈뢰딩거 고양이 이야기를 꺼내면 총으로 쏴버리고 싶은 기분이 든다(When I hear of Schrödinger's cat, I reach for my gun)'고 얘기했을 정도야. 과격하지? 정말 어려운 문제라는 거지. 도대체 어떤 내용인데 그러냐고?

완전히 밀폐된 상자 안에 불쌍한 고양이와 청산가리를 담은 병,

· 죽거나 살거나 둘 중 하나인 슈뢰딩거의 고양이 ·

· 죽지도 살지도 않은 슈뢰딩거의 고양이 ·

그리고 1시간에 50%의 확률로 핵분열하는 라듐을 넣은 장치를 상상해보는 거지. 이 장치 안에서 핵분열이 일어나면 망치가 작동해 청산가리 병이 깨져 고양이가 청산가리를 먹어 죽어버리고, 핵분열이 안 일어나면 청산가리 병이 안 깨져 고양이가 살 수 있잖아. '1시간이 지났을 때 고양이는 어떤 상태로 존재하는가?'라고. 어떻게 존재할 거 같아? 우리가 그 상자를 열어보기 전에 고양이가 어떻게 되었는지 알 수 있나? 핵분열이 일어날 확률이 반반이라서 알 수가 없지. 하지만 분명한 건 우리가 그 밀실을 열어 확인하는 순간 고양이의 상태는 죽거나 살았거나 둘 중의 하나로 명확하지. 생존과 죽음의 중간 상태는 없잖아. 슈뢰딩거는 전자의 존재 위치도 그렇게 명확하다는 거야. '여기 있을 확률이 얼마다'가 아니라 고양이처럼 우리가 확인하는 순간 '여기 있다'라는 거지. 물론 '여기'의 범주는 오비탈의 범위 내지. 이런 슈뢰딩거의 고양이 사고실험을 아인슈타인이 열렬히 지지해줬지. 그러면서 나온 아주 유명한 말이 있잖아. '신은 주사위 놀음을 하지 않는다' 즉, 확률 게임을 하지 않는다는 거야.

사실 슈뢰딩거의 고양이는 확률이 아님을 보여주기 위해 고안된 사고 실험이지만, 불확정성 원리를 지지하는 사람들은 이 고양이 실험 또한 '확률을 증명하는 사고 실험이다'라고 얘기했어. 우리가 장막을 열어 고양이의 생사를 확인하기 전에는 고양이는 죽지도 살지도 않은 삶과 죽음이 중첩된 상태인데, 우리가 확인하는 순간 중첩의 상태가 아닌 죽거나 살거나 둘 중의 하나가 된다는 거지.

이게 반쯤 죽여놓은 거랑 같은 상태냐고? 그것도 아닌 거지. 이런 중첩의 상태가 우리가 사는 거시 세계에서는 불가능하지만 원자와 같은 미시 세계에서는 가능하다는 거고. 지금은 불확정성의 원리가 받아들여지고 있어.

이 논쟁에서 불확정성이 승리했다고 해서 슈뢰딩거의 이론이 빛이 바랜 것은 아니야. 슈뢰딩거의 파동함수는 현대의 '전자 구름' 모형을 제안하게 된 근거가 되었거든. 전자 구름 형태의 전자 모형을 보면, 수많은 점들이 모여 원자핵 주위가 짙고, 원자핵에서 멀어지면 옅어지는 것을 볼 수 있어. 즉, 원자핵에 가까울수록 전자가 발견될 확률이 높다는 거지. 그들이 그렇게 논쟁을 하거나 말거나 너와 나는 두 학파의 동일한 결론인 '전자는 결코 한순간도 멈추지 않고 끊임없이 주어진 오비탈 내에서 움직인다'는 오비탈에만 집중하는 게 어떨까? 그런데 너도 스티븐 호킹처럼 총으로 쏘고 싶다고? 사실 엄마도 미시 세계의 중첩에 대한 부분에서는 약간 그런 마음이 들기도 해. 그래서 조금 다른 방법으로 깐죽거려 보려고. '아무리 생각으로 하는 실험이기는 하지만, 실험의 대상이 된 고양이가 불쌍하다. 또한 청산가리 없어도 핵분열만으로도 고양이는 죽을 거다'라는 억지를 부려보는 거지.

주사위 놀음의 결정체, 오비탈

고양이가 죽었는지 살았는지는 그들의 문제라고 하고, 우리는 화학 반응에서 절대적인 전자가 원자핵 주위의 어디에 자리 잡고 있는지나 보자고. 엄마가 원자의 구조 얘기를 하면서 가장 많이 사용한 단어가 뭔지 아니? '안정'이라는 단어야. (+)전하를 띤 양성자가 자기들끼리의 반발력을 극복하고 '안정'되게 원자핵을 구성하는 원리, (+)전하를 띤 원자핵이 (-)전하를 당겨 원자를 구성하는 원리. 이 모든 원리의 궁극적 목표 지점은 안정, 안정, 안정인 거지. 그러니 2개 이상의 전자가 원자핵 주위에 배치될 때의 가장 중요한 문제도 (-)전하를 띤 전자들끼리 서로 요리조리 피해가면서 반발력을 최소화하고, 원자핵과의 적절한 거리 유지를 통해 안정화되어야 하지 않겠어? 그렇게 안정화될 수 있도록 전자가 배치되는 규칙을 찾아봤더니 4가지더라는 거야.

하나는 이미 알고 있어. 주양자 수. 전자의 단계별 에너지 준위를 의미하는 주양자 수 n은 1, 2, 3, 4, 5, 6……으로 표현되는데, 이름이 왜 주양자 수(principal quantum number)냐고? 전자가 어떻게 배치될 것인가를 결정하는 가장 기본 테두리라서 그렇지. 전자 껍질이잖아. 두 번째는 부양자 수라고 부르는 바로 주사위 놀음의 결정체, 오비탈이지. 주양자 수에 의해 전자 껍질의 크기가 결정되면 그 안에서 일정한 오비탈이 형성되고 전자들은 각자의 오비탈 내에서 움직일 거잖아. 어떤 오비탈이 있냐고? 모양에 따라 부르는 이름이 다른데 구형이면 s(sharp), 아령 모양의 p(principal), 퍼진 모양의 d(diffuse) 등등이 있어. 각각의 오비탈에 전자가 존재할 확률이 90%인 경우를 점을 찍어 나타내면 핵에서 멀어질수록 열

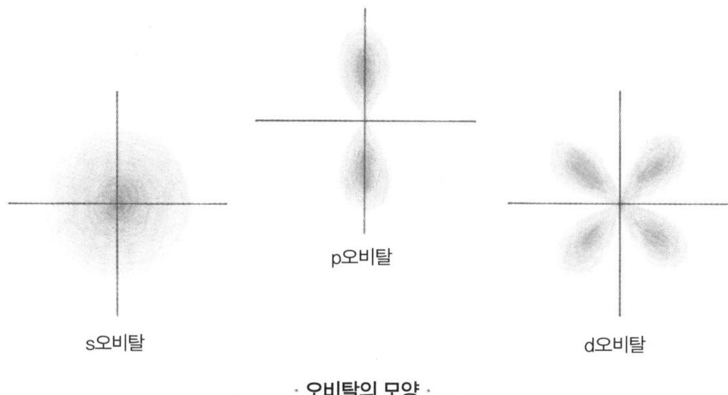

· 오비탈의 모양 ·

은 색이 나와. 이게 무슨 얘기냐고? 가운데가 진하다는 것은 거기서 전자가 발견될 확률이 높다는 거고, 바깥쪽으로 갈수록 전자가 발견될 확률이 낮다는 거지. 따라서 전자는 오비탈의 범위 내에서 원자핵 근처에서 발견될 확률이 높다는 거지. 왜 이렇게 서로 다른 모양의 궤도를 가지겠어? 전자들이 겹침을 최소화해서 요리조리 피해 자리를 잡으려고 그러는 거지.

그럼 이런 질문을 해볼 수 있지 않을까? 주양자 수가 1인 K전자 껍질에는 몇 종류의 오비탈이 존재할 수 있을까? "크기가 작으니까 많은 오비탈이 존재할 수 없잖아?" 맞아. 너의 예상대로 공간이 너무 좁아 다양한 오비탈을 가질 수 없어. 주양자 수가 커지면 전자 껍질이 커지니까 그 안에 존재할 수 있는 오비탈의 종류도 점점 늘어나는 거지. 원자핵에서 가장 가까운 K전자 껍질에는 s오비탈 하나밖에 없거든. 반면, L전자 껍질은 s와 p오비탈, M전자 껍질에는 s, p와 d오비탈, N전자 껍질에는 s, p, d와 f오비탈이 존재해.

애들 간의 규칙을 하나 만들 수 있지 않냐? 주양자 수 n=1일 때 오비탈의 종류는 1개, n=2일 때 오비탈의 종류는 2개, n=3일 때 오비탈의 종류는 3개이라고. 즉, 주양자 수와 오비탈 종류의 수는 같다고.

그럼 전자 껍질이 무한히 증가하면 각각에 존재하는 오비탈도 무한히 늘어나겠지? 하지만 그런 건 불가능함을 이미 알고 있어. 왜? 원자핵이 당길 수 있는 거리의 한계는 분명하고, 더불어 이런 걸 결정하는 가장 주된 요인인 원자핵이 무한히 많은 양성자를 품을 수 없기 때문이지. "원자핵의 한계에 관한 이 얘기를 무한 반복한다고 느끼는 건 왜지?" 그거야 원자핵이 핵심이라서 그런 거지. 실제로 원자의 오비탈 종류는 6개밖에 안 돼. 's, p, d, f, g, h' 이렇게 말이야. 그렇다고 이 모든 오비탈을 알 필요는 없어. 사실 g오비탈이 존재하려면 원자번호가 120번은 넘어가야 하고, h오비탈이 존재하려면 원자번호 220번이 넘어가야 하기 때문에 현실에서는 존재하지 않는 오비탈이지.

또한 주양자 수가 커지면 오비탈의 크기도 덩달아 커질 수밖에 없겠지. 각 전자 껍질의 가장 기본인 구형의 s오비탈 평균 반경을 비교해보면 주양자 수가 커질수록 급격하게 커지는 것을 볼 수 있어. 아, 그런데 1s, 2s, 3s라고 표시되어 있다고? s 앞에 있는 숫자는 주양자 수를 나타내거든. 그러니 1s라고 하면 주양자 수가 1인 K전자 껍질에 존재하는 s오비탈이 되고, 2s라고 하면 주양자 수가 2인 L전자 껍질에 존재하는 s오비탈이라는 얘기지.

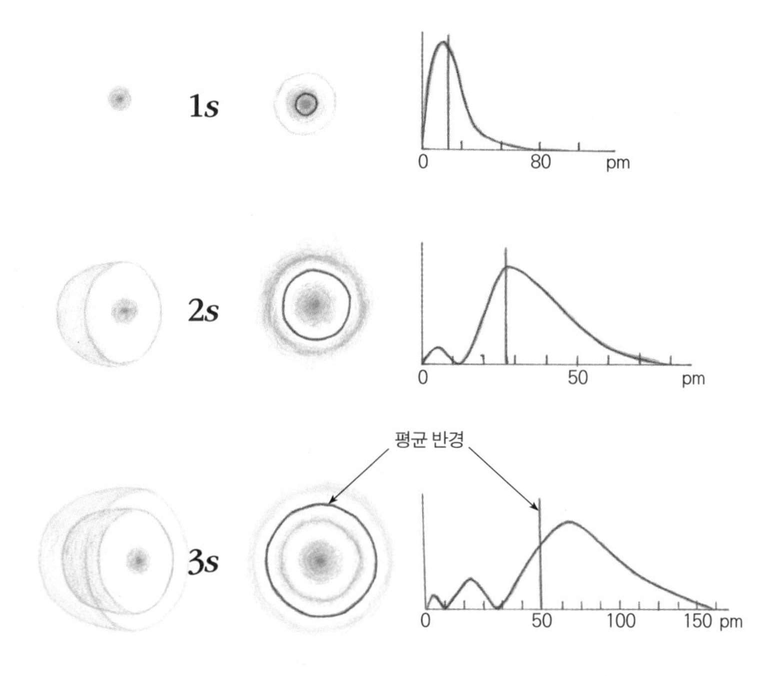

· 주양자 수에 따른 s오비탈의 크기 ·

그런데 말이야 이 시점에서 질문을 하나 해줘야 하는 거 아니냐? 각각의 전자 껍질에 s, p, d오비탈이 1개씩만 존재하냐고. 수식으로 풀어주는 것이 옳겠으나 너무 복잡해. 이럴 때 쓸 수 있는 방법이 모양을 보고 직감적으로 판단하는 거야. s오비탈은 구형이잖아. 구형의 오비탈을 요리조리 피해가면서 똑같은 구형의 다른 오비탈이 존재할 수가 없어. 그러니 s오비탈은 어떤 전자 껍질에 있든지 1개만 있을 수 있지. 하지만 아령 모양인 p오비탈을 봐봐. 동일한 범주 안에서 방향만 바꾸면 다른 p오비탈과 겹치지 않고 요

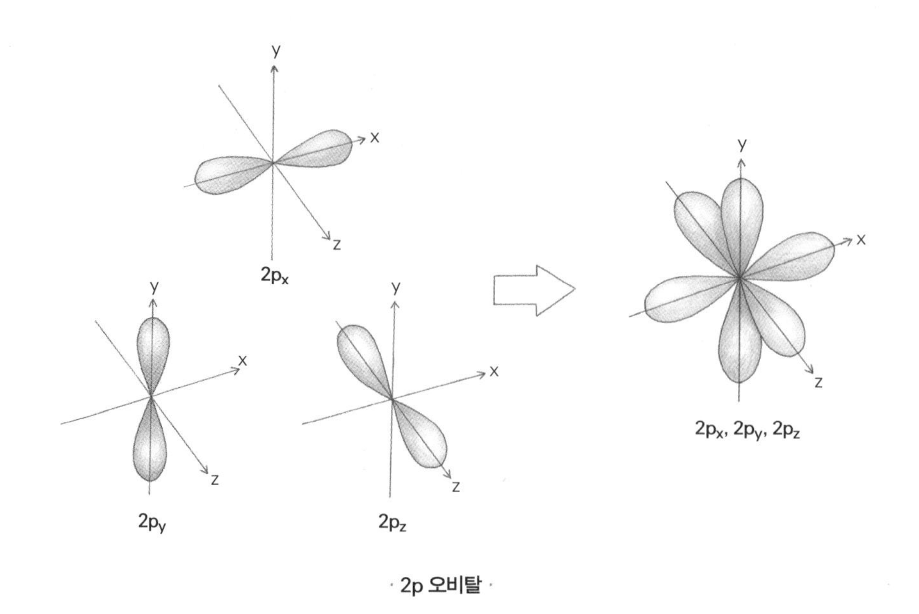

· 2p 오비탈 ·

리조리 피해서 배치될 수 있잖아. 그 최대의 숫자가 3개야. 이런 오비탈의 방향을 방향양자 수라고 하지. 방향하면 바로 x, y, z이라는 공간상의 좌표가 나와야 되지 않겠냐? 그러니 p오비탈의 방향을 p_x, p_y, p_z라고 표시하지. 이 오비탈의 방향을 모두 합쳐서 그려보면 전자들끼리 얼마나 겹치지 않게 배치되려고 하는지 금방 알 수가 있지. 그리고 여기다가 하나 더 보태서, 1s, 2s, $2p_x$, $2p_y$, $2p_z$ 오비탈을 모두 합쳐서 그려보면 조금 더 명확해지잖아. 엄마가 s와 p오비탈만 열심히 설명하고 d오비탈은 설명하지 않았다고? d오비탈은 오비탈의 종류가 무려 5개나 되어서 너무 복잡해. 얘를 다 한꺼번에 그리려면 위 그림에다가 또 겹쳐서 3s, $3p_x$, $3p_y$, $3p_z$까지 그린 후에 3d에 있는 5개를 겹쳐서 그려야 되잖아. 진짜로 복

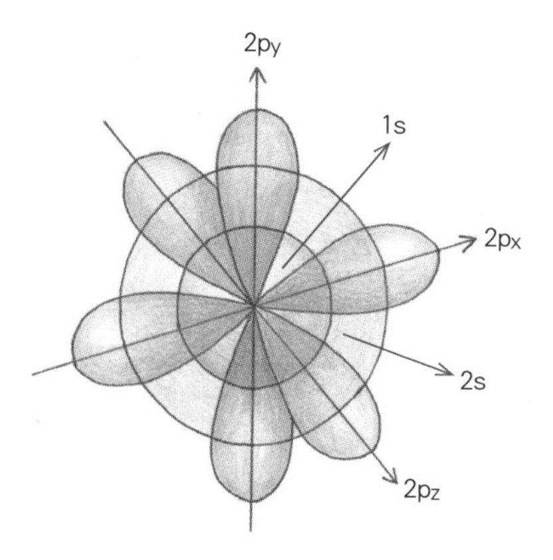

· 1s, 2s, $2p_x$, $2p_y$, $2p_z$ 오비탈 ·

잡한 그림이 되겠지. 그래서인데, 그림을 그려야 하는 너를 위해 생략하기로 했어.

그리고 마지막으로 하나 더! 스핀양자 수가 있어. 스핀양자 수는 파울리의 배타원리라고도 하는데, 파울리의 배타원리에 따르면 한 오비탈에는 최대 2개의 전자가 채워질 수 있으며, 이때 스스로 자전하는 전자는 자기와 똑같은 방향으로 자전하는 전자를 용납하지 않는다는 거야. 그래서 한 오비탈에 배치된 전자의 자전 방향이 서로 달라야 한다는 거지. 자신만의 독점권을 갖는 배타적인 전자지.

이렇게 4가지 원리에 의해 원자핵 주위의 아주 좁은 공간 안에서 전자가 아주 복잡하게 배치돼. 복잡하긴 하지만 배치되는 기본 원리는 딱 한 가지라는 거지. 전자의 반발력을 최소화해서 원자핵 주위에 모이게 하는 거! 너를 위해 친절하게 다음 표에 각 전자 껍질에 존재하는 오비탈 종류와 각 오비탈의 숫자를 정리해놓았지.

그리고 파울리의 배타원리에 따라 각 전자 껍질에 수용될 수 있는 최대 전자 수도 정리해놨지.

· 오비탈에 따른 최대 수용 전자 수 ·

전자 껍질	K	L		M			N			
주양자 수(n)	1	2		3			4			
오비탈 종류	1s	2s	2p	3s	3p	3d	4s	4p	4d	4f
오비탈의 개수(n^2)	1	1	3	1	3	5	1	3	5	7
	1	4		9			16			
최대 수용 전자 수($2n^2$)	2	8		18			32			

더욱더 안정하게

이 4가지 원리를 모아 전자를 배치해보자. 어디를 가장 먼저 채우면 되냐고? 전자를 채우는 순서의 기본 원리는 에너지 준위가 낮은 곳에서부터 채우는 거겠지. 애써서 어려운 곳부터 채워지지 않아. 그래야 가장 안정될 테니까. 전자 껍질 순서로 보면 K → L → M → N → O → P의 순서로 전자가 채워지겠지. 그런데 이미 너는 각 전자 껍질에 여러 개의 오비탈이 존재함을 알고 있잖아. 그러니 전자를 하나 가지고 있는 바닥 상태의 수소 전자를 배치해보자. 1s에 1개 채우면 끝이지. 더 이상의 전자가 없으니까. 이렇게 끝내면 허무하잖아. 그러니 보어가 했던 것처럼 아주 정교하게 점진적으로 에너지를 가해 수소 전자를 들뜬 상태로 만들어보자. 그러면

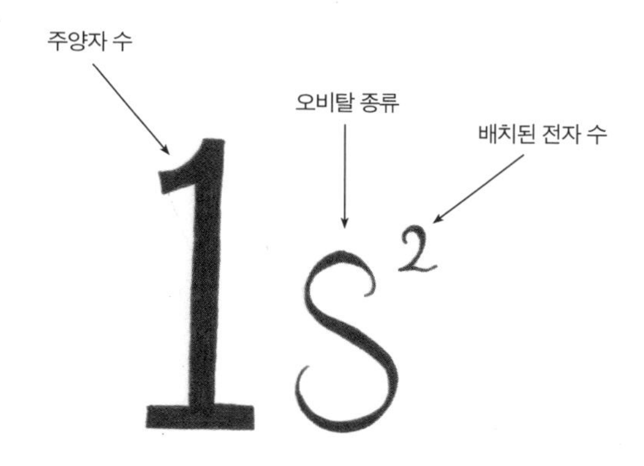

1개의 전자는 가해지는 에너지양에 따라 단계적으로 점점 더 들뜬 상태가 되어 다른 오비탈로 도약을 할 거야. 이때의 단계는 '1s 〈 2s = 2p 〈 3s = 3p = 3d 〈 4s = 4p = 4d = 4f'가 돼. 이 식이 의미하는 바가 뭐겠어? 척~ 보고 알았다고? 전자의 에너지 준위 순서가 K(n=1) 〈 L(n=2) 〈 M(n=3)인 것은 당연한 거고, 동일한 전자 껍질에 있는 오비탈들의 에너지 준위가 같다는 거라고?

그렇지. 해석은 기막히게 잘 했는데, 안타깝게도 이건 전자가 하나인 수소에서나 적용되는 에너지 준위일 뿐이야. 그러니 잊어버려도 돼. 다전자 원자에서는 다르거든. 그렇다고 완전히 다른 것은 아니고 아주 조금 달라. 원자번호가 6번이라서 6개의 전자를 가지고 있는 바닥 상태의 탄소 전자를 배치해보자. 일단은 K전자 껍질의 1s에 2개의 전자를 넣자. 그 다음 L전자 껍질로 넘어가니까 2s와 2p에 채워야 되는데, 어느 오비탈의 에너지 준위가 더 낮을 것인가가 관건이잖아. 다양한 방법으로 측정해봤더니 같은 전자 껍질 내에서 오비탈의 에너지 준위는 s 〈 p 〈 d의 순서더라는 거지. 당연히 다전자 원자에서 나타나는 현상이지. 사실 전자 개수가 많아지는 오비탈에서는 전자들끼의 반발력이 커져서 불안정성이 증가할 거라, 측정해보지 않아도 예측할 수 있잖아. 그럼 탄소의 경우 K전자 껍질의 1s의 2개를 채우고 난 후, L전자 껍질의 2s에 2개, 그 다음에 2p에 2개를 채우면 되지.

전자 배치를 얘기할 때마다 어디에 몇 개 이렇게 말하기는 너무 벅차잖아. 그렇다고 저 복잡해 보이는 오비탈을 다 그리고, 발견될 확률을 나타내는 점을 찍어서 표시할 수는 더더욱 없을 거잖아. 그래서 아주 단순하게 나타내기로 약속했어. 주양자 수와 오비탈과 전자 개수를 한꺼번에 표시하는 거지. $1s^2$처럼. $1s^2$에서 1은 주양자 수를 의미하고 s는 오비탈을 그리고 지수로 표시된 숫자 2는 오비탈에 채워진 전자 수를 의미해. 왜 이렇게 표시하냐고? 약속이거든. 약속은 알아야 대화가 되지 않겠어? 언어가 사회적 약속인 것처럼 저렇게 쓰는 건 화학에서의 약속된 언어이지. 사실 화학은 공통의 언어만 알아도 절반은 안다고 해도 과언이 아닌 거지. 그래서 $_6C$의 전자 배치는 $1s^2\ 2s^2\ 2p^2$ 로 표시될 수 있어.

그럼 전자 껍질과 전자 껍질 내의 오비탈을 모두 고려해서 다전자 원자의 에너지 준위를 일반화해보면 1s 〈 2s 〈 2p 〈 3s 〈 3p가 될 거야. "일반화하려면 3p까지만 쓰면 안 되잖아. 3d와 4s 등도 표시해야 하는 거 아냐?" 맞아. 엄마가 3p까지만 쓰고 3d와 4s는 쓰지 않았어. 왜냐고? 순서가 뒤바뀌니까. 실제로 측정해보니까

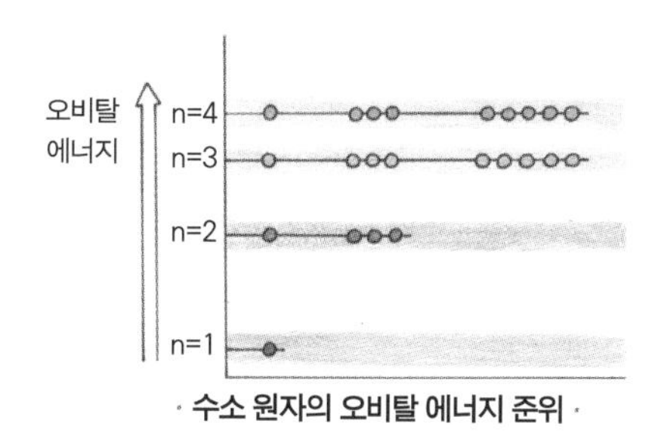

· 수소 원자의 오비탈 에너지 준위 ·

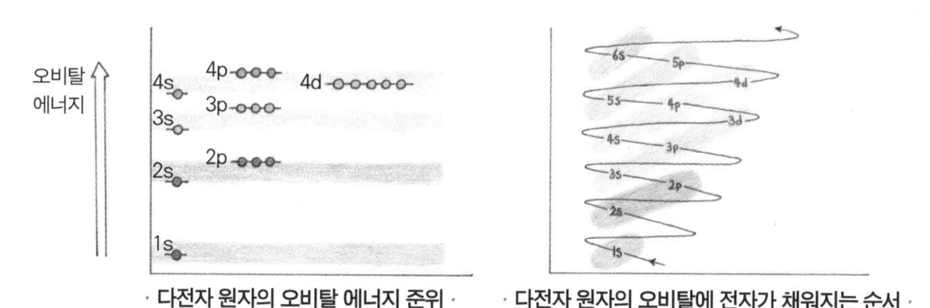

· 다전자 원자의 오비탈 에너지 준위 ·

· 다전자 원자의 오비탈에 전자가 채워지는 순서 ·

다전자 원자에서는 1s 〈 2s 〈 2p 〈 3s 〈 3p 〈 **4s** 〈 **3d** 〈 4p 〈 5s… 이렇게 에너지 준위가 나타나더라는 거야. 왜냐고 눈을 똥그랗게 뜨고 쳐다보는 너의 민망할 정도로 강한 놀람과 호기심에 웃음이 났지. 과거에 다전자 원자의 전자 배치를 연구하던 사람들도 너처럼 눈을 똥그랗게 뜨고 놀라워했을 거라는 생각이 들어서. 다전자 원자의 배치를 연구하던 사람들이 찾아낸 답이 뭐겠어? 당연히 전자끼리의 반발력을 최소화한 안정성이지. 안정성이란 전자끼리 최대한 멀게 전자를 배치하는 거잖아. 오비탈 종류가 s, p, d로 3개인 M전자 껍질을 보면, 총 오비탈 수가 9개나 되잖아. 특히, d오비탈의 경우 5개의 오비탈이 거의 동일한 공간에서 최대한 서로 겹치지 않으려고 노력할 수밖에 없는 상황이지. 동일한 공간 안에 여러 오비탈이 있다보니 전자들끼리 반발력이 커져 전자 사이의 불안정성이 증가하게 되는 거야.

전자의 불안정성? 이건 에너지 준위가 높음을 의미하잖아. 그래서 동일한 전자 껍질에서 발생하는 전자간의 반발력에 의한 불안정성을 선택하지 않고, 다른 오비탈에다 전자를 먼저 채우는 거지. 그 결과 4s오비탈과 3d오비탈의 에너지 준위가 바뀌는 거지. 골치 아픈 d오비탈인 거지. 사실 이로 인해 더 골치 아픈 문제들이 발생하지만 원자 입장에서 보면, 전자와 원자핵과의 관계, 그리고 전자와 전자의 반발력을 최소화해서 안정한 상태를 유지하기 위한 것일 뿐이지. 이렇게 에너지 준위가 낮은 곳부터 전자를 채우는 원리를 '쌓음 원리(Aufbau principle)'라고 하는데, 'Aufbau'라는 단어가 독일어로 '쌓음, 건축'을 의미해. 채워질 때의 순서는 바로 가장 안정된 상태라는 거야. 일반적으로 안정되었다는 얘기를 에너지 상태로 바꿔서 얘기하면 가장 낮은 상태, 즉 바닥 상태에서 가장 안정한 상태로 쌓였다는 거야.

그런데 이게 끝이냐고? 아닌 걸 잘 알잖아~ 지금까지 주양자 수와 부양자 수(오비탈)만 가지고 전자를 배치했는데, 전자가 배치되는 원리에 방향양자 수와 스핀양자 수라는 것도 있잖아. $1s^2$ $2s^2$ $2p^2$의 방법으로 표시할 때 약간의 문제가 발생해. 방향자 수와 스핀양자 수를 표시할 수가 없거든. 그래서 조금 더 자세히 표현할 수 있도록 다음과 같은 박스(box)를 사용하지. 박스의 개수는 오비탈의 개수를 의미하고 화살표의 방향은 전자의 스핀 방향을 나타내. 다음 표를 보면 p오비탈의 방향자 수도 나눠서 표시했지.

· 탄소 원자의 스핀양자 수를 고려한 전자 배치 ·

원자 \ 오비탈		K	L			
		1s	2s	$2p_x$	$2p_y$	$2p_z$
$_6C$: $1s^2\ 2s^2\ 2p^2$	①	↑↓	↑↓	↑↓		
	②	↑↓	↑↓	↑	↑	
	③	↑↓	↑↓	↑		↑
	④	↑↓	↑↓		↑	↑

엄마가 탄소의 전자 배치를 여러 가지 방법으로 표기했는데, 어떻게 배치되는 게 전자의 반발력을 최소화한 가장 안정적인 전자 배치일까? 적어도 ①은 아니겠지. 동일한 전자 껍질에 빈 오비탈이 있는데, 거길 내버려두고 한 오비탈에 전자를 다 몰아버리면 자기들끼리 반발력이 생길 테니까. 이게 에너지 준위가 같은 오비탈에서 전자가 배치될 때 가능한 한 전자는 쌍을 이루지 않게 배치되어야 가장 안정한 상태를 이룬다는 훈트의 규칙이야. 그럼 ②, ③, ④ 중 어느 게 가장 안정적이겠어? 답은 '똑같아'야. 어떻게 배치되어도 상관이 없다는 거야. $2p_x$, $2p_y$, $2p_z$는 방향만 다를 뿐 에너지 준위는 똑같거든.

그런데 말이야, 전자의 배치를 알려면 원자번호를 알아야 하잖아. 엄마가 아직 원자번호를 얘기하지는 않았지. 물론 원자번호가 양성자 수에 의해 결정된다고는 했지만 종류를 얘기하지는 않았

1 H (수소)							2 He (헬륨)
3 Li (리튬) **리**	4 Be (베릴륨) **베**	5 B (붕소) **브**	6 C (탄소) **씨**	7 N (질소) ~ **노**	8 O (산소) **오**	9 F (플로린) **프**	10 Ne (네온) **네**
11 Na (나트륨) **나**	12 Mg (마그네슘) **마**	13 Al (알루미늄) **알**	14 Si (규소) **지**	15 P (인) **인**	16 S (황) **황**	17 Cl (염소) **염**	18 Ar (아르곤) **아**
19 K (칼륨) **크**	20 Ca (칼슘) **카**						

· 리베브씨노~오프네나마알지인황염아크카 ·

지. 필요하면 1~20번까지는 알아두는 게 좋겠지. 외우는 방법도 다양하더구만. 엄마 학교 다닐 때는 수소는 1번이고 2번은 헬륨이니까 당연히 안다고 생각하고 3번부터 외웠지. 리(Li)베(Be)브(B)씨(C)노오(N/O)프(F)네(Ne)/나(Na)마(Mg)알(Al)지(Si)인(P)황(S)염(Cl)아(Ar)/크(K)카(Ca)~.

아직도 이런 방법으로 외우나? 요즘은 노래도 있다고 하더만. 하긴 엄마도 얼마나 외웠으면 아직도 이걸 기억할까? 외우기 싫다고? 사실 애써 외우지 않아도 주기율표를 찾다보면 어느 순간 기억할 수밖에 없어. 위의 표를 봐봐. 그냥 1번부터 20번까지 쭉~ 순서대로 나열할 게 아니라 규칙성을 가지는 표 안에 표시했지? 주기율표에 관한 얘기는 너무나도 중요한 얘기라서 특별히 따로 얘기할 거야.

원자. 서로 다른 성질을 가진 세 종류의 양자가 모여 만들어진 입자. 그 양자들 사이에는 밀어내는 반발력과 서로 당기는 힘이 공존하고 있지. 그래서 전자 간의 반발력을 최소화하기 위해 전자들이 적절히 자리 잡는 최선의 노력이 이뤄지지. 그것만 있나? 원자핵 내의 반발력 최소화, 그리고 원자핵과 전자의 전자기력의 최대화가 되어 가장 적당하게 자리 잡은 결과가 안정된 원자를 이루는 기본 원리야. 그 원리를 찾기 위해 20세기의 뛰어난 사람들이 달려들어 나름의 원리를 밝혀내고는 무슨 규칙, 무슨 규칙 하면서 논하고 있지만 원자는 그냥 스스로 알아서 가장 안정된 최적의 상태를 찾은 거지. 그 결과에 의해 자연계에 약 92개의 원자가 존재할 수 있게 된 거고. 그렇게 만들어진 원자들은 제각기 다른 특성을 가지고 있지. 아주 단순하게 고체, 액체, 혹은 기체의 특성으로 나타나기도 하고, 화학 반응에서 아주 독특한 성향을 나타내기도 하지. 어떤 녀석들은 물에 잘 녹기도 하고 어떤 녀석들은 반응을 잘하기도 하지. 금속인데 액체인 아주 별스런 원소가 있기도 하잖아. 이 별스런 원소가 뭐냐고? 수은이지. 수은은 아주 특이하게도 금속 중에서 유일하게 상온에서 액체인 녀석이야. 워낙 독특하니 고대부터 인류의 사랑을 받아왔어. 액체라서 다른 금속이 쉽게 녹을 수 있었거든. 하지만, 그 당시에는 수은이 인체의 신경계를 마비시킨다는 것을 모르고 그 신비로움 때문에 부의 상징으로 열심히 사용했지.

"거봐~ 다 안정화되려고 최선을 다하잖아. 그러니 나의 안정적 직업도 그런 데서 나온 거지!" 엄마가 '안정, 안정, 안정'이라고 외칠 때부터 너의 이런 반응을 예상했지. 하지만 안정적 직업을 가지고 있던 라부아지에는 한순간에 단두대의 이슬로 사라졌잖아. 더불어 지금 이 순간 안정과 수은의 위험성 얘기를 동시에 하고 있는데 '안정'만 뽑아서 얘기하는 것은 뭐지? 그리고 엄마 얘기를 더 듣다보면 이게 진정으로 안정화된 상태가 아니라는 것을 알게 될걸? 사실 이미 하나는 알고 있는 걸? 원자로 존재하지 않고 분자로 존재한다는 것이 그 증거잖아. 그거 말고 또 다른 이유도 있다는 것을 즉각 알려주마!

배신의 아이콘들

안정되지 않는 원자. 이런 배신의 아이콘들은 일상에 너무나 흔히 널려 있어. 원자에 대해 얘기하면서 줄기차게 전자에 관한 얘기만 했지, 원자핵에 관해서는 얘기하지 않았어. 다 얘기했다고? 양성자와 중성자면 끝이라고? 그렇기는 하지만 지금부터 얘기할 '안정화'에 대한 배신의 아이콘들은 다 불안정한 원자핵에 관한 내용이거든. 왜 배신의 아이콘들이냐고? 생겨날 때부터 불안정하게 만들어졌거든. 그러니 계속 안정하게 되려고 노력하는 거고. 그 결과 변신을 해. 변신은 안정하게 되려고 원자핵을 붕괴시키는 거야. 원자핵이 붕괴되면 어떻게 되지? 방사능이 나오는 거지.

전자는 원자핵에서 멀어지면 전기적 결합력이 약해져서 비교적 쉽게 들락날락할 수 있거든. 하지만 원자핵에 꽁꽁 묶여 있는 중성자와 양성자는 상황이 달라. 아주 강한 핵력으로 서로를 붙들고 있으니 쉽게 들락날락할 수가 없잖아. 원자핵을 구성하는 핵력이 얼마나 강력하면 이름을 '강한' 핵력이라고 했겠어? 상상할 수 없을 정도로 안정하다는 얘기지. 그럼 원자핵이 불안정한 원소들은? 양성자와 중성자 수가 안정된 원자핵을 유지하지 못하는 상태인 거지. 원자들이 배신의 아이콘이 되는 주된 이유는 딱 두 가지야. 그 자체로 불안정해서 변신하는 녀석들과 좀 특이하게 만들어져서 같은 원소임에도 불구하고 불안정한 녀석들. 얘들은 이미 앞에서 조금씩 얘기했어.

그 자체로 불안정한 녀석들은 기본적으로 원자핵이 커. 원자핵이 크다는 것은 양성자와 중성자가 많다는 얘기를 했어. 이미 원자핵이 무한히 커질 수 없다는 것을 알고 있잖아. 그래서 자연적으로 존재하는 가장 큰 원소는 양성자가 92개인 우라늄이라고. 원자번호가 커지면, 다른 말로 하면 양성자 수가 많아지면 강한 핵력에 문제가 생기잖아. 강한 핵력이 뭐라고 그랬지? 아주 좁은 공간 내에서 질량을 입자끼리 서로 당기는, 전기적 반발력보다 100배 이상 큰 인력이라고 그랬지. 그래서 양성자들끼리도 전기적 반발력을 극복하고 강한 핵력으로 묶여 있다고. 그리고 전기적으로 중성인 중성자가 중간중간에서 강한 핵력으로 서로를 묶어주면서 양성자 간의 반발력을 완화시키고 있다고. 원자번호가 커진다는 얘기는 양성자 숫자가 많고, 양성자 숫자가 늘어나면 중성자도 늘어난다고.

원자번호가 별로 크지 않은 경우를 보면 대개 양성자 수와 중성자 수가 동일해. 그래서 흔히들 20번 이하의 원자들의 원자량을 원자번호의 2배(양성자 수×2)로 계산하거든. 하지만 원자번호가 증가할수록 양성자 수보다 더 많은 중성자를 필요로 하잖아. 양성자 간의 거리가 점점 멀어지니 강한 핵력이 줄어들고 반발력이 증가할 테니 그걸 줄이려고 중성자 수가 점점 늘어나는 거지. 하지만 계속 늘어나다 보면 중성자 수 증가로도 감당할 수 없는 한계에 다다를 수밖에 없지. 이 한계점이 19세기 초 많은 귀부인들이 얼굴을 하얗게 만들기 위해 화장품으로 사용하던 원자번호 83번인 비스무트(Bi)야. 비스무트가 하얀 광택을 내거든. 일반적으로 비스무트는 양성자 수가 83개이고 중성자가 126개야. 83개의 양성자를 126개의 중성자가 섞여서 안정화시키고 있지. 비스무트만 해도 자연적인 핵의 붕괴는 거의 일어나지 않아. 그런데 원자번호 84, 85, 86 등등 이보다 원자번호가 큰 원소들은 불안정해서 안정한 상태로 돌아가려고 해. 돌아가는 방법은 중성자를 줄이거나, 양성자를 줄여 원자핵을 조금이라도 작게 만드는 거 아니겠어? 그래서 아주 천천히 양성자나 중성자를 붕괴해 안정한 상태로 돌아가려고 하는 거지.

이렇게 안정한 상태로 돌아가려고 하는 과정에서 지금까지 엄청나게 작아 무시해왔던 중성자의 추가 질량과 전자의 질량이 엄청난 위력을 발휘해. 중성자의 질량이 양성자보다 0.002×10^{-24} 무겁고, 전자의 질량은 양성자에 비해 말하기 민망할 정도로 작지만,

안정되는 과정에서 이 작은 질량을 잃어버림으로써 엄청난 에너지가 발생하지. 이게 바로 중성자의 베타 붕괴야. 이때, 엄마가 빼버렸던 약한 상호 작용이 끊어지면서 에너지가 나와. 베타 붕괴가 있다는 것은 알파 붕괴도 있다는 거잖아. 알파 붕괴는 알파 입자를 방출하는 붕괴지. 알파 입자는 헬륨이 전자를 모두 잃어버린 헬륨 원자핵을 말하잖아. 아인슈타인의 $E=mc^2$이라는 단순한 식에 의하면 그 붕괴 과정에서 질량이 에너지로 전환되는 거지. 이렇게 스스로 붕괴되면서 에너지를 내는 원소들을 다 방사능의 성질을 가지는 방사성 원소라고 해.

자연적으로 존재하는 원소 중 가장 무거운 원소, 다른 말로 원자핵이 가장 큰 원소는 원자번호 92번인 우라늄($^{239}_{92}U$)이라고 했지. 얘보다 더 원자량이 큰 원자들은 워낙 불안정해서 엄청나게 빨리 붕괴해버리기 때문에 존재하는 시간이 아주 짧아. 존재하는 시간이 짧은 것은 반감기로 알 수 있지. 애초에 존재하던 양의 1/2이 줄어드는 데 걸리는 시간이 반감기잖아. $^{239}_{92}U$이 자연적으로 붕괴되어 납-206($^{206}_{82}Pb$)이 되는데, 절반이 붕괴하는 데 걸리는 반감기는 약 45억 년 정도거든. 납-206에서 '206'이 질량 수라는 것은 말하지 않아도 알지? 하지만 원자번호가 커질수록 점점 더 불안정해져서 반감기는 급격하게 감소해. 러더퍼드의 이름을 딴 104번 러더포듐은 반감기가 13시간이고, 110번이 넘어가면 반감기가 초단위가 돼서 합성 자체를 확인하기 힘들어지거든. 2016년에 113번 원소의 이름을 니호니움(Nh)으로 공식화하니까, 일본이 흥분의 도가니에 빠졌어. 일본의 일본어 발음인 '니혼'을 따서 만든 이름이니까. 얘가 2016년에 처음 만들어진 원소냐고? 아니야. 2003년부터 2012년까지 지속적으로 만들어왔어. 그런데 만들었는지 안 만들었는지 명확하지가 않은 거야. 얘는 반감기가 0.01초도 안 되어서 확인하기가 힘들었던 거지. 이런 애들이 바로 '안정화'에 대한 배신의 아이콘들이지.

엄마가 배신의 아이콘들이 일상에 널렸다고 했는데, 우라늄과 같은 방사성 원소들이 흔히 있냐고? 그렇지는 않아. 그렇게 무거운 원소들은 태초에 지구가 만들어질 때 지구 저 깊은 땅속에 가라앉아버렸거든. 하지만 또 다른 불안정한 원소들이 있어. 방사성 동위원소. 얘도 이름에 '방사성'이라는 표현이 있으니 핵이 붕괴된다는 거지. 엄마가 탄소의 원자량을 12라고 했잖아. 이건 6개의 양성자와 6개의 중성자의 합이라고. 그런데 실제로 주기율표를 찾아보면 12라고 적혀 있는 게 아니라 12.011라고 표시되어 있는데, 처음부터 탄소의 원자량을 12라고 정의했기 때문에, 소수점의 숫자가 나올 수가 없었고. 그런데 이렇게 소수점의 숫자가 나온다는 것은 원자량이 다른 탄소가 존재한다는 거잖아. 맞아. C-12와 양성자 수는 같지만 질량 수가 다른 C-13과 C-14가 있거든. 중성자 수가 더 많아 C-12보다 무거운 녀석들이지. 이렇게 양성자 수는 같은데 원자량만 다른 녀석들을 주기율표에서 동일한 위치에 있다고 해서 '동위원소'라고 해. C-13과 C-14는 만들어질 때 이상하게 만들어진 녀석들인데, 아주 C-12에 비해 극미량으로 존재하거든. 탄소의 원자량이 12.011이라고 하는 이유는 C-12, C-13과 C-14의 존재 비율에 따른 평균 원자량으로 표시하기 때문이야.

그런데 엄마가 뭐라 그랬지? 얘들은 C-12보다 안정성이 떨어진다고 그랬지. 그러니 또 안정하게 변신하려고 할 거잖아. 변신하면 또 질량이 줄어들고, 그 결과 방사능 에너지가 나와. C-14는 대기 중에서 버젓이 존재하거든. 태양에서 오는 강한 에너지에 의해 계속 만들어지고 붕괴하고를 반복하면서 말이야. 물론 그 양이 아주 적고, 붕괴될 때 나오는 에너지양이 크지 않기 때문에 생명체에게 크게 문제가 되지 않아. 네 몸을 구성하고 있는 탄소의 대부분은 C-12이지만, C-13도 있고, C-14도 있어. 너의 C-14는 네가 매일 먹는 음식물로부터 왔지. 탄소로 구성된 모든 유기물에 C-14가 있다는 거지. 만약 네 몸에 C-14가 없다면? 너는 이미 1억 년보다도 오래전에 죽었다는 것을 의미해. 죽으면 더 이상 C-14가 인체 내로 유입되지 않지만 붕괴는 계속 일어나거든. C-14의 양이 적을수록 오래전에 죽었다는 거지. 따라서 인체 내의 일정한 양의 C-14은 살아 있음의 증거야. '살아 있네?' 'C-14 있네~'가 되는 거지. 그렇다고 모든 동위원소가 불안정한 것은 아니야. C-13처럼 비교적 안정해서 거의 붕괴되지 않는 동위원소들도 꽤 있지. 얘들은 '안정 동위원소'라고 해. 엄마가 예를 든 원소가 탄소라서 탄소만 동위원소가 있다고 생각하는 것은 아니겠지? 모든 원소가 원자량이 다른 동위원소를 가지고 있어. 그래서 불안정한 어떤 녀석들은 붕괴하면서 방사성을 내기도 하고, 어떤 녀석들은 안정하기도 해. 하지만 원자번호가 큰 원소들의 동위원소들이 안정한 경우는 없다고 단언할 수 있어.

Sons of bitches

우라늄과 같이 원자번호가 큰 원소들은 그 자체로 불안정한 상태잖아. 이 불안정한 상태의 원자핵에 외부에서 충격을 가하면? 더 빠르고, 더 쉽게 붕괴되겠지. 1919년 러더퍼드가 안정한 질소에 알파 입자를 튕겼더니 수소와 산소로 분열되었다는 얘기를 했어. 안정한 원소도 이렇게 엄청난 힘을 주면 붕괴하는데, 하물며 불안정한 원소들이야……. 사람들도 러더퍼드처럼 중성자나 알파 입자를 가지고 원자핵을 이렇게도 건드려보고 저렇게도 건드려봤어. 중성자는 전기적으로 중성이라고 했잖아. 그러니 느리게 원자핵에 충돌시키면, 은근슬쩍 원자핵 안에 끼어 들어가서 새로운 원자를 만들기도 하거든. 그 결과 골치 아픈 원자들이 계속 늘어가고 있지. 그런데 말이지, 사람이 원자를 알고자 하는 순수한 열망을 가지고 이런저런 연구를 해서 수많은 연구 결과를 쌓아왔는데 문제는 그 결과가 꼭 좋은 결과를 낳는 건 아니라는 거야.

독일에 리제 마이트너(Lise Meitner)라는 대단한 여성 물리학자가 있었어. 그 시대만 해도 여성이 공식적으로 과학을 한다는 것은 거의 상상도 할 수 없을 일이었거든. 물리 연구하겠다고 실험실에 출입할 수도 없는. 마이트너도 마찬가지였어. 1905년 학위를 받고 대학에서 연구를 했지만, 여성 차별로 인해 연구소 내부가 아닌 별도 출입구가 있는 지하실 목공소를 개조한 실험실에서 연구를 했지. 마이트너가 핵분열과 관련된 연구에서 두각을 드러내자 그제야 연구소 건물에 여자 화장실을 따로 만들고 여성 청소부 이외의 여성에게 연구소 출입을 허락했을 정도였지. 이 사람은 제2차 세계대전 때인 1938년, 동료였던 오토 한(Otto Hahn)과 프리츠 슈트라스만(Fritz Strassmann)에게 우라늄 원자핵에 중성자를 충돌시키는 실험을 해보자고 제안했어. 이들은 1934년 페르미(Enrico Fermi)가 한 것처럼 중성자를 $^{238}_{92}U$에 충돌시키면 초우라늄 원자가 만들어질 거라고 생각했지. 우라늄 핵에 중성자를 슬쩍 끼워 넣어 인위적으로 합성한 원자를 모두 초우라늄이라고 부르던 시절이 있었는데, 주로 U-238보다 무거운 U-239나 Np(넵투늄)-239, 원자번호 94의 Pu(플루토늄)-239 등을 통칭해서 일컫는 용어였어. 정확하게 뭔지 잘 몰랐으니까.

그런데 막상 해보니까 놀랍게도 두 개의 새로운 원소인 바륨($^{137}_{56}Ba$)과 크립톤($^{83}_{36}Kr$)으로 쪼개져버린 거야. 그러면서 2억 전자볼트에 달하는 에너지가 방출된다는 것을 알게 되었지. 전자볼트라는 단위는 전자 하나가 1볼트의 전위를 거슬러 올라갈 때 얻는 에너지인데, 이렇게 말하면 너무 어려우니까 다르게 얘기해보자. 우라늄 3000톤을 연소시킬 때 나오는 에너지가 우라늄 1g을 핵분열 시킬 때 나오는 에너지랑 같아. 핵분열의 위력은 연소와 비교도

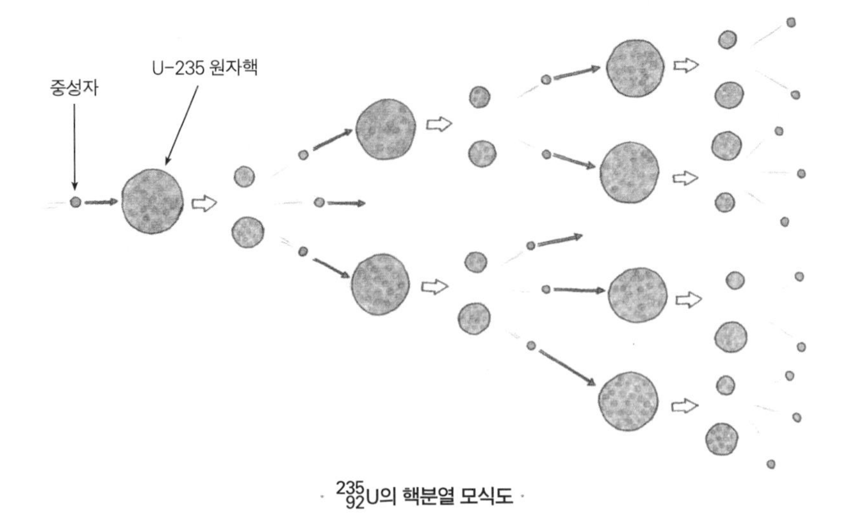

· $^{235}_{92}U$의 핵분열 모식도 ·

할 수 없을 정도의 엄청난 에너지라는 거지.

근데 이상한 일이지? 똑같은 우라늄에 똑같은 중성자를 충돌시켰는데, 페르미가 한 실험 결과에서 초우라늄이 만들어지고, 이들이 한 실험에서는 핵이 쪼개지는지. 그 비밀을 1939년 보어와 휠러(John Wheeler)가 밝혔지. 마이트너와 그의 동료들 실험에서 쪼개진 건 자연계에 극미량 존재하는 $^{235}_{92}U$가 느린 중성자 충돌에 의해서 쪼개진 거라는 것을. 그 과정에서 엄청난 에너지와 중성자가 나오고 그 중성자들이 연쇄 반응을 일으킨다는 것을 알아냈지. U-235? U-238의 동위원소지.

문제의 시발점은 바로 중성자의 충돌에 의한 붕괴, 그리고 이 붕괴의 연쇄 반응을 알게 되었다는 거야. 이 결과를 바탕으로 독일과 미국이 경쟁적으로 엄청난 무기를 만들려고 노력했는데 결국 미국만 성공했어. 하나의 원자가 2억 전자볼트에 해당하는 에너지를 방출하는데 64kg의 U-235를 연쇄 반응시키면 그 에너지는 얼마나 크겠어. 갑자기 64kg의 U-235 연쇄 반응은 뭐냐고? 제2차 세계대전 때인 1945년 8월 6일 미국이 주도한 맨해튼프로젝트(Manhattan Project)의 산물로 히로시마에 투하된 '리틀보이(little boy)'에 장착된 U-235의 양이야. 이것만 있었나? 3일 뒤에는 나가사키에 플루토늄 61kg을 장착한 '팻맨(fat man)'이라는 두 번째 핵폭탄을 투하했지. 맨해튼프로젝트에서는 자연적으로 존재하는 우라늄을 이용해 폭탄이 터져야 하는 시점까지 우라늄이 붕괴되지 않고 안정적으로 유지되었다가 표적물에 닿는 순간 연쇄 반응을 일으키게 만들까를 주로 연구했었어. 그거 말고도 자연에 많이 존재하지 않는 U-235를 모으기 위해 장비를 갖추고 열심히 우라늄-235 농축하는 일도 했지.

두 번의 핵폭탄 투하로 일본은 부랴부랴 8월 10일 무조건 항복 의사를 전달하고 15일에 공식적으로 항복을 선언함으로써 전쟁이 끝났지. 우리나라가 35년간의 일제 강점기에서 벗어나 사람들이 거리로 쏟아져 나와 '대한독립 만세'를 외치던 날이 1945년 8월 15일이었잖아. 그 과정에 맨해튼프로젝트의 산물인 핵폭탄이 있었던 거지. 그런데 말이야, 특정한 지역에 엄청난 에너지를 가진 우라늄과 플루토늄이 투하되고 연쇄 반응이 일어나면서 우리가 상상할 수 없는 에너지가 방출되었어. 그 에너지로 인해 $11km^2$ 이내에 있는 모든 것이 정말 '순식간'에 사라졌어. 다 타버린 거지.

타려면 산소가 필요하잖아. 그러니 폭탄에서 방출된 에너지에 노출된 지역에는 급격히 산소가 줄어들고, 그 빈 공간으로 주위의 공기들이 급격히 빨려 들어가서 버섯 모양의 구름이 생기지.

그런데 그게 끝이 아니었어. 전쟁이 끝난 지 70년이 지난 지금까지도 그 후유증으로 많은 사람들이 힘들어하고 있지. 그건 우라늄이 가진 방사능 에너지가 반으로 줄어드는 데 걸리는 시간이 길어서 그때 붕괴되지 않고 남은 U-235나 새로이 생성된 불안정한 원소들이 지금까지도 붕괴되고 있고, 어마어마한 에너지에 의한 2차 피해 때문이지. $^{235}_{92}U$는 약 7억 년이 넘고, $^{238}_{92}U$은 45억 년이나 되니까. 또한 그때만 해도 방사능으로 인한 백혈병, 암 발생 그리고 급격한 유전자의 변이에 의해 다음 세대, 그 다음 세대까지도 지속적으로 유전적 결함이 나타날 수 있다는 사실을 전혀 몰랐어. 아는 게 얼마나 없었으면 1950년대 미국에서는 아이들에게 방사능 물질을 포함한 실험 장난감을 팔았겠어? 비싼 게 좋은 거라고 생각한 부모들이 자신의 아이를 위해 아주 위험한 장난감을 사준 거지.

맨해튼프로젝트의 2차 피해가 어떠했는지는 더 이상 논하지 않겠어. 이 프로젝트에 참여했던 사람들은 자신들이 만든 리틀보이와 팻맨이 터지는 것에 대해 일말의 의심도 품지 않았대. 더불어 터지고 난 이후에 일어날 엄청난 피해에 대해서도 의심하지 않았다고 해. 그래서 일본이 바로 항복할 거라고. 다만 맨해튼프로젝트에 참여해 최초의 실험용 핵폭탄인 트리니티 개발을 성공적으로 이끌었던 케네스 베인브리지(Kenneth T. Bainbridge)가 'Now we are all sons of bitches'라고 말했다는 얘기만 할게. 해석은 네가 알아서. 해석의 결과가 원자가 나쁜 것인가? 아니면, 그걸 농축해서 핵무기로 사용한 사람들이 나쁜 사람들이었어? 판단도 네가 알아서 해.

그래서인데 엄마도 그냥 너를 내버려두려고. 안 그래도 불안정한 사춘기에는 이렇게 성질도 내고, 저렇게 성질도 내면서 스스로 안정화되는 거겠지. 그런 너의 불안정함을 가속화시키는 외부적 요인을 엄마가 제공하고 싶지는 않거든. 만약 그렇게 한다면? 결국 너를 폭발시켜 엄청난 불행을 유발해 엄마가 케네스 베인브리지가 한 욕을 먹을 수도 있잖아. 그래서 엄마가 얻은 결론은? 그냥 내버려두자는 거지. 우라늄-235도 사람들이 인위적으로 건들지 않으면 7.1억 년이라는 반감기를 거치면서 서서히 붕괴되어 안정되잖아. 그렇다고 너의 지금의 불안정한 시기가 7.1억 년이 걸리지는 않을 테니, 스스로 안정된 너의 자리를 찾아가는 과정에서는 그냥 먹을 거나 주면서 바라만 보려고.

생긴 대로 살아라~

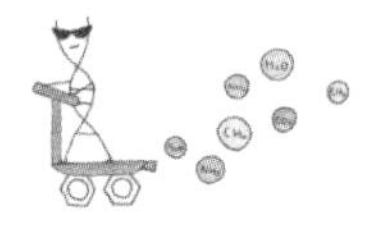

엄마의 얘기는 메아리 없는 울림이 되고, 하루하루 너를 쳐다보며 무슨 말을 해야 할까 고민하는 시간들이 늘어가고 있었지. 그런 상태를 엄마는 너와 내가 입자와 빈 공간으로 구성된 원자로 이루어져 영원히 닿을 수 없기 때문일지도 모른다면 그냥 방치하고 있었지. 그런 엄마에게 지인들이 강력하게 권유한 게 있어. 성격 검사. 물론 엄마의 머릿속에는 '성격 검사? 그거 할 때마다 달라지고, 검사받을 때 어떤 방향을 지향하느냐에 따라 다 달라진다'라는 생각이 강력히 뿌리를 내리고 있었지. 하지만 적어도 함께 검사받는 시간과 결과지를 받아들고 상담을 받는 시간만큼은 너와 시간을 공유할 수 있으니 '그래!'하고 결심을 해본다.

16가지 성격 유형 중 너와 나에게 제시된 결과는 딱 두 가지였다. 엄마는 과학자형(INTJ)이고 너는 스파크형(ENFP)이란다. 조금 풀어보면 INTJ는 '의지가 강하고 독립적이다. 분석력이 뛰어나다'고, ENFP '상상력이 풍부하고, 순발력이 뛰어나다. 일상적인 활동에 지루함을 느낀다'라고 해. 상담하는 분이 우리의 결과지를 보더니 "두 분이 달라도 너무 다르네요. 대화가 불가능하지요? 이런 두 사람이 할 수 있는 최대의 타협점은 상대방이 그렇다고 인정하는 것뿐이에요"라는 내용으로 상담을 마무리한다. 딱히 무엇을 바란 것은 아니었다. 그렇게 나올 것이라고 예상도 했지만, 예상했던 결과라는 시큰둥한 너의 반응이 엄마를 더욱 허탈하게 만들었다.

뭐 그렇다고 굴할 엄마는 아니지 않냐? 엄마 성격이 의지가 강하다고 하니, 굴하지 않을 거잖아. 그러면서 저런 결과에 대해 해석을 가장한 나름의 변명을 했지. 행동 성향을 분류한 통계에 불과한 거 아니겠냐. 엄마가 원래부터 과학자형이었겠냐. 물론 엄마의 유전자가 그런 성향을 띠고 있었을 수도 있지만, 그게 대표적 성격으로 나타난 것은 엄마의 직업 때문이 아니겠어? 너는 아직 성장하는 사춘기라 스파크형인 거고. 성인이 되어 다시 하면 달라질 거라고. 그러면서 특히나 한 문장을 강조했지. "다음에 다시 검사하면 너랑 똑같은 성향으로 나오게 만들 수 있어~ 세상에 분류하고자 하는 모든 학문은 쓸모가 없어~ 분류하고 나면 결국 외우는 거에 불과하잖아. 본질이 중요하지"라고 말이야. 그런 엄마에게 네가 한마디 던졌다. "엄마, 분류라는 게 결국을 본질을 파악할 수 있게 구분하는 거잖아"라고. 유구무언이다. 하지만 사람들이 만든 분류 체계는 사람의 시각으로 바라보고 분류한 것이니까 결국은 인위적일 수밖에 없잖아. 실제로 어떤 사물의 본질을 정확하게 끄집어내 분류하는 것은 거의 불가능해. 특히나 성격 검사와 같이 통계만을 바탕으로 한 경우는 더욱더 그러하지. 이런 경우는 그냥 참고만 하는 거지. 그게 분류의 한계이기는 하지만, 분류가 가지는 편의성 때문에 명확한 한계에도 불구하고 그냥 사용하는 거지.

그래도 이번에는 변명을 가장한 해석을 하련다. 과학의 역사에서 실질적으로 분류가 성공한 사례는 딱 한 가지밖에 없다는 것을 이 시점에 강력히 주장하면서 말이다. 그게 뭐냐고? 주기율표야. 마치 너는 너고, 나는 나인 것처럼 완전히 달라 보이는 개개의 원소들이 사실은 일정한 공통점을 가지고 묶일 수 있다는 거지. 원소에 대해 아무것도 모르는 상태에서 오로지 원소가 반응하는 양상을 가지고 분류했을 정도니까. 더불어 이 분류가 새로운 예측을 낳기도 했다 하니 놀라울 수밖에. 하지만 고작 118개밖에 안 되는 원소들의 분류도 70억 명의 인구의 성격을 분류한 16가지 유형보다는 다양해. 그리고 성격 분류와는 달리 다음에 다시 원소들의 성향을 조사해도 달라지지 않는 그런 분류지. 그래도 조금이나마 위안이 되는 것은 이 표도 결국은 수많은 예외를 안고 있다는 거지. 그게 왜 위안이냐고? 예외는 위안이 아니라 너의 머리를 더욱 더 아프게 하는 요인이라고? 예외도 다 이유가 있는 예외라 그렇게 머리 아프지 않다는 것을 보여주마.

번호를 불러보자~

"왜 반 번호는 맨날 가나다순이야? 난 'ㅎ'으로 시작하는 위대한 아빠 덕분에 맨날 꼴찌야. 엄마 때문이야. 왜 '홍' 씨랑 결혼을 해서……" 아니, 어째 매번 엄마 잘못이냐? 아빠가 홍 씨인 건 잘못이 아니고, 그런 성씨를 선택한 엄마의 잘못이냐? 반 번호가 꼴찌인 게 마음에 안 들면 규칙을 바꾸자고 하면 되잖아. 역 가나다순이라든가, 키 순서대로 하자고 하든가, 몸무게로 하자고 하든가. 기준은 다양한데 왜 꼭 가나다순이냐고. 그런데 너에게 부여된 숫자가 의미가 있는 것인가? 그냥 편의상 부여한 숫자일 뿐이잖아. 사람들이 부여한 숫자의 대부분은 크게 의미가 없지만, 자연의 오묘한 법칙을 명확하게 보여주기 때문에 절대적 의미로 사용하는 숫자가 있어. 바로 원자번호지. 너는 원자번호만 얘기하면 '왜 이렇게 생겨서, 왜 이렇게 많아서……' 하면서 성질내잖아. 그것뿐이냐? '나 화학 안 해!'라고 외치기도 하지. 하지만 너는 이미 넘을 수 없어 보이는 4차원의 벽을 넘었기 때문에 그 다음은 쉽게 갈 수 있거든. 넘을 수 없어 보이는 4차원의 벽? 전자 배치였잖아. 엄마가 왜 그렇게 열심히, 진지하게 전자 배치를 얘기했겠어? 주기율표 얘기하려고. 그러면서 최외각 전자라는 것, 그리고 채우지 못함으로 인해 생기는 전자가를 얘기하기 위해서야.

'주기'라는 단어는 어떤 성질이나 일이 반복되어 일어날 때 사용하는 말이잖아. 그럼 주기율표는? 원소들의 특성이 주기적으로 반복해서 나타날 수 있도록 만든 표라는 얘기지. 원소를 잘 모를 때 원소들이 주기적 특성을 나타낸다는 것을 어떻게 알 수 있었겠어? 원자들은 자신이 가진 고유 성격에 따라 화학 반응에 관여하는 방식도 다 달라. 화학 물질에 대한 이해의 출발은 '왜 이 원소는 다른 원소와 결합해 이런 화합물을 만드는 것인가'였거든. 예를 들면, NaCl(염화나트륨)/KCl(염화칼륨)이나 $MgCl_2$(염화마그네슘)/$CaCl_2$(염화칼슘)를 보면 Na와 K는 염소(Cl) 한 원자와 결합하고, Mg과 Ca은 늘 두 개의 염소 원자와 결합을 하는 공통점을 가지고 있지. 더불어 $NaCl_2$나 MgCl 이런 조합은 찾을 수가 없더라는 거지.

이렇게 원소들의 고유한 화학 결합 방식을 바탕으로 1865년에 아주 독특한 생각을 가지고 이 원소들 간의 공통점을 찾은 사람이 있어. 뉼렌즈(John Alexander Reina Newlands)라고. 뉼렌즈는 그때까지 알려진 약 56개의 원소를 원자량 순서에 따라 번호를 부여했어. 이 당시의 원자량은 하나의 원소를 기준으로 다른 원소들의 상대적 질량을 나타낸 것으로, 질량 수를 고려한 값은 아니야. 이 과정에서 성질이 닮은 원소가 8번째마다 나타남을 발견하고는 '옥타브 규칙'이라고 해서 학회지에 발표했어. 〈뉼렌즈의 옥타브 규칙〉 그림에서 보는 것처럼 원소들을 오선지에 낮은음자리표와 높은음자리표로 주기를 표시하고, 한 옥타브, 즉 8이라는 숫자를 기준으로 일정한 성질이 반복되어 나타나게 표시했지. 리튬과 칼륨이 성질이 비슷한데 그건 '레'에 해당하고, 베릴륨과 칼륨이 화학 반응 시 성질이 비슷한데 그건 '미'에 해당한다는 식으로 제안을 했지.

근데 이걸 본 사람들은 '알파벳 순서로 배열하는 건 생각해봤냐?' 하면서 아예 대놓고 비웃은 거지. 화학에 음악이라니. 말도 안 된다는 거였지. 그랬더니 뉼렌즈는 '나 더 이상 화학 안 해!'라고 선언하고는 화학계에서 아예 사라져버렸대. 정말 돌이킬 수 없을 정도로 삐진 건가? 근데 재미있는 사실은 3년 뒤에 러시아의 과학자인 멘델레예프(Dmitri Mendeleev)가 제시한 주기율도 결국 뉼렌즈의 옥타브 법칙이 적용된다는 걸 알고는 부랴부랴 뉼렌즈를 불러다가 상도 주고 그랬다는 거지. 그래도 뉼렌즈는 상만 받고는 화학계로 돌아오지 않았대. 지금이야 인문학과 과학의 융합, 음악과 과학의 융합, 이런 것들이 각광받는 시대지만 그가 살던 시대는 그게 아니었던 거지. 시대를 너무 앞서간 위대한 과학자라고 할까? 아니면 화학보다 더 재밌는 것을 찾았을지도 모르지.

지금의 너야 원자번호가 양성자 수라는 걸 알고 있지만, 1868년 멘델레예프가 63개 원자들의 공통된 규칙을 찾기 위해 애쓰던 그 시절만 해도 그런 거 몰랐지. 이 사람도 원자량을 가지고 줄을 세웠어. 원자량을 가지고 줄을 세운 사람이 멘델레예프가 처음은 아니야. 이미 얘기한 뉼렌즈도 원자량 순으로 줄을 세워봤고, 상크르투아(Alexander-Émile de Chancourtois)도 원자의 무게 순서대로 나선형으로 배열했었어. 멘델레예프는 이런 생각들을 기반으로 조금 더 정교하게 원자량으로 원소를 배열하되, 원소의 공통된 특성들이 잘 나타날 수 있는 표를 만들었어. 그 표가 주기율표인데, 표의 세로 기둥에 화학 반응 시 유사한 특징을 나타내는 원소들이

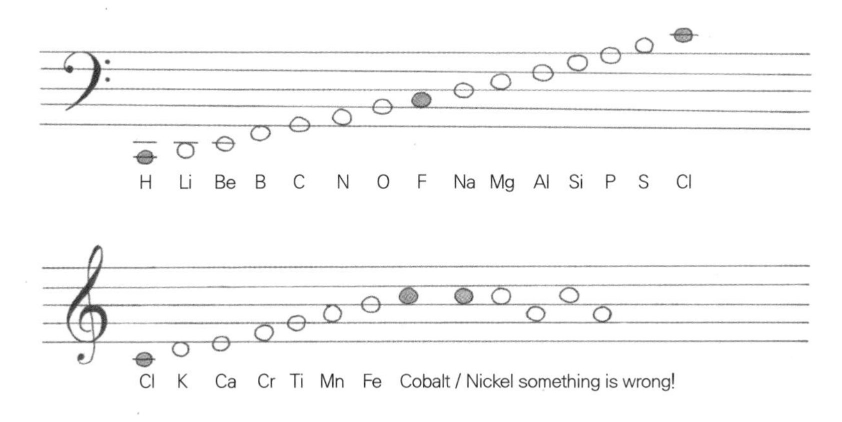

· 뉼렌즈의 옥타브 규칙 ·

위치하도록 배열했어. 이게 바로 '족'이야. 그렇게 나열하다 보니까 비슷한 성질을 나타내는 원소의 주기성이 8이라는 숫자를 주기로 반복되더라는 거지. 이게 뭐였어? 사람들이 그렇게 비웃었던 뉼렌즈의 옥타브 규칙이잖아. 그런데, 빈 칸으로 남을 수밖에 없는 부분이 있었어. 그래서 아주 과감하게 예언을 해. '원자량 44, 원자량 68, 원자량 72를 갖는 원소는 아직 우리가 찾지 못한 거다'라고. 물론 멘델레예프의 생각이 처음부터 열렬한 환영 속에서 받아들여진 것은 아니야. 다들 그냥 시큰둥한 반응을 보였지. 그래봐야 뉼렌즈의 옥타브 법칙이랑 비슷해 보였으니까. 그런데, 멘델레예프가 예언했던 원자량 68의 갈륨(Ga), 원자량 72의 저마늄(Ge)이 각각 1875년과 1885년에 밝혀지면서 그제야 '오! 위대한 주기성이여!'라고 외친 거지.

그런데 늘 예외가 튀어나와서 새로운 역사를 만들잖아. 1890년

	1	2	3	4	5	6	7	8
1	H=1							
2	Li=7	Be=9.4	B=11	C=12	N=14	O=16	F=19	
3	Na=23	Mg=24	Al=27.3	Si=28	P=31	S=32	Cl=35.5	
4	K=39	Ca=40	?=44	Ti=48	V=51	Cr=52	Mn=55	Fe=56, Co=59 Ni=59, Cu=63
5	Cu=63	Zn=65	?=68	?=72	As=75	Se=78	Br=80	
6	Rb=85	Sr=87	?Yt=88	Zr=90	Nb=94	Mo=96	?=100	Ru=104, Rh=104 Pb=106, Ag=108
7	Ag=108	Cd=112	In=113	Sn=118	Sb=122	Te=125	J=127	
8	Cs=133	Ba=137	?Di=138	Ce=140				
9								
10			?Er=178	La=180	Ta=182	W=148		Os=195, Ir=197 Pt=198, Au=199
11	Au=199	Hg=200	Tl=204	Pb=207	Bi=208			
12				Th=231		U=240		

· 멘델레예프의 주기율표 ·

대에 원소를 태워 선스펙트럼을 확인하는 분광분석이 본격적으로 사용되는데, 1894년에 아르곤(Ar)이라는 이상한 기체가 발견되었어. 아르곤이 왜 이상하냐고? 뉼렌즈와 멘델레예프의 주기율표를 보면 없는 원소야. 없다고 이상한 것은 아니고, 다른 원소와 전혀 반응하지 않더라는 거지. 아르곤이 대기 중에 질소, 산소 다음으로 많이 존재하는 물질임에도 불구하고 기체여서 눈에 보이지 않고, 화합물을 구성하지 않아 자신을 드러내지 않으니 존재 자체를 알 수가 없었던 거지. 더 이상한 것은 원자량이었어. 멘델레예프가 만든 주기율표는 원자량 순서로 나열하되, 화학 반응 시 유사한 양상을 보이는 애들끼리 묶어놓은 거였잖아. 그런데 아르곤의 원자량이 애매하더라는 거지. 원자번호 19번인 칼륨보다는 크고, 원자번호 20번인 칼슘보다는 작더라는 거지. 그렇다고 칼륨과 칼슘 사이에 아르곤을 넣으면 주기율표가 엉망이 되어버리거든. 멘델레예프가 아르곤의 존재를 알았더라면 화학적으로 반응도 하지 않는 애를 도대체 어떻게 주기율표에 배치할지 꽤나 고민했을 거야.

그런데 아주 다행스럽게도 모즐리(Henry Maudslay)가 X선 연구를 통해 원자핵의 양전하를 결정하는 방법을 밝히고는, 1913년 양전하 양에 따라 원자번호를 부여하는 방법을 제안했지. 양전하의 양을 측정한다는 것은 원자핵에 몇 개의 양성자가 존재하는 것인가를 밝히는 거잖아. 이 방법으로 아르곤과 칼슘의 양성자 수를 측정해보니, 아르곤이 칼륨보다 양성자가 하나 작았던 거지. 그래서 비록 아르곤의 원자량이 칼륨보다 크기는 하지만 양성자 숫자가 하나 더 적어 아르곤은 18번, 칼륨은 19번이라고 한 거야. 이렇게 원자량이 아닌 양성자 수에 의해 원자번호를 부여하는 현대의 주기율표가 태동을 했지. 더불어 이상한 기체였던 아르곤의 발견은 주기율표에 '비활성 기체'라는 항목을 추가하게 만들었어.

그때부터 지금까지 또 얼마나 많은 새로운 원소들이 밝혀졌겠어? 멘델레예프 시절 63개였던 원소가 지금은 100개도 넘어. 그걸 다 포함하기 위해 지속적으로 주기율표가 바뀌고 변해왔지만, 양성자 숫자에 의해 원자번호를 부여하고, 일정하게 주기적 성질이 반복되도록 배치하는 기본 원리는 그대로 이어져 왔지. 우리는 1905

년 스위스 화학자인 알프레트 베르너(Alfred Werner)에 의해 만들어진 18족으로 이루어진 주기율표를 쓰고 있어. 세상에 존재하는 원소들에게 번호를 부여하니 수많은 일들이 간편해졌어. 그 번호라는 것이 처음에는 원자량에 의해 결정되었지만, 모즐리처럼 아주 자세히 들여다보니, 그게 결국 원자의 근원적 특성을 결정하는 양성자 수에서 비롯된 것이었지.

모즐리가 양성자 수에 의해 원자번호를 부여하는 방법을 찾아서 예외에 대한 문제를 해결하고, 주기율표가 양성자 수에 의해 다시 재정비되기는 했지만, 애초에 원자량으로 원자번호를 부여하던 방식이 잘못되었던 것은 아니잖아. 원자량이라는 것은 결국 양성자 수와 중성자 수의 합인데, 양성자 수가 많으면 중성자도 늘어나니 원자량과 양성자는 서로 비례 관계에 있는 거지. 그러니 아르곤처럼 특별한 예외를 제외하고는 원자량에 따라 원자번호를 부여하는 방식이 양성자 수에 의한 방법과 크게 다르지 않았던 거야. 애초부터 원자번호는 우주만물을 구성하는 원소의 특성을 잘 이해할 수 있게 만들어졌기 때문에 원소의 특성을 전혀 모르는 상태라고 해도 원자번호 16이라고만 하면 얘는 양성자 수가 16개고, 전자가 16이며, 원자량이 대충 32쯤 될 것이고, K, L, M의 전자 껍질을 가지고 있다는 것을 척하고 알 수 있거든. 거기다가 조금 더 보태면 전자 배치가 $1s^2\ 2s^2\ 2p^6\ 3s^2\ 3p^4$라는 것도 금방 알 수 있지. 전자 배치는 한 번에 안 나온다고? 그건 약간의 연습이 필요한 것일 뿐이야. 또한 전자 배치와 연계해서 주기율표 보는 방법을 조금만 알면, 얘는 어떤 특성을 가질 거라는 것을 쉽게 예측할 수 있거든.

그런데 너에게 부여된 2학년 6반 43번. 이건 무슨 의미가 있는 것일까? 이 숫자를 보고 알 수 있는 게 뭐가 있지? 2학년을 가지고 대충의 나이를 추정하는 것 말고 알 수 있는 게 없잖아. 반 번호가 꼭 필요한가? 그 번호가 영원한 것도 아니고, 원자번호처럼 아주 단순하고 심오한 개체의 특성을 나타내는 숫자도 아니고, 그 번호를 안다고 너를 알 수 있는 것도 아니지. 의미 없이 부여된 수많은 숫자에 의해서 '너'라는 개체의 존재가 사회적으로 결정되고 있다는 것을 생각해본 적이 있을까? 실제로 우리 사회에서 편하게 사람을 관리하려고 숫자를 부여하는 일이 빈번하잖아. 그래서 다른 사람들이 너를 43번이라고 부르는 걸 상상하기도 싫어. 꼭 관리해야만 하는 대상을 부르는 것 같아서.

가로와 세로

너에게 부여된 의미 없는 번호와 달리, 원자번호를 가지고 주기적 성질을 나타낸 주기율표는 화학의 모든 걸 말해준다고 해도 과언이 아니야. 그러니까 모든 화학책 맨 앞에 주기율표가 떡하니 들어가 있는 거고. 맨 앞장에 있는 거라서 그냥 지나간다고? 맨 앞장에 있다는 것은 전체를 이해하는 데 가장 기본이 되는 것이니, 반드시 봐야지. 하지만 그냥 쳐다보면 아무 의미도 없다고? 하긴, 주기율표가 사람의 감성으로 느낄 수 있는 그림은 아니니, 의미를 부여하고 봐야겠지. 그림도 아는 만큼 보이잖아. 그래서 떡하니 한 장으로 들어가 있는 주기율표 보는 법을 알려주마. 엄마 얘기를 듣다보면 이미 다 얘기한 거라는 걸 알걸? 어디서 알려줬냐고? 원자의 구조와 전자 배치 얘기하면서 다 얘기했어. 이 얘기를 다르게 해석하면 주기율표의 핵심은 양성자에 의해 결정된 전자의 배치라는 거야.

일반적으로 주기율표를 보면 여러 가지 표시들이 있지? 고체, 액체, 기체 또는 금속, 비금속 등으로 말이야. 자세히 들여다보면 고체는 고체끼리 모여 있고, 액체는 딱 두 개밖에 없으며, 기체는 주로 주기율표의 오른쪽 끝에 몰려 있는 것을 볼 수 있지. 숫자로 보면 금속에 제일 많지. 이런 얘기는 원소만 보면 그렇다는 거야. 원소가 모여 분자를 만들면 또 다른 얘기가 될 테니까. 그리고 특별한 이름들이 붙어 있는 족이 있어. 금속 중에서도 알칼리금속, 알칼리토금속과 비금속에 할로겐족, 비활성 기체가 특별한 족이지. 물론 전이금속이니, 준금속이니 하는 용어들도 있지만 얘들은 특정한 어느 하나의 족을 칭하는 용어는 아니거든. 이런 이름들은 원소의 주기적 성질에 의해 특별하게 움직이기는 하지만, 주기율표 전체로 보면 그냥 부차적인 내용일 뿐이야. 정말 중요한 것은 세로 기둥의 '족'과 가로 기둥의 '주기'이거든.

일단 주기율표의 생긴 모양을 보자. 왼쪽 세로에 1~7까지 순차적으로 숫자를 적어놨지? 이게 주기, 전자 껍질 수지. 1주기는

검은색 글자: 고체
파란색 글자: 액체
빨간색 글자: 기체
회색 글자: 잘 모름

알칼리 금속 알칼리 토금속

	1	2	3	4	5	6	7	8	9	10	11	12	13	14	15	16	17	18
1	1 H 수소																	2 He 헬륨
2	3 Li 리튬	4 Be 베릴륨											5 B 붕소	6 C 탄소	7 N 질소	8 O 산소	9 F 불소	10 Ne 네온
3	11 Na 나트륨	12 Mg 마그네슘											13 Al 알루미늄	14 Si 규소	15 P 인	16 S 황	17 Cl 염소	18 Ar 아르곤
4	19 K 칼륨	20 Ca 칼슘	21 Sc 스칸듐	22 Ti 타이타늄	23 V 바나듐	24 Cr 크로뮴	25 Mn 망가니즈	26 Fe 철	27 Co 코발트	28 Ni 니켈	29 Cu 구리	30 Zn 아연	31 Ga 갈륨	32 Ge 저마늄	33 As 비소	34 Se 셀레늄	35 Br 브로민	36 Kr 크립톤
5	37 Rb 루비듐	38 Sr 스트론튬	39 Y 이트륨	40 Zr 지르코늄	41 Nb 나이오븀	42 Mo 몰리브데넘	43 Tc 테크네튬	44 Ru 루테늄	45 Rh 로듐	46 Pb 팔라듐	47 Ag 은	48 Cd 카드뮴	49 In 인듐	50 Sn 주석	51 Sb 안티모니	52 Te 텔루륨	53 I 아이오딘	54 Xe 제논
6	55 Cs 세슘	56 Ba 바륨	란타넘족 57-71	72 Hf 하프늄	73 Ta 탄탈럼	74 W 텅스텐	75 Re 레늄	76 Os 오스뮴	77 Ir 이리듐	78 Pt 백금	79 Au 금	80 Hg 수은	81 Tl 탈륨	82 Pb 납	83 Bi 비스무트	84 Po 폴로늄	85 At 아스타틴	86 Rn 라돈
7	87 Fr 프랑슘	88 Ra 라듐	악티늄족 89-103	104 Rf 러더포듐	1 Db 두브늄	1 Sg 시보귬	1 Bh 보륨	1 Hs 하슘	1 Mt 마이트너륨	1 Ds 다름슈타튬	1 Rg 뢴트게늄	1 Cn 코페르니슘	1 Nh 니호늄	1 Fl 플레로븀	1 Mc 모스코븀	1 Lv 리버모륨	1 Ts 테네신	118 Og 오가네손

란타넘족	57 La 란타넘	58 Ce 세륨	59 Pr 프라세오디뮴	60 Nd 네오디뮴	61 Pm 프로메튬	62 Sm 사마륨	63 Eu 유로퓸	64 Gd 가돌리늄	65 Tb 터븀	66 Dy 디스프로슘	67 Ho 홀뮴	68 Er 어븀	69 Tm 툴륨	70 Yb 이터븀	71 Lu 루테튬
악티늄족	89 Ac 악티늄	90 Th 토륨	91 Pa 프로트악티늄	92 U 우라늄	93 Np 넵투늄	94 Pu 플루토늄	95 Am 아메리슘	96 Cm 퀴륨	97 Bk 버클륨	98 Cf 캘리포늄	99 Es 아인슈타이늄	100 Fm 페르뮴	101 Md 멘델레븀	102 No 노벨륨	103 Lr 로렌슘

· 현대의 주기율표 ·

전자 껍질이 K밖에 없고, 2주기는 전자 껍질이 K, L인 2개지. 7보다 큰 숫자는 자연적으로는 없다고 얘기한 걸 기억하지? 그리고 맨 위를 보면 가로로 1~18까지 순차적으로 번호를 매겨놨는데, 이게 족이야. 세로로 적어 넣은 숫자는 가로로 보고, 가로로 적어 놓은 숫자는 세로로 봐야 한다는 것쯤은 말하지 않아도 아는 거지?

주기는 전자 껍질 수라고 그랬는데, 족은 뭐냐고? 화학 반응 시 유사한 특징을 나타내는 원소들의 집합이냐고? 거의 비슷하지. 1족은 최외각 전자 수가 1개고, 2족은 최외각 전자 수가 2개고, 13족은 3개, 14족은 4개, 15족은 5개 16족은 6개, 17족은 7개, 18족은 8개야. 결국 족이란 최외각 전자 수가 같은데, 주기가 다른 녀석들의 집합인 거지. 그런데 주기율표에서 가장 넓은 자리를 차지하고 있는 3~12족은 쏙 빼고 얘기했지? 이유가 있지. 같은 족에 속한 원소들의 최외각 전자 수가 같다고 말할 수 없거든. 왜냐고? 골치 아픈 d오비탈과 f오비탈 때문이지. 엄마가 앞에서 다전자 원자의 경우, 4s오비탈보다 3d오비탈의 에너지 준위가 높다고 얘기한 적이 있거든. 엄마가 힌트를 줬으니 왜 애들의 최외각 전자 수가 동일하지 않은지 고민해보는 건 어떨까?

너에게 혼자 생각해보라는 숙제를 줬으니 주기율표 가운데 위치해 있는 전이 금속, 란타넘족과 악티늄족을 빼고 다시 주기율표를 그려보자. 그러면 멘델레예프의 주기율표와 거의 같은 형태의 주기율표가 돼. 멘델레예프의 주기율표와 완전히 다른 것이 하나

· 전형 원소의 최외각 전자 껍질의 전자 배치 ·

족 / 주기 (전자 껍질)	1 (알칼리 금속)		2 (알칼리 토금속)		13		14		15		16		17 (할로겐족)		18 (비활성 기체)	
1 (K)	$_{1}$H 수소	$1s^1$													$_{2}$He 헬륨	$1s^2$
2 (L)	$_{3}$Li 리튬	$2s^1$	$_{4}$Be 베릴륨	$2s^2$	$_{5}$B 붕소	$2s^22p^1$	$_{6}$C 탄소	$2s^22p^2$	$_{7}$N 질소	$2s^22p^3$	$_{8}$O 산소	$2s^22p^4$	$_{9}$F 불소	$2s^22p^5$	$_{10}$Ne 네온	$2s^22p^6$
3 (M)	$_{11}$Na 나트륨	$3s^1$	$_{12}$Mg 마그네슘	$3s^2$	$_{13}$Al 알루미늄	$3s^23p^1$	$_{14}$Si 규소	$3s^23p^2$	$_{15}$P 인	$3s^23p^3$	$_{16}$S 황	$3s^23P^4$	$_{17}$Cl 염소	$3s^23p^5$	$_{18}$Ar 아르곤	$3s^23p^6$
4 (N)	$_{19}$K 칼륨	$4s^1$	$_{20}$Ca 칼슘	$4s^2$	$_{31}$Ga 갈륨	$4s^24p^1$	$_{32}$Ge 저마늄	$4s^24p^2$	$_{33}$As 비소	$4s^24p^3$	$_{34}$Se 셀레늄	$4s^24p^4$	$_{35}$Br 브로민	$4s^24p^5$	$_{36}$Kr 크립톤	$4s^24p^6$
5 (O)	$_{37}$Rb 루비듐	$5s^1$	$_{38}$Sr 스트론튬	$5s^2$	$_{49}$In 인듐	$5s^25p^1$	$_{50}$Sn 주석	$5s^25p^2$	$_{51}$Sb 안티모니	$5s^25p^3$	$_{52}$Te 텔루륨	$5s^25p^4$	$_{53}$I 아이오딘	$5s^25p^5$	$_{54}$Xe 제논	$5s^25p^6$
6 (P)	$_{55}$Cs 세슘	$6s^1$	$_{56}$Ba 바륨	$6s^2$	$_{81}$Tl 탈륨	$6s^26p^1$	$_{82}$Pb 납	$6s^26p^2$	$_{83}$Bi 비스무트	$6s^26p^3$	$_{84}$Po 플로늄	$6s^26p^4$	$_{85}$At 아스타틴	$6s^26p^5$	$_{86}$Rn 라돈	$6s^26p^6$
7 (Q)	$_{87}$Fr 프랑슘	$7s^1$	$_{88}$Ra 라듐	$7s^2$												
최외각 전자 껍질의 전자 배치	ns^1		ns^2		ns^2np^1		ns^2np^2		ns^2np^3		ns^2np^4		ns^2np^5		ns^2np^6	
최외각 전자 수 (원자가/전자 수)	1		2		3		4		5		6		7		8	

* 수소 제외

있는데 멘델레예프 시절에 존재를 알지 못했던 18족 비활성 기체지. 이렇게 복잡한 녀석들을 빼고 남는 녀석들을 전형 원소라고 하지. 전형이 뭐냐? 예측한 대로 움직이는 전형적인 원소들이라는 얘기야. 위치만 봐도 원소들이 어떻게 반응할지 예측이 가능하게 된 결정적인 이유? 전자 껍질 수와 최외각 전자 수라니까. 이렇게 간단해진 주기율표에 각각의 원소의 전자 배치를 해보자. 다 하려면 조금 힘들 테니까 몇 개만 골라서 하자고? 그래서 엄마가 특별히 최외각 전자 껍질의 전자 배치만 정리를 해놨어. 그것도 최외각 전자만 뽑아서.

이렇게 간단하게 만든 주기율표를 보면 왜 과거에 뉼렌즈나 멘델레예프가 8이라는 숫자에 기초한 주기율표를 제시했는지 쉽게 알 수 있어. 같은 주기에서 보면 최외각 전자 수가 3, 4, 5, 6, 7, 8로 순차적으로 증가하고 있잖아. 그러니까 8이라는 숫자가 아주 타당해 보였던 거라고 생각해. 그런데 4주기 이상의 원소들의 전자 배치는 매우 복잡해지거든. 4주기 이상의 d오비탈을 가진 원자의 전자 배치는 너무 복잡해서 그때만 해도 화합물의 구성만 가지고는 주기적 성질을 찾기가 힘들었던 거지.

그런데 말이야, 전자 껍질 수가 동일한, 같은 주기에 있는 원자들의 원자 반경은 다 똑같을까? 아니니까 물어봤겠지. 원자핵의 양성자 수와 중성자 수가 늘어나고 전자도 점점 늘어나지만 전자 껍질수가 늘어나는 건 아니잖아. 원자핵으로부터 거의 같은 범위 안에 전자가 배치되어 있는 상태에서 양성자 수가 늘어나면 어떤

K 227(원자 반지름 pm)

	1	2	13	14	15	16	17	18
1	H 37							He
2	Li 152	Be 112	B 85	C 77	N 75	O 73	F 72	Ne
3	Na 186	Mg 160	Al 143	Si 118	P 110	S 103	Cl 100	Ar
4	K 227	Ca 197	Ga 135	Ge 122	As 120	Se 119	Br 114	Kr
5	Rb 248	Sr 214	In 167	Sn 140	Sb 140	Te 142	I 133	Xe
6	Cs 265	Ba 222	Tl 170	Pb 146	Bi 150	Po 168	At 140	Rn

· 전형 원소의 상대적 원자 크기 ·

일이 벌어질까? 전자를 당기는 힘이 세지겠지. 그래서 같은 주기 안에서는 원자번호가 커질수록 원자 크기가 줄어드는 현상이 나타나. 반면 최외각 껍질의 전자 수는 하나씩 늘어나고 있지.

채우고 남은 최외각 전자

원자는 만들어질 때 최선을 다해 안정화된다고 했는데, 어떻게 다른 원자를 만나 새로운 분자를 만드는 걸까? 그 자체로 안정하면 홀로 존재해야 되는데 말이야. 원자 그 자체가 안정화되기는 했지만, 그게 최선은 아니며 상대적이기 때문이야. 우리가 살아가는 이 세상에는 수많은 물질들이 있고, 그 물질들이 끊임없이 서로 영향을 주기 때문이지. 환경에서의 안정화란 상대적일 수밖에 없어. 원자가 모여 분자를 만들고 분자가 모여 거대 분자를 만드는 과정인 화학 반응은 원자핵의 양성자 수에 의해 결정된 전자가 들락날락하는 거잖아. 결국 전자가 얼마나 잘 들락날락거리느냐가 반응성을 결정하는 거지. 전자가 어떻게 배치되면 쉽게 들락거려 아주 격렬하게 반응하여 화합물을 만들고, 어떤 원소는 배짱 좋게 버틸 수 있는 것일까?

이 시점에 전자 껍질에 수용될 수 있는 최대 전자 수를 다시 기억해보자. K전자 껍질의 최대 전자 수용 수는 2개, L전자 껍질의 최대 수용 전자 수는 8개잖아. 왜? 배타원리에 의해 각각의 오비탈은 2개의 전자를 수용할 수 있는데, K전자 껍질은 오비탈이 1s

하나밖에 없고, L전자 껍질은 1s와 3개의 2p로 총 4개니까 8개의 전자를 수용할 수가 있지. 바로 이게 문제야. 엄마가 왜 이렇게 이 얘기를 강조하냐고? 원자끼리 혹은 분자를 만나 화학 물질을 이루는 주된 원리가 바로 여기서 출발하거든. 최외각 전자를 어찌할까 라는. 완벽에 가까운 숫자 8. 옥텟 규칙(Octet rule)! 전형 원소들은 바로 이 최외각 전자를 8개가 되게 채우려고 무지 노력을 한다는 거지. 8개가 채워졌을 때, 원자핵 주위를 돌고 있는 전자들의 반발력이 최소화되어 가장 안정된 상태가 된다는 거지. 그럼 자신이 가진 최외각 전자 수가 8개가 안 되는 녀석들이 다른 원자를 만나면 무조건 8개를 만들려고 할 거잖아. 이렇게 채우고 남은 전자가 화학 반응에서 원소의 성격을 결정한다고 해도 과언이 아니야. 조금 바꿔서 얘기하면 몇 개의 전자가 부족하냐가 핵심이라는 얘기지.

1주기 원소들을 제외하고 2주기 이상의 원소들을 '족'으로 구분해서 보자. 1족 원소들의 공통점이 뭐라고 했지? 채우고 남은 최외각 전자가 1개라는 공통점을 가지고 있다고 했어. 그러니 8개 또는 2개를 만들어 가장 안정한 상태가 되기 위해서는 1개의 최외각 전자를 어찌해야 하잖아. 1개를 버리는 게 쉬울까 아니면 7개를 받아 채우는 게 쉬울까? 당연히 1개를 버리는 게 쉽지. 그러니 무조건 1개를 버리려고 해. 이렇게 원자나 분자가 중성의 상태가 아니라, 전자를 얻거나 잃어 (+)전하 또는 (-)전하를 띠는 상태를 '이온'이라고 하고 전자를 버려 양이온이 되려는 성질을 '이온화 경향'이라고 해. 중성의 상태가 아닌, 전자를 버려 양이온이 되려는 성질을 말하는 거지.

1족에 속한 리튬(Li)은 L전자 껍질에 전자를 하나 가지고 있으니까, 다른 말로 최외각 전자가 1개니까 무조건 하나를 버리려고 할 거잖아. 그럼 어떤 결과가 나오겠어? 원자번호 3번이라 양성자 수가 3개니 당초 3개의 전자를 가지고 있어서 전기적으로 중성이었는데, 전자를 하나 잃어버리면? 전기적으로 양전하가 하나 더 많은 거지. 그래서 늘 리튬 이온(Li^+)상태가 되는 거지. 리튬은 모든 화학 반응시에 중성이 아닌, 리튬 이온 상태로 결합을 해. 1족의 원자들은 다 똑같아. 소금의 구성 원소인 나트륨(Na)과 칼륨(K)도 아주 쉽게 전자 하나를 버려 최외각 전자를 8개로 만들려고 하기 때문에 나트륨 이온(Na^+)과 칼륨 이온(K^+)이 되는 거야. 2족 원소들은? 그건 네가 해봐. 최외각 전자가 2개니까 네가 알아서 할 수 있을 걸?

그럼 같은 족 안에서 이온화 경향, 즉 전자를 버리려는 성향이 어느 녀석이 더 큰지 생각해볼 수 있지 않겠어? 1족에서 리튬과 나트륨을 비교해보면, 원자번호가 커질수록 주기가 늘어나면서 원자의 크기가 증가하잖아. 따라서 최외각 전자가 원자핵으로부터 멀어지기 때문에 전자가 더 쉽게 떨어질 수 있다는 거고. 결국 같은 족에서는 아래로 내려갈수록 이온화 경향이 커지는 거지.

그래서 사람들이 각각의 원소에 대한 이온화 경향을 측정해봤지? 어떻게 측정했겠어? 원자 입장에서 보면 마구 버리려고 하는 성질인데, 이를 숫자로 표현할 수 있다면 사람들이 아주 쉽게 알

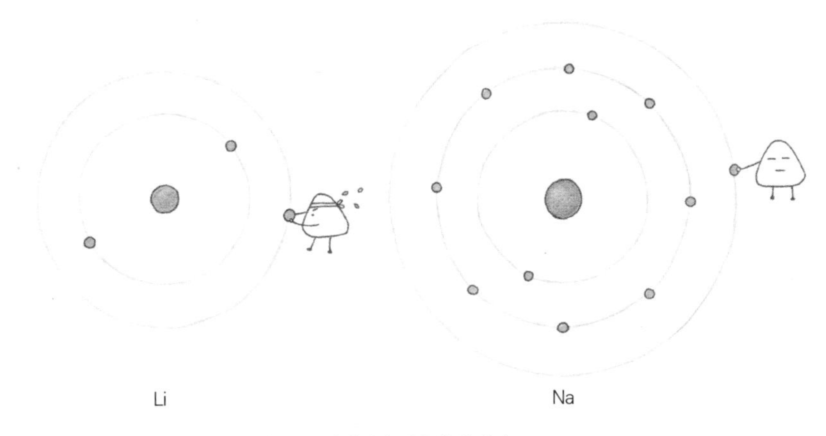

· 같은 족 내에서의 이온화 에너지 ·

수 있잖아. 그래서 원자의 입장이 아닌 사람의 관점에서 측정할 수 있는 수치를 만들었어. 즉, 사람들이 전자를 떼어내려고 할 때 어느 정도의 에너지가 필요한지를 측정하는 거지. 원자 스스로 버리려고 하는 이온화 경향과 상반되지. 사람들은 떼어낼 때 들어가는 이 에너지에 대해 아주 고상한 이름을 붙였지. 이온화 에너지라고. 이온화 에너지는 이온화 경향과는 달리, 같은 족 안에서는 아래로 갈수록 작아지고, 같은 주기 안에서는 원자번호가 커질수록 커져. 다음 그래프는 2주기와 3주기 원소들의 첫 번째 이온화 에너지를 측정한 결과인데, 같은 주기에서는 이온화 에너지가 원자번호가 커질수록 덩달아 증가하지만, 같은 족에서는 감소하는 '경향'이 나타나는 것을 볼 수 있지.

엄마가 첫 번째 이온화 에너지라고 말했다고? 두 번째도 있냐고? 당연히 있지. 원자번호 3번인 리튬은 3개의 전자를 가지고 있

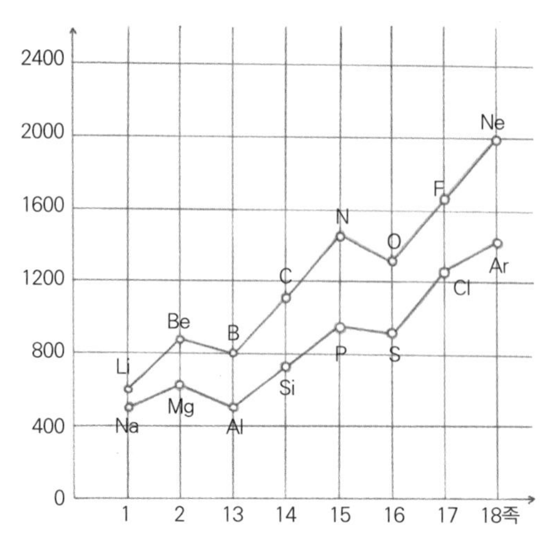

· 2주기 원소와 3주기 원소의 제1이온화 에너지 ·

는데, L전자 껍질의 1개의 전자를 떼어내고 난 후 K전자 껍질에 있는 또 다른 전자를 떼어내면 두 번째 이온화 에너지가 되는 거지. 어느 게 더 크겠어? 당연히 두 번째 이온화 에너지가 더 크다고? 그런 것쯤이야?

최외각 전자가 완벽에 가까운 숫자인 8개보다 훨씬 작은 1족이나 2족은 무조건 버리려고 하지. 그럼 최외각 전자 숫자가 8에 가까운 16족이나 17족 원소들은 어떨까? 얘들도 무조건 전자 8개를 채우려고 하겠지. 바보같은 질문을 계속해보면, 최외각 전자가 7개인데 8개를 만들기 위해 7개를 버리는 게 쉬워, 아니면 1개를 받는 게 쉬워? 당연히 1개를 받는 게 쉽잖아. 그래서 염소(Cl)와 같이 17족에 속하는 원소들을 화학 반응시 전자를 하나 더 얻은 상태인 Cl^-가 돼.

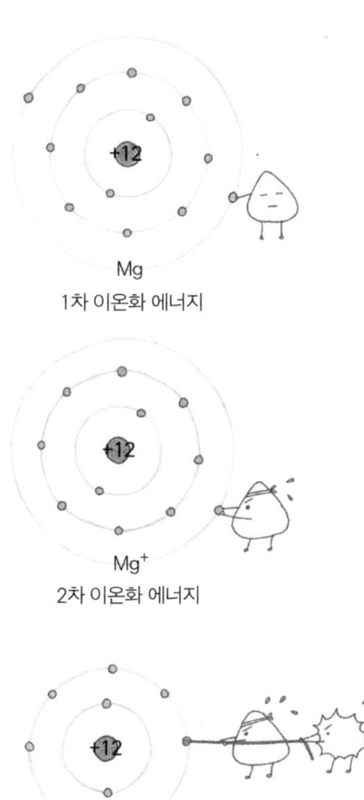

· 마그네슘(Mg)의 순차적 이온화 에너지 ·

"엄마, 전자를 버리려고 하는 성질이 이온화 경향이라고 했잖아. 그럼 전자를 얻으려는 성질은 뭐라고 해?" 그게 바로 '전기음성도'야. 전기음성도는 전자를 아주 좋아하는 불소(F)가 전자를 당기는 정도를 기준으로 상대적인 값으로 나타내. 즉, 불소의 전기음성도를 4.0이라고 했을 때, 수소는 약 2.5, 염소(Cl)는 3.16 정도가 돼. 불소가 전기음성도가 제일 크거든. 1족이나 2족처럼 최외각 전자를 버리지 못해 안달하는 원소들의 전기음성도는 매우 낮은 반면, 17족처럼 최외각 전자가 7개인 원소들의 전기음성도는 상대적으로 클 수밖에 없어.

족끼리 비교했을 때는 족이 커지면 전기음성도가 커지잖아. 그럼 같은 주기에서 비교하면 어떤 결과가 나올까? 같은 주기에서는 원자번호가 커질수록 원자 반지름이 작아진다고 했지. 왜 작아진다고? 원자핵의 양전하가 커지면서 전자를 당기는 힘이 커진다고 했어. 그러니 같은 주기에서는 원자번호가 커지면 전자를 끌어당기는 전기음성도도 커지고, 그에 따라 전자를 떼어내는 데 필요한 이온화 에너지도 점점 증가하겠지. 이런 특성을 주기율표에 한

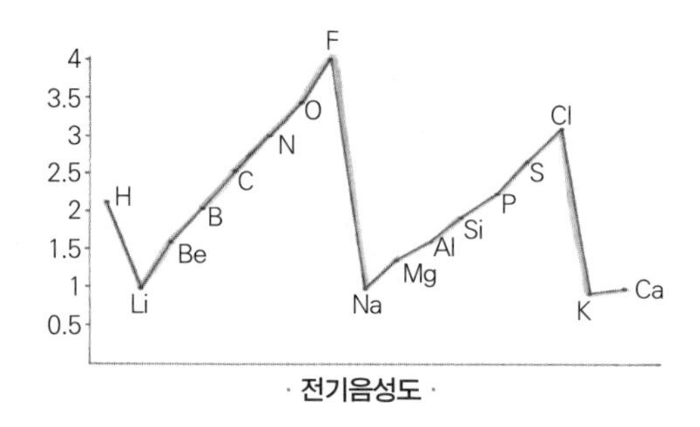

· 전기음성도 ·

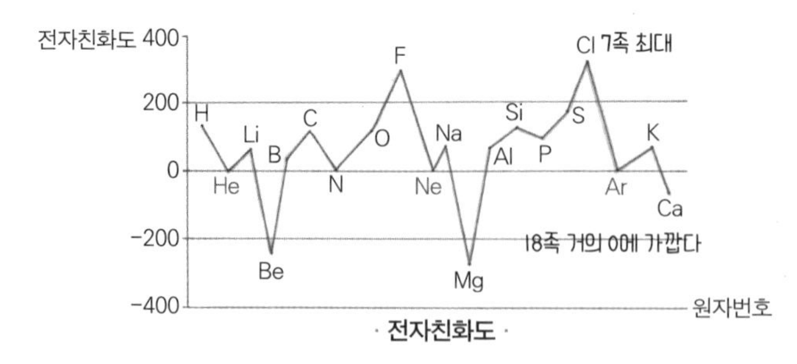

· 전자친화도 ·

꺼번에 표시하면 원자가 커질수록 이온화 에너지와 전기음성도가 증가하는 경향을 나타내.

조금 다른 얘기이기는 한데, 전기음성도와 유사한 '전자친화도' 라는 용어도 있어. 이름 그대로 전자를 좋아하는 정도인데, 전자친화도는 전자를 끌어와 안정화되는 정도로, 전자를 받아들인 원자가 안정화되면서 방출하는 에너지야. 사실 전기음성도와 크게 다를 바 없지. 하지만 불소(F)와 염소(Cl)를 보면 둘이 확연히 다른 것을 알 수가 있어. 불소가 염소보다 전기음성도는 커. 하지만 전자친화도는 염소가 더 크거든. 불소의 원자 반지름이 염소보다 작잖아. 즉, 전자를 끌어당기는 능력은 불소가 크지. 하지만 불소는 염소보다 반지름이 작아 전자를 받아들여 안정화되는 정도는 염소보다 작다는 거야. 좁은 공간에서 전자들끼리 미워하며 밀어내야 하니까.

이렇게 당당하게 '옥텟 규칙~'을 외치면서 어떤 녀석은 전자를 버리려고 애쓰고, 어떤 녀석은 받으려고 애쓰는 현상을 이온화 에너지와 전기음성도라는 고상한 용어를 써서 얘기했지만 늘 예외가 있겠지? 엄마가 1주기인 수소와 헬륨은 쏙 빼고 얘기했어. 왜? 얘들은 1s 오비탈밖에 없으니 8개가 아닌 2개만 채우면 안정화돼. 이것 말고도 있겠지? 엄마가 '전형 원소'들이라고 했잖아. 그럼 전형에 속하지 않은 원소들은 이 규칙에 따라 행동하지 않는다는 거잖아. 전형에 속하지 않는 원소들, 얘들의 공통점은 d 또는 f 오비탈을 가지고 있어. 이거 엄마가 숙제로 내줬잖아. 왜 d오비탈을 가

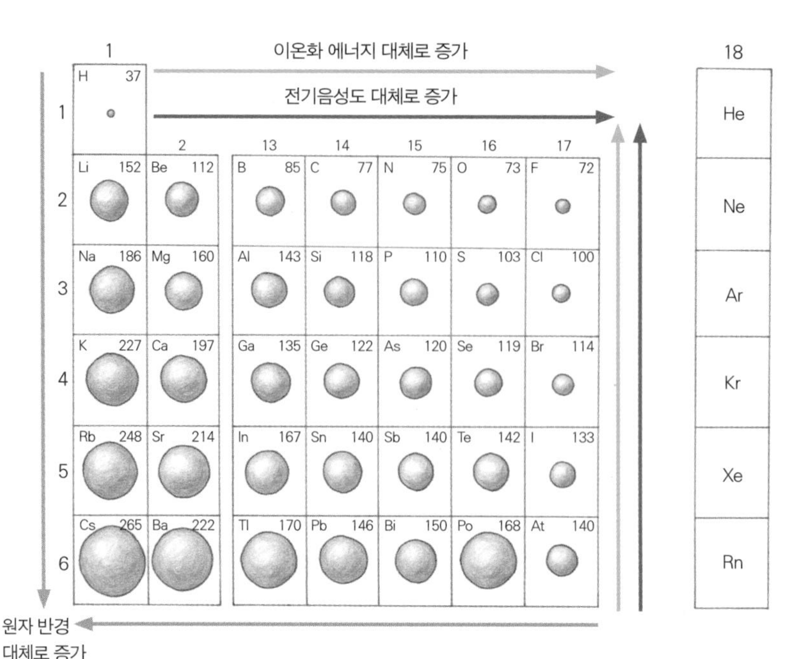

· 이온화 에너지와 전기음성도의 주기성 ·

지고 있으면 최외각 전자 수가 같은 녀석들이라고 말할 수 없는지 생각해보라고. 동일한 이유니까 이것도 함께 생각해봐.

주기와 족에 따른 원자의 크기, 이온화 에너지, 전기음성도를 다 모아서 표시해보면 주기율표에서 오른쪽으로 갈수록 이온화 에너지와 전기음성도가 커지는 것을 볼 수 있어. 이게 주기적 성질에 의해 나타나는 특성이지. 그렇다고 그림에서 화살표로 표시된 이온화 에너지와 전기음성도의 방향이 꼭 그렇게 정확한 것은 아니야. 이런 말 그대로 전체적인 '경향'일 뿐이야. 각 원자마다 조금씩 다르거든. 이는 전기음성도에서만 나타나는 일이 아니라, 이온화 에너지에서도 나타나. 대표적 예외? 이미 〈2주기 원소와 3주기 원소

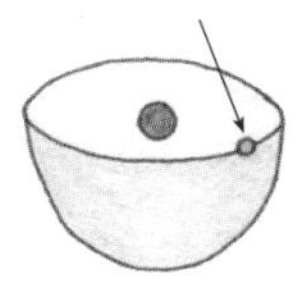

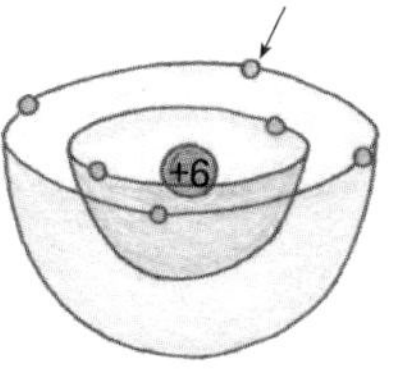

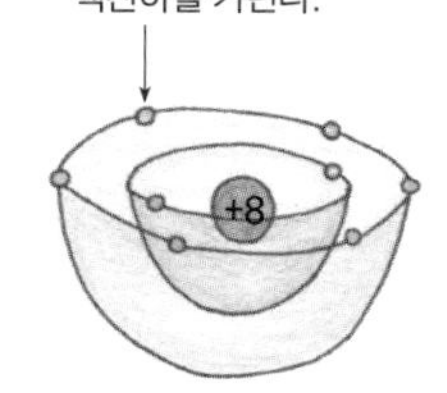

· 유효 핵전하 ·

의 제1이온화 에너지〉 그래프에서 봤어. 원자번호 4번인 베릴륨과 원자번호 5번인 붕소의 이온화 에너지를 보면, 4번 베릴륨이 더 크잖아. 그것만 있나? 질소 원자와 산소 원자를 놓고 봐도 경향을 얘기할 때는 산소가 더 크지만 실제 측정한 값은 질소가 더 크지.

원자마다 이렇게 다른 이유 중 하나는, 원자핵이 개개의 전자를 끌어당기는 정도가 전자 배치에 따라 달라질 수 있기 때문이야. 이런 걸 유효 핵전하라고 해. 네가 산소의 최외각 전자(L전자 껍질)에 있는 6개의 전자 중 1개라고 가정해보자. 양전하를 띠고 있는 원자핵과 친하게 지내려고 가까이 가려고 하는데, 안쪽 전자 껍질(K)에 있는 전자가 자꾸만 앞에 와서 알짱거리면서 원자핵의 양전하를 가리기도 할 거잖아. 또한 같은 껍질에 있는 다른 전자가 어쩌다가 가까이 오기라도 하면 자꾸만 밀어내는 거지. 다른 전자에 의해 원자핵의 양전하가 가려지는 이런 일은 원자 내부에서 늘 일어나는 거잖아. 그래서 주기율표 전체적으로 같은 족에서는 주기가 커지면 이온화 경향이 커지고, 이온화 에너지와 전기음성도는 작아지는 경향을 나타내지만, 원자 개개를 들여다보면 늘 예외가 있을 수 있다는 거지. 이온화 에너지와 전기음성도는 원자에서만 사용되는 개념은 아니야. 나중에 얘기할 분자에서도 동일하게 사용될 수 있어.

자유로운 유연성

그런데 엄마가 원소에 관한 얘기를 하면서 금기어처럼 사용하지 않은 단어가 있어. 바로 전이 금속, 란타넘족, 그리고 악티늄족이지. 사실 이 부분은 엄마뿐만이 아니라 중고등학교 모든 과학시간에 금기어처럼 되어 있지. 애들은 나중에 대학 가서 공부해도 되는 녀석들이라면서. 대학을 가도 애들을 특별히 집중적으로 공부하지 않아. 전공할 사람들만 하라면서. 현실이 이러한데 답도 알려주지 않으면서 숙제만 내줬다고? 왜 애들은 같은 족에 속한 원소들의 최외각 전자 수가 같다고 말하기 어렵고, 전형 원소들과는 다르게 최외각 전자 수 8개를 채우려고 애쓰지 않는지 고민해 보라고 했지. 이미 고민을 다 해서 알고 있을 테니 엄마가 얘기하는 내용이 맞는지 확인해봐.

원자번호 26번인 철의 바닥 상태 전자 배치를 그려보자. 전자 26개를 순차적으로 배치하면 $1s^2 \rightarrow 2s^2p^6 \rightarrow 3s^23p^6$까지 아무런 고민 없이 18개를 채울 수 있지. 하지만 그다음이 문제잖아. 3d오비탈이 나오니. 하지만 이미 다 알잖아. 3d오비탈이 4s오비탈보다 에너지 준위가 높아서 4s오비탈이 먼저 채워진다는 것을. 그러니 $1s^2 \rightarrow 2s^2p^6 \rightarrow 3s^23p^6 \rightarrow 4s^2 \rightarrow 3d^6$의 순서로 채워지지. 채워지는

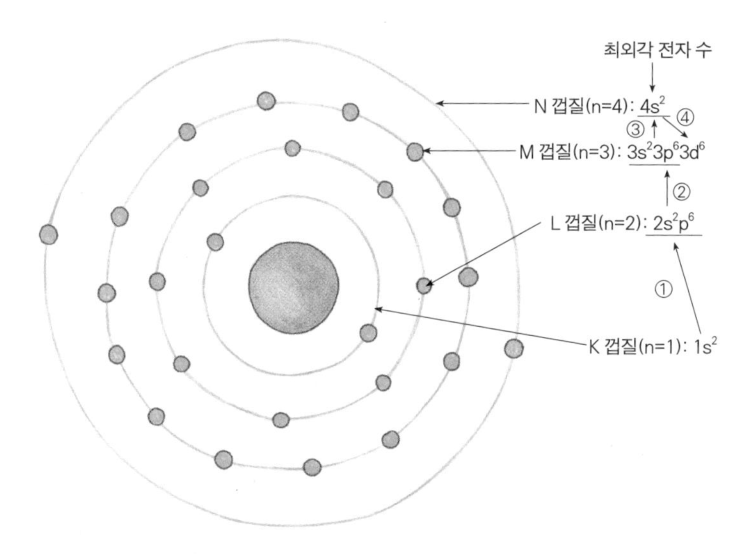

· 철(Fe) 원자의 전자 배치 ·

순서를 가만히 들여다보면, 최외각 오비탈이 먼저 채워져서 최외각 전자는 2개가 돼.

원자번호 25번인 망가니즈(Mn)를 보면 최외각 전자는 철과 똑같고 그 안쪽 오비탈인 3d에 5개의 전자가 채워지고, 원자번호 28인 니켈(Ni)도 최외각 전자는 2개이고 3d에 8개의 전자가 있어. 〈전이금속의 최외각 전자 배치〉 표를 봐봐. 딱 한 가지만 확인하면 돼. 최외각 전자 수. 같은 4주기이기는 하지만 원자번호가 커져도 최외각 전자 수가 늘어나지 않고 똑같잖아. 그러니 같은 족 안에서도 최외각 전자 수가 같다고 말할 수 없는 일이 벌어지는 거지. 5주기와 6주기에 이르면 더 복잡해져. 6주기를 갖는 원소들은 골치 아픈 d오비탈과 더불어 더 골치 아픈 f오비탈에 전자가 채워지니까. 실제로 전이 금속에 속하는 모든 원자의 전자를 배치해보면 얘들은 족과 무관하게 대부분 1~2개의 최외각 전자를 가지고 있어. 그래서 딱히 얘들을 전형 원소처럼 족으로 묶어서 비슷한 녀석들이라고 구분할 수 없다는 거야. 최외각 전자 수 측면에서 보면 오히려 족보다는 같은 주기에 있는 원소들끼리 더 유사해. 그러니 란타넘족과 악티늄족을 가로로 묶어놨지. 더불어 얘들은 너무나 많은 전자를 가지고 있어서, 내부에서의 전자 반발력과 원자핵과의 관계가 아주 복잡해. 이런 전이 금속들은 최외각 전자 수를 채우려고 노력하지도 않거든. 그러니 철은 FeO, Fe_3O_4, Fe_2O_3 등과 같은 아주 다양한 화합물을 만들 수도 있는 거지. 이거 $NaCl$이랑 완전히 다르잖아. $NaCl_2$는 없거든. 설마 이렇게 얘기한다고 '철은 다 산소랑 결합한 거잖아~'라고 하는 건 아니지? 사실 산소만 좋아하는 것은 아니야. 자기가 가지고 있는 자유로운 전자를 받아줄 수 있는 녀석을 만나기만 하면 무조건 반응하지. 지구에 산소가 워낙 많으니까 지구에서 발견되는 철은 대부분 철이 산소와 결합해서 만들어진 철 산화물들일 뿐이지. 그래서 더 머리가 아프다고? 그건 너의 문제이지 엄마의 문제는 아니잖아.

그런데 생각해보면 이 부분에 속한 망가니즈, 철, 니켈, 구리, 아연 등은 일상생활에서 너무 흔해. 우리 일상만 그런가? 인류가 살아온 긴 역사를 봐도 얘들은 없어서는 안 될 원소였으며, 앞으로도 없어서는 안 될 원소들이지. 얘들은 고체로 존재하기 때문에 눈에 잘 띄고 손으로 만질 수 있잖아. 단단하기도 하고. 그러니 일상의

전이 금속의 최외각 전자 배치

족 주기 (전자 껍질)	3	4	5	6	7	8	9	10	11	12
4(N)	$_{21}Sc$ 스칸듐 $4s^2 3d^1$	$_{22}Ti$ 타이타늄 $4s^2 3d^2$	$_{23}V$ 바나듐 $4s^2 3d^3$	$_{24}Cr$ 크로뮴 $4s^1 3d^5$	$_{25}Mn$ 망가니즈 $4s^2 3d^5$	$_{26}Fe$ 철 $4s^2 3d^6$	$_{27}Co$ 코발트 $4s^2 3d^7$	$_{28}Ni$ 니켈 $4s^2 3d^8$	$_{29}Cu$ 구리 $4s^1 3d^{10}$	$_{30}Zn$ 아연 $4s^2 3d^{10}$
5(O)	$_{39}Y$ 이트륨 $5s^2 4d^1$	$_{40}Zr$ 지르코늄 $5s^2 4d^2$	$_{41}Nb$ 나이보븀 $5s^1 4d^4$	$_{42}Mo$ 몰리브데넘 $5s^1 4d^5$	$_{43}Tc$ 테크네튬 $5s^2 4d^5$	$_{44}Ru$ 루테늄 $5s^1 4d^7$	$_{45}Rh$ 로듐 $5s^1 4d^8$	$_{46}Pd$ 팔라듐 $4s^2 3d^{10} 4p^6 4d^{10}$	$_{47}Ag$ 은 $5s^1 4d^{10}$	$_{48}Cd$ 카드뮴 $5s^2 4d^{10}$
6(P)	란타넘족 (51-71)	$_{72}Hf$ 하프늄 $6s^2 4f^{14} 5d^2$	$_{73}Ta$ 탄탈럼 $6s^2 4f^{14} 5d^3$	$_{74}W$ 텅스텐 $6s^2 4f^{14} 5d^4$	$_{75}Re$ 레늄 $6s^2 4f^{14} 5d^5$	$_{76}Os$ 오스뮴 $6s^2 4f^{14} 5d^6$	$_{77}Ir$ 이리듐 $6s^2 4f^{14} 5d^7$	$_{78}Pt$ 백금 $6s^1 4f^{14} 5d^9$	$_{79}Au$ 금 $6s^1 4f^{14} 5d^{10}$	$_{80}Hg$ 수은 $6s^2 4f^{14} 5d^{10}$

도구를 만드는 재료로 사용해왔지. 희귀한 희토류도 있어서 잘 볼 수 없다고? 모든 희토류가 다 희귀한 건 아니야. 일반적으로 희토류는 란타넘족에 속한 15개의 원소와 21번인 스칸듐(Sc)과 39번인 이트륨(Y) 등 총 17개의 원소를 일컫는데, 원자번호 58번인 세륨(Ce)은 지각에서 25번째로 풍부하고, 툴륨(Tm)과 루테튬(Lu)의 경우도 금보다 무려 200배 이상 매장되어 있다고 알려져 있어. 반드시 희귀한 건 아니라는 얘기지.

금속 원소의 가장 큰 특징은 자기들끼리 결합해 덩어리를 만드는 거잖아. 이들의 결합을 금속 결합이라고 하는데, 금속 결합은 금속에 고르게 퍼져 있는 자유로운 전자와 양이온들 간의 전기적 인력으로 이루어져. 자유로운 전자? 전이 금속의 최외각 전자는 원자핵으로부터 비교적 자유롭잖아. 이렇게 금속 내에서 자유롭게 돌아다니는 전자를 '자유 전자'라고 해. 얘들이 결합할 때 여기저기 골고루 퍼져서 마구 돌아다니는 거지. 전자들이 결합 내에서 자유롭게 돌아다니면 어떤 결과가 생기냐고? 전기가 잘 통하고, 얇게 펴기도 하고, 길게 늘이기도 할 수 있지. 이게 금속 결합을 한 물질들의 전기전도성, 전성과 연성이지. 자유로운 전자가 많으니 전류가 잘 흐르겠지. 그 척도로 전기전도도라는 것을 사용하잖아. 사실 전기전도도는 은이 제일 큰데 비싸기 때문에 그 다음으로 전기전도도가 큰 구리를 전선으로 사용하는 거야.

너는 금을 좋아하잖아. 물론 엄마도 좋아해. 엄마는 비싸서 좋아하지만 너는 예쁜 목걸이와 반지가 주로 금으로 만들어져서 좋아

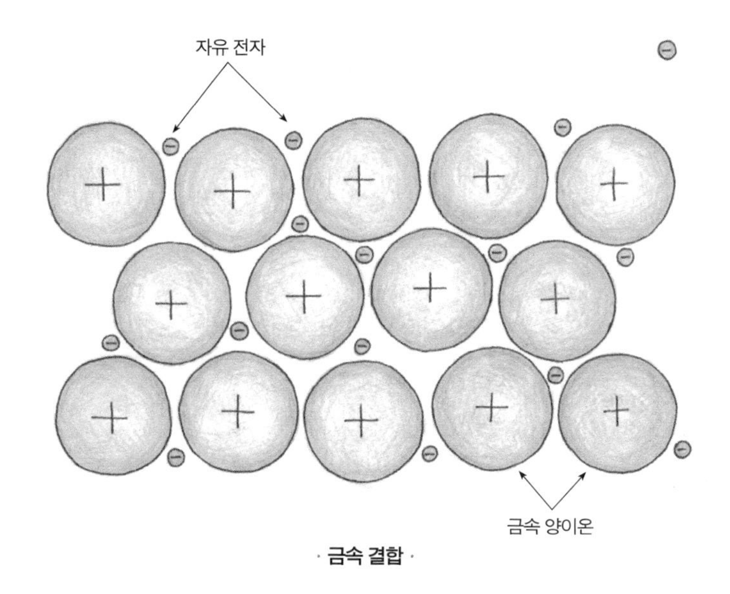

· 금속 결합 ·

하겠지. 금을 이용한 액세서리가 사랑받는 이유는 모든 금속 가운데 연성과 전성이 가장 뛰어나 예쁜 모양으로 쉽게 세공할 수 있기 때문이지. 금 1g을 두드리고 펴면 $1m^2$ 이상도 만들 수 있고, 철사처럼 가늘고 길게 만들면 3000m 이상으로도 늘릴 수 있고, 이런저런 모양의 반지나 왕관을 만들 수도 있지. 금의 구조가 안정되고 마구 늘어나기도 하는 그 모든 이유가 자유로운 영혼들 때문이지. 소금은 손으로 비비기만 해도 부서지지만 금은 자유 전자가 이렇게도 움직이고 저렇게도 움직일 수 있기 때문에 마구 늘어날 수 있는 거지. 또한 바깥쪽에 위치한 전자 배치를 보면 $6s^1 4f^{14} 5d^{10}$ 인데, 최외각 전자 껍질 6s에 있는 1개의 전자가 자유롭게 돌아다니니까 마치 최외각 전자가 다 채워진 것과 같은 효과가 나타나. 그래서 다른 물질과 잘 반응하지 않아 오래오래 보존될 수 있는 거야. 자유로운 영혼으로 인해 구조도 단단하면서도 쓸모가 많은 금속이라고? 그래서 너도 자유로운 영혼이 되려 한다고? 엄마 생각에 너의 자유로운 영혼은 금속의 자유 전자와는 다른 자유로운 영혼인 것 같아. 금속은 자유 전자에 의해 이렇게도 휘고 저렇게도 휘는데, 너의 자유로움은 그런 유연성을 가진 것은 아닌 것 같으니.

너 안에 비활성 기체 있냐?

그런데 이렇게 완벽에 가까운 8이라는 숫자의 관점에서 봤을 때, 놀랍도록 안정한 족이 하나 있잖아. 최외각 전자 껍질의 전자 수가 8개인 He-Ne-Ar-Kr의 18족! 얘들은 전자를 주지도 받지도 않아. 그 자체로 이미 8이라는 완벽한 전자의 숫자를 가지고 있기 때문이지. 부족함이 없는 녀석들이지. 헬륨(He)은 8이 아니라? 2개라고? 그렇기는 하지만 K전자 껍질에 채워질 수 있는 총 전자 수가 2개인데 그게 다 채워졌으니 이미 완벽하게 안정한 거지. 실제로 엄마가 주기율표의 '경향'과 관련된 얘기를 하면서 언급도 하지 않았고, 전체적인 경향에서도 따로 떼놓은 녀석들이지. 왜 그랬냐고? 지금까지 이온화 경향이니, 이온화 에너지니, 전자친화도니 하는 얘기들은 모두 원자의 입장에서 얼마나 전자가 자유로이 들락거릴 수 있냐를 따지는 거야. 즉, 화학 반응이 일어날 때 전자가 어떤 경향을 가지고 들락거릴 수 있냐를 논하는 거였지. 그런데 완벽한 숫자를 가진 이 녀석들은 이온을 만들지 않는다는 거고, 반응을 하지도 않는다는 거잖아. 그래서 따로 떼놨어.

얘들은 '비활성 기체'라는 특별한 이름을 가지고 있지. 왜 비활성이라고 부르겠어? 반응을 하지 않으니까 비활성이라고 부르는 거지. 그래서 뉼렌즈나 멘델레예프 시절에 못 찾았었지. 가장 가벼운 비활성 기체인 헬륨은 우주에는 많지만 지구에는 거의 없거든. 지구에는 주로 땅 속 저~ 깊이 우라늄과 같이 암석에 갇혀 있어. 우라늄이 붕괴되면 헬륨이 생기거든. 이렇게 암석에 갇혀 있는 헬륨의 양을 측정해서 지구 나이가 대충 40억 년이 넘었다는 것을 밝히기도 했지. 헬륨은 어디에다 쓰냐고? 모든 것을 다 판다고 광고하는 가게의 파티용품 코너에 가면 헬륨 기체를 살 수 있어. 헬륨은 다른 공기보다 워낙 가벼워 애로 풍선을 불면 하늘로 날아가버리지.

헬륨보다 더 가벼운 수소를 쓰면 안 되냐고? 수소를 사용한 사람이 있기는 해. 프랑스의 샤를(Jacques Alexandre César Charles). 샤를은 기체를 엄청 사랑해서 대기 연구에 열을 올렸는데, 1783년 상공의 대기를 연구하기 위해 수소 열기구를 만들어서 타고 올라갔지. 지금 생각해보면 아찔한 일이야. 왜? 농축된 수소가 산소를 만나 연소되면 어찌되겠냐? 캐번디시가 실험했잖아. '펑~' 하는 소리를 내며 타오른다고. 반응성이 엄청 크다는 거지. 그런데 불을 피우는 열기구의 풍선을 수소로 채웠다니. 폭탄을 안고 다니는 꼴이었던 거지. 그러니 안전을 확보하기 위해 수소보다는 조금 더 무겁지만 산소나 질소보다 가벼운 헬륨을 쓰는 게 훨씬 더 안전하지.

또한 소리는 헬륨이라는 매질을 만나면 속도가 빨라지거든. 그래서 헬륨 기체를 마신 후 얘기를 하면 이상하게 톤이 높은 목소리가 나는 거야. 네온(Ne) 이름을 봐봐. 네온은 '새롭다'는 뜻인데 이게 발견되었을 때 얼마나 신기했으면 '새롭다'라고 이름을 지었겠어. 아르곤(Ar)은 다른 원소들과 거의 반응을 하지 않으니, 그리스어인 an ergon(게으름쟁이)을 따서 이름이 지어졌지. 다 새롭고, 반응도 하지 않는다는 녀석들이라는 것은 이름만 봐도 다 아는 거지.

얘들의 이온화 에너지? 엄청 크겠지. 최외각 전자가 안정화되어 있으니 얘들을 떼어내려면 많은 에너지가 들어갈 테니까. 반면에 외부의 전자를 끌어당겨 안정화되는 전자친화도나 전기음성도는? 이런 거를 논하지는 않아. 왜냐고? 이온화 에너지와 전기음성도를 측정하는 가장 큰 이유는 원자들이 반응시 어떻게 반응할지를 예측하기 위해서잖아. 그런데 얘들은 그 자체로 워낙 안정해서 반응을 안 하거든. 그렇게 전자를 주고받지 않으니 유아독존으로 잘 존재할 수 있는 거지.

"엄마, 나에게도 비활성의 특징이 있어. 이상하게 시험 기간만 되면 공부하는 일에 비활성화되고, 방 정리에 대해서도 비활성화되고. 그게 내 몸에 비활성 기체들이 있어서 그런 건가?" 어찌 그게 가능하겠냐? 걔들이 비활성인 이유는 다른 물질과 반응하지 않아서인데, 다른 물질과 반응하지 않고 네 인체 안에 얘들이 들어갈 수 있겠어? 물론 대기 중에 약 0.98% 정도의 아르곤이 있어서 호흡할 때 들어가는 가겠지만 기체 상태인데 어떻게 인체에 축적되어 특정한 일에 대해서만 너를 비활성화시킬 수 있겠냐? 엄마의 이 강력한 반박에 새로운 반박을 내놓다는다. "나도 '생긴 대로' 살고 싶다고!" 하지만 네가 '생긴 대로'라고 말할 때는 이 원자들처럼 충분한 자기 성찰을 하고 난 뒤에 해야 하는 거야. '그래, 나는 격렬히 전자를 버리려는 이온화 경향이 녀석이구나', '아니, 나는 격하게 전자를 받으려는 전기음성도가 큰 녀석이구나' 등등. 하지만 엄마는 네가 말하는 '생긴 대로'가 꼭 나쁘다고만은 생각하지 않아. 가끔 지나친 '착한 아이 콤플렉스'를 가진 아이들이 있잖아. 자기 몸에 맞지도 않는데 '착하다'는 얘기를 들으려고 애써 뭔가를 하는 사람들. 아니, 애는 쓰지 않더라도 '착하다'의 범주를 벗어나지 않으려고 하는 사람들 말이야. 그러다가 한계를 넘기는 경우가 있기도 하고. 그 끝이 꼭 좋은 결과만을 가져오는 건 아니지. 우리 사회 청소년 자살률이 OECD 국가 중 최고인 건 아마도 '생긴 대로'를 외치지 못하는 아이들이 많기 때문일 거라는 생각이 들어. 엄마는 그런 아이들이 '생긴 대로'를 말할 수 있었으면 좋겠어. 더불어 어떤 때는 정말 비활성 기체처럼 외부에 흔들리지 않고 묵묵히 갈 수 있는 그런 배짱을 네 몸 어딘가에 숨겨뒀으면 하는 바람이야.

제3장

위대한 거시 세계를 향하여

분자 세계

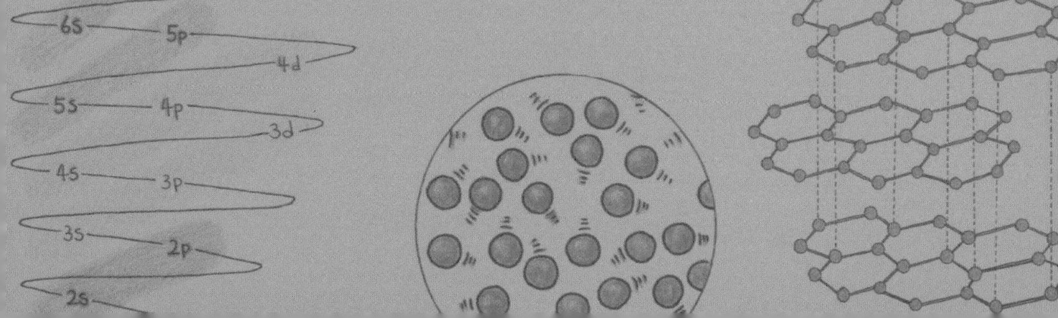

영원히 너의 밥일 수밖에 없는 동생의 변명을 들어볼래? "엄마, 나는 순수한 의도로 그랬는데 누나는 그게 아니래. 오히려 내가 다 망쳐놨대" "아니, 하려면 잘 해야지. 설거지를 했는데 그릇에는 밀가루가 덕지덕지 붙어 있고, 싱크대도 밀가루투성이잖아. 이게 망쳐놓은 거지. 다른 것도 다 그래!" 너에게 시킨 설거지를 누나의 지위를 이용해 동생에게 던져버린 후 늘 되풀이되는 말다툼이 또 벌어졌다.

두 녀석의 요지를 보면 아들 녀석은 늘 순수한 의도로 그랬고, 딸아이가 보는 시각은 늘 다 망쳐놓은 거다. 아들 녀석이 처음부터 망치려고 한 것은 분명히 아닐 것이다. 다만, 그 녀석이 해본 적이 없어서, 잘 알지를 못해서 늘 의도와는 달리 다른 사람들이 처음부터 다시 하게 만드는 결과를 초래한 거지. 자꾸 해보고, 나름의 요령이 생기고 좀 더 많이 알게 되면 그 순수함이 너에게 전달되지 않을까? 결국 아들을 시키지 않은 엄마의 잘못이라고?

아들에게도 물어보자. 네가 말하는 순수한 의도라는 게 뭐냐? 잘 해보려고? 도와주려고? 진짜 네 마음속에는 아주 조금의 불순한 생각, 예를 들면 '귀찮아~ 대충 해야지' 이런 마음은 없었냐? 당초에는 순수했는데 하다보니까 귀찮아져서 '대충 해야지' 이렇게 반전된 것은 아닐까?

엄마의 이런 반격에 정곡을 찔린 듯한 표정을 짓더니 "세상에 진짜로 순수한 게 있기는 해?"라고 아들 녀석도 '욱!'한다. 더 이상 반격했다가는 싸움이 커질 것 같아 말을 돌리려는데, 딸아이가 결정타를 날렸다. "도대체 케미가 안 맞아서! 어째 집에 맞는 사람이 한 명도 없어!"라고. 이런 경우 최선의 방법은 분리이다. 만나면 안 되는 거다. 하지만 분리가 그리 쉽겠냐? 늘 만날 수밖에 없는 것을? 만날 때 어떤 현상이 일어나는지는 누구를 만나느냐에 따라 달라지겠지만.

딸아이가 사용한 생소한 단어에 관심이 옮겨갔는지 "엄마, 케미가 뭐야?"라고 물어본다. 그러게 케미가 뭔지는 알고 하는 말이냐? 네가 사용한 케미는 '취향이 비슷하다. 뜻이 통한다' 이런 뜻이겠지. 근데, 원래 뜻은 그런 게 아니라는 것을 알고 하는 말이냐? 더불어 그 '케미'라는 말이 경우에 따라서는 완전히 다른 성질을 가진 물질들이 우연히 만나서 잘 융합하는 것이라는 것을 알기는 하냐고. 그게 바로 세상에 존재하는 원자들이 만나서 분자가 되는 단순한 규칙성 중의 하나거든. 얼마나 다행이냐, 셀 수도 없이 많은 세상의 물질들이 단 몇 가지 단순한 규칙에 의해서 만들어지니. 더불어 그 단순한 규칙에 의해 원자가 분자가 되고, 분자가 거대 분자가 되고, 거대 분자가 모여 네가 되고, 나무가 되고, 숲이 되고, 산이 되니. 그런데 어떻게 원자가 분자가 되고, 작은 분자가 거대 분자가 되고, 거대 분자가 될까?

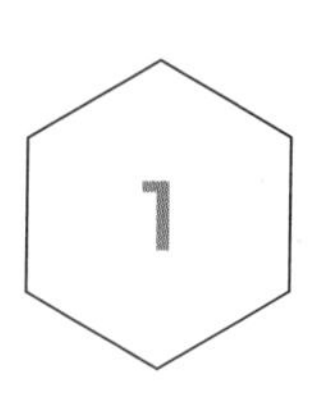

우리 지금 만나~ 당장 만나~

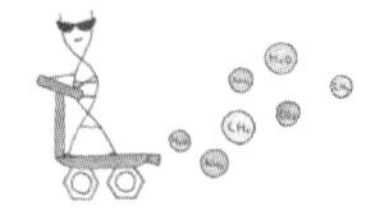

케미. 화학을 뜻하는 chemistry, 혹은 화학 반응을 뜻하는 chemical reaction에서 왔겠지. 하지만 너는 그와는 무관하게 취향이 같다든가, 뜻이 통한다는 뜻으로 사용했잖아. 뭐 그런 뜻만 있는 건 아니지. 약간의 연애 감정이 생겨도 '케미'라고 하잖아. 엄마야 그런 것과 거리가 먼 사람이니까 원래 뜻에 충실해 보려고. 사실 화학 반응이란 두 가지 이상의 순물질이 만나 반응을 해서 새로운 순물질을 만들어내는 것을 말하지. 엄마가 순물질이라는 용어를 썼는데, 순물질은 완벽하게 하나의 물질로만 이루어진 물질을 의미하지. 하지만 세상에 순도 100%라는 것은 없어. 인류가 사랑하는 순수한 금인 순금도 100%라고 표시하지 않고

99.99%라고 표시하거든. 100%를 정확하게 측정할 방법도 없거니와 아주 미세한 불순물이 포함될 가능성 때문에 그렇게 표시하는 거지. 그런데 아주 미세한 불순물까지 고려하면 아무것도 논할 수 없기에 정말 순도 100%의 어떤 물질을 분리할 수 있다고 가정한 상태에서 보자고.

우리가 흔히 산소, 수소, 질소라고 말하면 얘들이 마치 원소인 것 같지만, 이런 단어들은 원소가 아닌 분자임을 아주 오래전에 아보가드로가 보여줬잖아. 산소는 O_2, 수소는 H_2, 질소는 N_2. 즉 각각의 원자가 두 개씩 결합되어 있다고. 인류가 오랫동안 부의 상징으로 삼았던 또 다른 물질 소금. NaCl. 얘는 서로 다른 원소가 결합한 이원자 물질인데 순물질인가? 응. 순물질이지. 적어도 혼합물은 아니야. 혼합물은 서로 다른 두 가지 이상의 순물질이 섞인 거야. 그럼 순물질이 뭔지만 알면 다 해결되는 거잖아. 그래서 정의를 내렸지. 순물질이란 물질의 특성이 일정한, 한 가지 종류로만 이루어진 물질이라고. '한 가지 종류의 물질' 이게 조금 애매할 수는 있지. 하지만 산소가 산소로서의 특성을 나타내고, 소금이 소금으로서의 특성을 나타낼 수 있는 최소한의 단위, 이게 궁극적으로는 분자야.

"엄마, 그런데 어떻게 안정한 원자가 분자가 될 수 있지? 그 자체로 안정하면 비활성 기체처럼 유아독존 해야 하는 거잖아." 맞아. 네 말처럼 원자는 그 자체로 안정화되기 위해서 최선을 다했지만, 그건 원자가 완전히 고립된 상태일 때나 가능한 일이야. 완벽하게 고립된 상태는 인위적으로 만들지 않는 한 그 어디에도 없거든. 늘 다른 원소를 만날 수밖에 없는 환경에 처해 있지. 외부적인 요인에 의해 안정성이 흔들린다면, 이를 해결하기 위해 내부가 아닌 외부에서 문제의 해결 방법을 찾아야겠지. 원자 입장에서 그 문제의 해결 방법은 다른 원자를 만나 분자가 되고, 거대 분자가 되는 거야. 엄마가 앞으로 분자 얘기를 하면서 무슨 결합, 무슨 결합 하면서 외칠 건데, 다양한 이름을 가지고 있는 결합들은 결국은 세상을 지배하는 4가지 힘 중에서 전자기력에 속하는 종류일 뿐이라는 것을 기억해줘. 앞에서 얘기한 금속 결합도 전자기력의 한 종류일 뿐이야. 그런데. 지금 너는 집 안에 케미가 맞는 사람이 없어서 외부에서 안정성을 찾기 위해 문자 몇 번에 쪼르르 집을 나서는 거냐?

극과 극이 만나~

네가 지금 당장 만나러 가는 그 누군가가 너와 비슷해서 케미가 맞는 사람이냐? 아니면 너와 달라서 케미가 맞는 사람이냐? 다른데 케미가 맞는다는 게 말이 되냐고? 당연히 말이 되지. 극과 극이 만나 기막힌 조합을 이루는 경우가 얼마나 많은데! 달라도 너무 다른 두 개의 원자가 찰떡궁합으로 결합한 소금, 염화나트륨(NaCl)처럼.

위대한 소금을 환원주의적 관점에서 쪼개보면 Na + Cl, 즉 나트

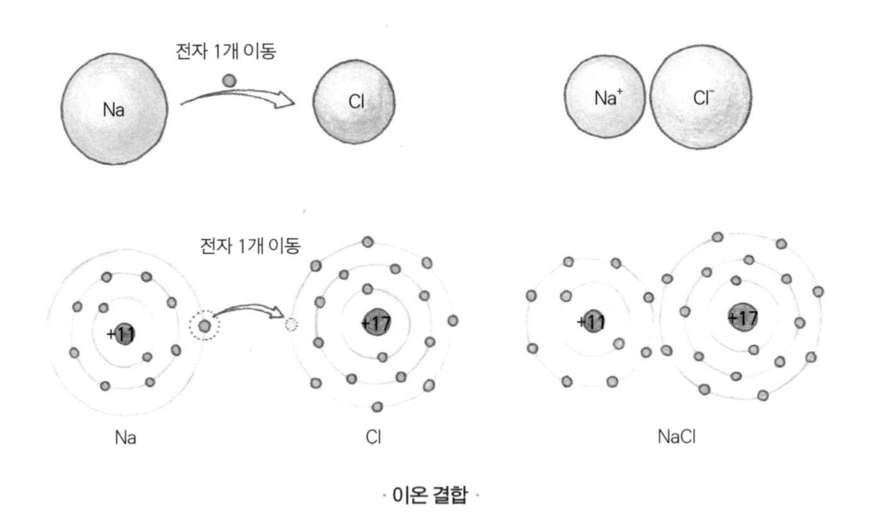

· 이온 결합 ·

륨과 염소가 1:1로 결합한 거잖아. 엄마가 그랬지? Na_2Cl, $NaCl_2$ 등의 다른 조합은 있을 수 없다고. 왜? 1:1로 결합하는 게 최선이거든. 최선이란 가장 안정화된 상태거든. 주기율표를 다시 불러보자. 원자번호가 11번인 Na은 최외각 전자가 1개인 1족에 속하고 Cl은 17족이니까 최외각 전자가 7개잖아. 전자의 가장 안정한 상태는 비활성 기체처럼 최외각 전자를 8개로 만드는 거잖아. 그러니 이런 옥텟 규칙에 따라 원자는 최외각 전자 8개를 충족하려 노력한다는 거지. 그럼 최외각 전자가 1개인 나트륨은 죽어라고 전자를 하나 버리려고 할 거고, 염소는 죽어라고 전자를 받아 최외각 전자를 채우려고 할 거잖아. 두 녀석이 만나면 서로의 요구가 충족되는 거지. 그래서 둘이 만나면 Na은 전자를 하나 버려 Na^+이온이 되고, 염소는 그 전자를 받아 Cl^- 이온이 되는 거지. 이렇게 원자나 분자가 중성이 아닌 양전하 또는 음전하를 띤 상태에서 서로 만나

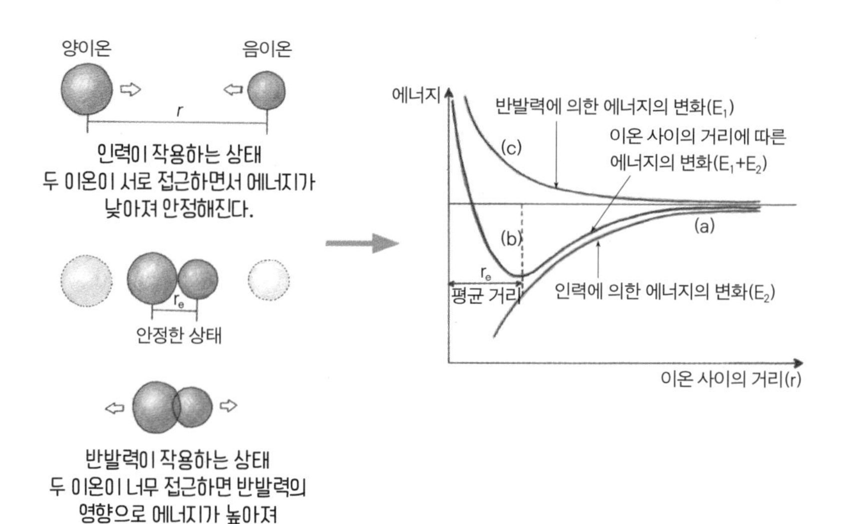

· 이온 결합시 에너지 변화 ·

는 것을 '이온 결합'이라고 해.

이 둘의 만남은 정말 쉬워. 나트륨의 이온화 경향과 염소의 전기음성도가 워낙 크기 때문에 '나 여기 있어~'라고 아주 작은 신호만 줘도 쪼르르 버선발로 뛰쳐나가는 것처럼 서로 쉽게 결합을 하지. 이렇게 쉽게 이온이 되어 다른 원자와 결합을 하는 나트륨이다 보니, 나트륨은 그 자체로 자연에 존재하는 경우가 거의 없어. 그래서 애써 노력을 들여 백색 금속 덩어리의 나트륨을 손에 넣었다고 하더라도 그냥 두면 바로 산소랑 반응해버리기 때문에 완전히 산소를 차단할 수 있는 공간에 보관을 해.

나트륨이 아무리 이온화 경향이 크다고 해도 반응할 수 있는 원자가 주위에 없거나 저~ 멀리 떨어져 있으면 결합이 일어날 수가 없잖아. 그러니 양전하와 음전하가 서로 당기는 인력이 작용할 수 있는 '적당한 거리'에서 만나야 해. 그런데 너무 가까워지면 오히려 서로 밀어내거든. 적당한 거리가 어느 정도냐고? 너무 가까워서 반발력이 생기기 바로 직전까지 가까워진 상태가 되어야지. 그렇게 둘이 합쳐서 전기적으로 중성이 되는 거지. 더불어 이런 이온 결합이 계속 반복되어 소금 결정이 만들어지는 데, 소금 결정은 아주 쉽게 부서지잖아. 이것도 이온 결합 때문에 나타나는 특징이야. 서로 비껴가면서 연결된 이온 결합이 충격에 의해 옆으로 밀리면 동일한 전하를 띤 이온들끼리 만나게 되거든. 그래서 반발력으로 인해 쉽게 부서지는 거지. 1족에 있는 모든 원소들이 나트륨과 동일하게 17족과 만나면 1:1 결합할 거잖아. NaCl, NaBr, KCl, KBr 등이 되는 거지.

2족에 있는 원자들은 최외각 전자가 2개니까 2개를 버려 (+)2가 이온이 되려 하겠지. 반면 17족에 속해 최외각 전자가 7개인 불소(F), 염소(Cl)는 죽어라고 전자를 하나 얻어서 8개를 충족시키려고 할 거잖아. 2족과 17족이 만나면? 2족은 죽어라고 전자 2개를 버리려고 하니까 2족 원자 하나에 2개의 17족 원자가 필요하겠지. 그러니까 MgF_2, $MgCl_2$, CaF_2, $CaCl_2$가 되겠지. 이렇게 만나야 서로 최외각 전자 8개를 만들 수 있으니까. 엄마가 얘기한 각각의 화합물이 어떤 특성을 나타내는지는 전혀 알 수가 없지. 하지만, 주기율표만 들여다봐도 주기율표의 양쪽 끝에 있는 1족과 17족이, 그리고 2족과 17족이 어떻게 전자를 버리고 얻은 후 이온 결

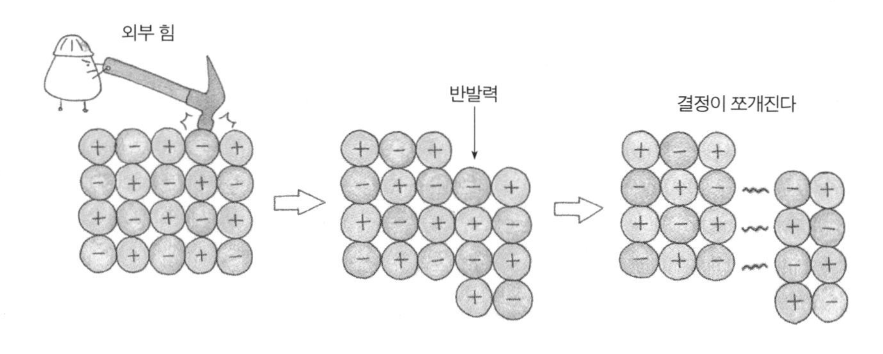

· 이온 결합 화합물의 쪼개짐과 부스러짐 ·

합을 이루는지는 금방 알 수 있잖아.

이온 결합에 대해 이렇게 긴 문장으로 서술해놓은 내용을 한마디로 압축해보면 '전기음성도가 큰 비금속 원자와 전기음성도가 무지 작은 금속 원자가 전자를 주고받는 것'이라는 거야. 이 문장이 마음에 안 들어? 그럼 '전기음성도가 큰 비금속 원자와 이온화 경향이 무지 큰 금속 원자가 전자를 주고받는 것'이라고 바꾸던지. 이런 특징을 갖는 원소들은 1족과 17족, 그리고 2족과 17족밖에 없거든. 그런데 1족은 알칼리금속, 2족은 알칼리토금속, 그리고 17족은 할로겐족이라는 특별한 이름을 가지고 있다는 것을 기억하지? 그러니 이온 결합을 얘기하면 늘 알칼리금속과 할로겐족이 어쩌고, 알칼리토금속과 할로겐족이 저쩌고 하는 거지.

그런데 왜 알칼리금속이니, 알칼리토금속이니 할로겐족이라는 이름을 붙였는지 알아? '염(鹽)'이란 말을 들어봤을까? 뜬금없는 한자를 썼지? 소금 '염'자야. 소금을 만드는 밭을 염전이라고 하잖

아. 왜 갑자기 한자를 써 가면서 '염!' 하고 외치느냐고? 17족 얘기를 하려고 그러지. 17족에 속하는 원소는 불소(F)-염소(Cl)-브로민(Br)-아이오딘(I)-아스타틴(At)으로 전자음성도가 엄청 큰 족이잖아. 처음 이 족의 이름을 붙일 때, 그때 알려졌던 물질이 불화칼슘(CaF_2), 염화나트륨(NaCl)인데 얘들을 모두 염이라고 불렀지. 염은 금속과 반응해서 만들어지는 고체 물질을 말하는데, 여기에 모두 17족에 속한 원소들이 관여하잖아. 짐작했지? '할로겐'이라는 단어의 의미가 바로 '염을 만들다'야. 이게 바로 극과 극의 성질을 가진 원자들이 만나 안정화된 이온 결합의 산물이라니까.

그럼 알칼리금속이라는 이름만 척~ 봐도 이미 알잖아. 얘는 아마도 염기성을 의미하는 알칼리에서 온 것이라는 걸. 그러니 알칼리성 성질을 나타낼 것이라는 것을. 알칼리라는 말은 아랍어인 'al qali'라는 단어에서 왔는데, '재에서부터 온(from ash)'이라는 뜻이야. 옛날에 빨래할 때 쓰고 사약으로도 사용했던 양잿물이라는 걸 아니? 식물을 태우면 탄산칼륨(K_2CO_3)이 만들어지는데 이걸 물에 녹이면 칼륨 이온(K^+)과 수산화 이온(OH^-)이 만들어지거든. OH^-가 바로 알칼리성을 나타내게 하는 분자거든. 1족에 있는 금속들을 물에 넣으면 OH^-를 만들어 알칼리성 특성을 나타내기 때문에 그렇게 불러. 순수한 리튬이나 나트륨, 칼륨을 물에 넣으면 폭발적으로 반응을 하면서 수소 기체를 만들어. 그만큼 전자를 쉽게 내놓는다는 거지. 또한 엄마가 '물에 넣으면'이라고 그랬지? 알칼리성은 물에 녹였을 때의 성질이라는 거지.

LiF
NaF
KF

BeF_2
MgF_2
CaF_2

LiCl
NaCl
KCl
·
·
·

$BeCl_2$
$MgCl_2$
$CaCl_2$
·
·
·

주기 (전자 껍질) \ 족	1 (알칼리 금속)*	2 (알칼리 토금속)	13	14	15	16	17 (할로겐족)	18 (비활성 기체)
1 (K)	$_{1}H$ 수소 $1s^1$							$_{2}He$ 헬륨 $1s^2$
2 (L)	$_{3}Li$ 리튬 $2s^1$	$_{4}Be$ 베릴륨 $2s^2$	$_{5}B$ 붕소 $2s^22p^1$	$_{6}C$ 탄소 $2s^22p^2$	$_{7}N$ 질소 $2s^22p^3$	$_{8}O$ 산소 $2s^22p^4$	$_{9}F$ 불소 $2s^22p^5$	$_{10}Ne$ 네온 $2s^22p^6$
3 (M)	$_{11}Na$ 나트륨 $3s^1$	$_{12}Mg$ 마그네슘 $3s^2$	$_{13}Al$ 알루미늄 $3s^23p^1$	$_{14}Si$ 규소 $3s^23p^2$	$_{15}P$ 인 $3s^23p^3$	$_{16}S$ 황 $3s^23P^4$	$_{17}Cl$ 염소 $3s^23p^5$	$_{18}Ar$ 아르곤 $3s^23p^6$
4 (N)	$_{19}K$ 칼륨 $4s^1$	$_{20}Ca$ 칼슘 $4s^2$	$_{31}Ga$ 갈륨 $4s^24p^1$	$_{32}Ge$ 저마늄 $4s^24p^2$	$_{33}As$ 비소 $4s^24p^3$	$_{34}Se$ 셀레늄 $4s^24p^4$	$_{35}Br$ 브로민 $4s^24p^5$	$_{36}Kr$ 크립톤 $4s^24p^6$
5 (O)	$_{37}Rb$ 루비듐 $5s^1$	$_{38}Sr$ 스트론튬 $5s^2$	$_{49}In$ 인듐 $5s^25p^1$	$_{50}Sn$ 주석 $5s^25p^2$	$_{51}Sb$ 안티모니 $5s^25p^3$	$_{52}Te$ 텔루륨 $5s^25p^4$	$_{53}I$ 아이오딘 $5s^25p^5$	$_{54}Xe$ 제논 $5s^25p^6$
6 (P)	$_{55}Cs$ 세슘 $6s^1$	$_{56}Ba$ 바륨 $6s^2$	$_{81}Tl$ 탈륨 $6s^26p^1$	$_{82}Pb$ 납 $6s^26p^2$	$_{83}Bi$ 비스무트 $6s^26p^3$	$_{84}Po$ 플로늄 $6s^26p^4$	$_{85}At$ 아스타틴 $6s^26p^5$	$_{86}Rn$ 라돈 $6s^26p^6$
7 (Q)	$_{87}Fr$ 프랑슘 $7s^1$	$_{88}Ra$ 라듐 $7s^2$						
최외각 전자 수	1	2	3	4	5	6	7	8

* 수소제외

· 알칼리금속 및 알칼리토금속과 할로겐족의 이온 결합 ·

$$2Na + H_2O \rightarrow 2NaOH + H_2\uparrow$$

알칼리토금속은? 알칼리인데 땅에 많다는 얘기지. 영어로 풀어보면 'Alkali Earth metal'이야. 1족처럼 쉽게 OH^-와 결합해 알칼리성을 나타내는데 땅에 많다고 해서 붙인 이름이지. 베릴륨(Be)-마그네슘(Mg)-칼슘(Ca)-스트론튬(Sr)-바륨(Ba)-라듐(Ra)이 알칼리토금속에 속해. 대충 다 알겠는데 생소한 원소들이 있다고? 바륨(Ba)과 라듐(Ra)은 어디서 들어보지 않았을까? 마리 퀴리(Marie Curie)가 밝힌 방사성 원소가 라듐이잖아. 바륨과 라듐은 함께 존재하는 경우가 많은데 같은 족에 있으니 성질이 비슷할 거잖아. 둘이 성질이 워낙 비슷해서 분리가 어려웠어. 그러다가 마리 퀴리의 엄청나게 반복되는 실험에 의해 마침내 세상빛을 보게 되었지. 라듐의 원자번호는 88번이야. 원자핵이 불안정해서 저절로 붕괴되는 경계에 있는 녀석이 원자번호 83번 비스무트(Bi)라고 얘기한 거 기억하지? 그럼 라듐은 당연히 저절로 붕괴하는 방사성 원소가 되겠지.

엄마가 이온 결합의 대표적 산물로 얘기한 염화나트륨. 염화나트륨이 없으면 어떻게 되냐고? 생명체는 죽어. 우리 혈액은 약 0.9%정도의 염화나트륨 수용액이고, 인체에는 신호 전달 등 나트륨 이온이 관여하는 수많은 기작들이 있으니까. 인류가 언제부터 별도로 소금을 먹었을까? 사람들이 농경을 하면서 나트륨 섭취량이 줄어들었기 때문에 별도로 먹을 수밖에 없었다는 학설이 유력해. 농경시대 이전에는 바다에서 물고기 잡아먹고, 조개 잡아먹으니 자연스럽게 소금을 섭취할 수 있었어. 하지만 농경은? 탄수화물 위주로 먹는다는 것을 의미하잖아. 그러니 나트륨이 부족해지기 시작했겠지. 더불어 농경으로 인해 축적된 농산물을 보존할 필요도 있었지. 그래야 농사를 지을 수 없는 겨울을 위한 먹거리를 저장할 수 있잖아. 이런 문제를 해결하기 위해 우리 조상은 위대한 식품을 개발했지. 소금을 이용해 김치도 담그고, 젓갈도 담아 오래 보존하기 위한 여러 방법을 개발해왔잖아. 이렇게 소금을 이용해 식품을 보존하는 방법을 염장법이라고 하잖아.

염장법의 원리는 간단해. 소금을 뿌리면 배추가 쭈글쭈글해지고 물이 생기잖아. 이런 현상은 삼투압의 결과지. 삼투압이 뭐냐고? 농도가 다른 용액이 '반투과성 막'이라는 장벽을 두고 맞닿아 있는 경우 용매가 막을 통과해 용질의 농도 평형을 이루려는 힘을 말해. 반투과성 막은 오로지 물과 같은 용매만 통과할 수 있거든. 이 막이 없으면 농도가 높은 곳에서 낮은 쪽으로 나트륨 이온이 이동해 농도 평형을 맞추는 확산이 일어나지. 하지만 반투과성의 대표 주자인 세포막이 떡하니 가로막고 있어서 나트륨 이온이 쉽게 세포막을 통과할 수가 없거든. 나트륨 이온은 스스로 세포막을 통과하지는 못하고 세포막에 존재하는 특별한 '통로'를 통해서만 세포 안으로 이동할 수 있거든. 염장법이 우리나라에만 있는 풍습은 아니야. 아니 전 세계적으로 염장법에 의해 식품을 보존해온 일은 아주 흔한 일이야. 일례로 대항해시대 뱃사람들의 괴혈병을 막은 것으로 유명한 양배추 절임, 세계 악취 음식의 선두 주자를 달리는 맛있는 청어 절임(해링), 소시지 등등. 그래서 산속의 암염과 바닷가의 염전에서 소금을 대량 생산하고 소비하게 되었지.

소금의 대량 소비가 단순히 식품의 저장 때문만은 아니야. 문화적인 요인도 있어. 나트륨은 영어로 소듐(sodium)이라고 하고 소금은 salt라고 하잖아. 이 단어의 기원은 라틴어인 saladium에서 왔는데, 이 단어에서 파생된 수많은 단어들이 있어. 월급을 뜻하는 salary도 이 단어에서 왔지. 로마시대 때 군인들 월급으로 소금을 줬다고 해. 이게 뭘 의미하겠어? 부의 상징이지. 그래서 로마시대에는 잘 사는 집일수록 부자로 사는 거 티내려고 소금을 엄청 뿌려서 먹었대. 이렇게 부의 상징으로 마구 남용을 하니까 애물단지가 되었지. 많이 먹으면 고혈압 등 각종 심혈관 질환이 발생할 원인이 높기 때문에 하루 소금 섭취량을 5g(나트륨 2000mg)으로 제한하라고 강요당하고 있잖아. 그래서 저염식단이 아주 열풍을 일으키고 있고, 여기저기서 한 목소리로 소금 섭취량을 줄여야 한다고 외치고 있잖아. 하지만, 너무 적게 먹으면 문제가 되는 건 말하지 않아도 알지? 여름철에 장시간 땀 삐질삐질 흘리며 산에 가야 할 일이 있다면, 반드시 소금을 챙겨가야 돼. 땀이 너무 많이 나면 인체에 염화나트륨 농도가 낮아져 뇌압 상승, 두통, 환각, 경련 등의 증상이 나타나 아주 위험해지거든.

이렇게 인체에 필수적인 염화나트륨은 완전히 성질이 다른 두 원자의 이온 결합에 의해 만들어진 거잖아. 즉, 완전히 상반되는 성질을 가진 녀석들이 조화를 이루는 거지. 그런데 네가 말한 케미의 입장에서 보면 너랑 네 동생이랑 무지 달라. 그럼 이온 결합에서 일어나는 케미가 나타나야 하는 거 아니냐? 그런데 서로 다른 성질을 가진 너희에게서는 이온 결합과 같은 찰떡 케미가 나타나지 않냐고. "우리는 원자가 아니니까 그렇지" 그럼 너의 케미는 무엇인가?

주기도 애매하고 받기도 애매해서

세상에 이렇게 극과 극이 만나 이루어진 분자들만 존재한다면 얼마나 단순하고 좋을까? 하지만 이렇게 극과 극만 만나면 너라는 생명체는 존재할 수가 없어. 이온 결합에 의해 만들어진 염화나트륨은 물에 넣으면 훅 하고 녹아버리고 손으로 비비면 부서지잖아. 비록 이온 결합을 통해 눈에 보이는 분자 결정을 만들기는 하지만, 튼튼한 구조를 만들지 못한다는 얘기잖아. 하지만 너는 물에 넣어도 그대로 존재할 만큼 튼튼하고 질긴 거대 분자로 이루어져 있거든. 거대 분자만 튼튼하고 질긴 것은 아니야. 이원자 분자들 중에도 튼튼하고 질긴 녀석들이 있거든. 예를 들면 대기의 78%나 되는 질소(N_2) 같은 녀석들 말이야. 사실 질소 기체는 너무나 튼튼하고 질겨 대기 중에 그 양이 엄청남에도 불구하고 대부분의 생명체가 이용하지 못하거든.

그리고 17족은 늘 1족과 이온 결합만 하나? 잘 알고 있는 수소 분자 H_2, 염소 분자 Cl_2는 어떻게 결합하기에 이런 분자가 가능할까? 그리고 엄마가 이온화 경향과 전기음성도를 얘기하면서 주기율표의 바깥쪽에 위치한 세로 기둥들만 얘기하고 가운데 있는 애들은 얘기를 안 했어. 가운데 있는 녀석들이란 누구겠어? 남 주기도 애매하고 버리기도 애매한 3, 4, 5개의 최외각 전자를 가진 녀석들이지. 얘들은 다른 원소와 반응할 때 최외각 전자를 어찌할까? 오늘 기분이 좋으면 선심 쓰듯이 버리고, 내일 기분이 나쁘면 빼앗아 온다고? 자연이 그렇게 변덕이 심하면 우리가 사는 세계는 이 정도의 안정성도 갖지 못할 거야. 원자들이 이렇게 튼튼하고 질기고 셀 수도 없는 수많은 물질들을 만들 수 있는 결정적인 이유는 주기도 애매하고 받기도 애매한 전자를 공유한다는 아주 단순함에서 출발해.

탄소로 이루어진 간단한 분자에는 이산화탄소(CO_2), 메테인(CH_4) 등이 있지. 얘들이 어떻게 생겼는지 전자배치도를 한번 그려볼까? 일단 메테인부터 보자. 최외각 전자가 4개인 탄소 1개와 최외각 전자가 1개인 수소 4개가 만났어. 그럼 수소는 전자를 버리려고 할까 아니면 받으려고 할까? 탄소는? 얘들은 네 말처럼 오늘은 기분이 좋아 전자를 버리고, 내일은 기분이 나빠 상대방의 전자를 빼앗아 오는 게 아니라 공평하게 공유해. 메테인 분자의 전자 배치를 봐봐. 탄소의 최외각 전자 4개와 4개 수소의 최외각 전자를 서로 공유하고 있잖아. 맞아. 이렇게 자신에게 부족한 전자를

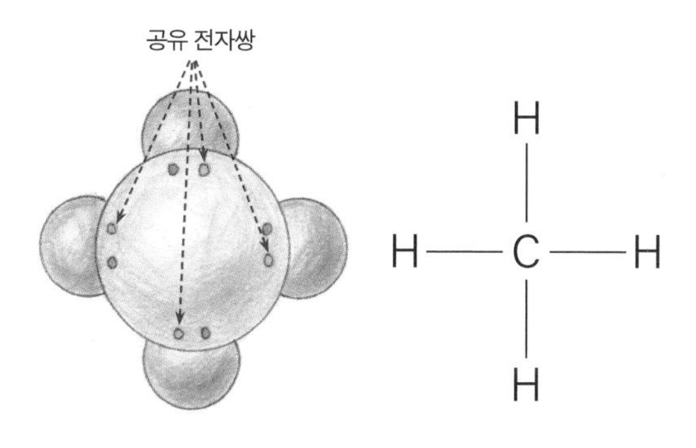

· 메테인(CH_4)의 분자 모형(좌)과 루이스 구조식(우) ·

상대방의 전자와 서로 공유하여 전자쌍을 이루면서 각각의 최외각 전자를 8개로 만들어 안정화되는 결합을 공유 결합이라고 해. 물론 수소는 2개가 되어야 가장 안정해지지. 이때 공유된 전자쌍을 공유 전자쌍, 공유되지 않은 전자쌍을 비공유 전자쌍이라고 해.

그러면 엄마가 앞에서 했던 질문들에 대한 답이 저절로 나오지 않아? H_2와 CO_2 같은 이원자 분자는 쉽게 그릴 수 있지. 우리는 아보가드로가 그렇게도 끙끙대면서 풀었던 분자에 관한 문제를 전자를 앎으로써 그냥 편하게 그리고 있잖아. 그럼 수소끼리도 공유 결합을 하는데, 17족에 최외각 전자 수가 7개인 녀석들끼리는 공유 결합을 못하나? 당연히 가능하지. 17족 할로겐족의 대표주자인 염소 분자의 공유 결합을 그려보자. 그런데 공유 결합 구조를 그릴 때 염소가 가진 전자를 모두 그리는 건 불편하잖아. 그러니까 더 간단한 방법을 찾아야겠지. 미국의 물리화학자인 루이스(Gilbert

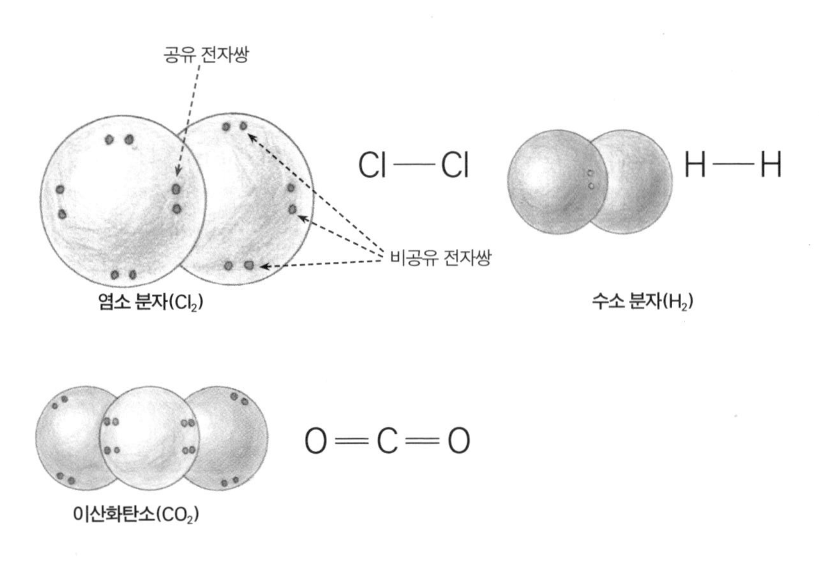

· 공유 결합에 의한 다양한 분자의 분자 모형과 루이스 구조식 ·

Lewis)도 매번 반응에 관여하지도 않는 전자를 그리는 게 귀찮았는지, 반응에 관여하는 전자만 표기하는 방법을 제안했어. 즉, 몇 개의 전자를 공유할 수 있는지 루이스 전자점식으로 나타냈는데, 시간이 지나면서 사람들이 이 표기 방법에 익숙해지니까 그것도 귀찮은 거지. 그래서 2개의 전자가 쌍을 이뤄 공유 결합하는 모양을 결합선(-)으로 나타내기로 했어. 이런 걸 루이스 구조식이라고 해. 아주 간편해졌잖아. 수소 분자처럼 한 쌍의 전자만을 공유하면 선 하나, 이산화탄소처럼 두 쌍의 전자를 공유하면 선 두 개를 그으면 되니까.

루이스 구조식을 써서 대기 중에 78%나 되는 질소(N_2)를 그려보자. N_2의 공유 결합 시 전자 배치를 그려보면, 무려 3쌍의 전자를 공유한다는 것을 알 수 있어. 즉, 5개의 최외각 전자 중 세 개를 공유하면서 질소 원자 각각이 8개의 최외각 전자를 충족시키면서 안정화되어 있거든. 단일 결합이 아니라 삼중 결합이라는 거잖아. 단일 결합의 공유 결합도 비교적 튼튼한 결합이지만, 삼중 결합은 단일 결합과는 비교할 수 없을 정도로, 도깨비 빤스마냥 튼튼하고 질기거든. 그래서 이미 얘기한 것처럼 이런 형태의 질소가 대기 중에 엄청나게 많지만, 삼중으로 강력하게 결합되어 있기 때문에 생명체가 쉽게 이용할 수 없다는 문제를 안고 있지. 물론 아주 특별한 박테리아인 뿌리혹박테리아가 대기 중 N_2의 삼중 공유 결합을 끊어 공생하는 콩과 식물의 성장에 도움을 주기는 하지만, 얘는 다른 식물과는 공생 관계를 잘 형성하지 못하거든. 콩과 식물이 뿌리혹박테리아의 도움을 받아 잘 성장하는 원리를 다른 작물에도 적용할 수 있다면 식물이 더 잘 자랄 거잖아. 그래서 사람들이 토양에다가 식물이 쉽게 이용할 수 있는 형태의 질소 화합물을 뿌려줬어.

1800년대 말에서 1900년대 초반까지 농업 생산량을 증대시켜주던 질소 공급원은 남아메리카에 많은 초석이었어. 초석은 주로 동물의 시체나 배설물 등에 박테리아가 작용해서 생기는데 분자식이 KNO_3거든. 이거 질산칼륨이지. 남아메리카에 초석이 많으니 이를 필요로 하는 유럽에서는 농업 생산성을 증대시키고자 대량으로 수입해서 사용하고 있었어. 그런데 자원은 쓰면 쓸수록 고갈되잖아. 오늘날 석유나 석탄 등 자원의 고갈을 강력하게 경고하는 것처럼 그때도 누군가 나서서 자원 고갈에 대한 경고를 했어.

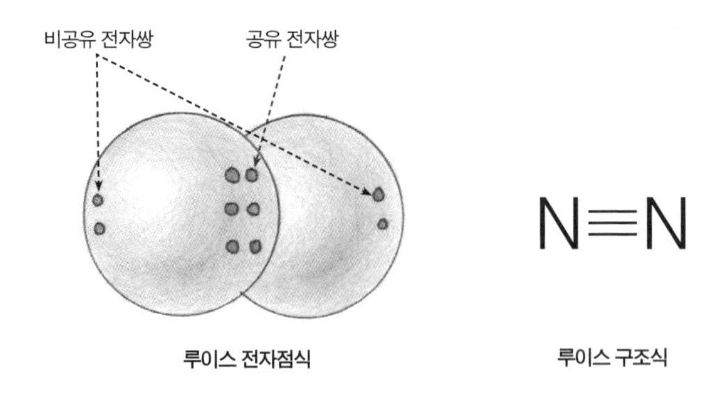

· 질소 분자의 분자 모형과 루이스 구조식 ·

1898년 영국의 화학자 크룩스(William Crookes)가 앞장을 섰지. '언젠가는 질산칼륨이 고갈될 거다. 그러니 새로운 질소 공급원을 찾아내야만 한다. 그래야 배고프지 않게 잘 살 수 있다'고. 사실을 얘기하면 다른 목적도 있었거든. 질산칼륨은 농업에만 사용되던 것이 아니라 전쟁의 필수 요소인 화약 원료거든. 질산칼륨, 황과 숯을 섞어 열을 가하면 폭발적 반응이 일어나 대량 살상이 가능하지. 농업에 필수적인 질산을 만드는 공장을 세웠다가 전쟁이 나면 바로 화약 만드는 공장으로 변신할 수 있다는 거잖아.

$$4KNO_3+2S+6C \rightarrow 2K_2S + 2N_2+ 6CO_2$$

실제로 1914년 제1차 세계대전이 터지니까 바로 영국을 중심으로 한 연합군이 전쟁을 시작한 독일의 질산칼륨 수입을 차단해버렸어. 독일은 화약을 만들 재료가 없었던 거지. 그런데 그 전에 위

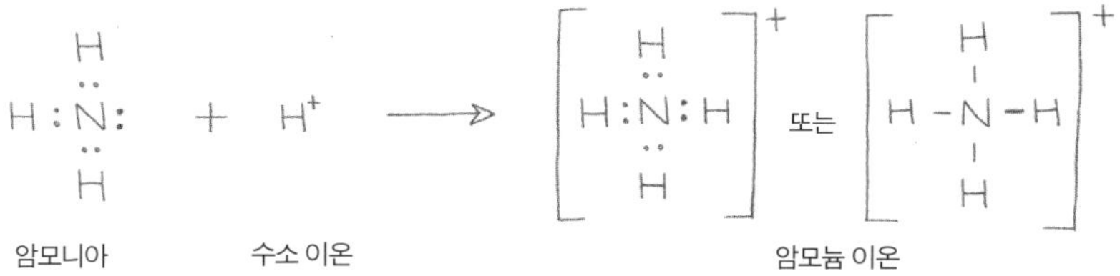

또는

암모니아　　수소 이온　　암모늄 이온

· 암모니아의 배위 결합 ·

대한 독일의 화학자 하버(Fritz Haber)가 공기 중의 질소를 생명체가 쉽게 이용할 수 있는 형태로 전환하는 공중질소고정법이라는 방법을 개발했어. 짐작할 수 있는 것처럼 당초 하버는 N_2의 질긴 공유 결합을 끊어 농업 생산성을 높이기 위한 질소 공급원으로 사용하고자 이 방법을 개발했었지. 이 공정법의 핵심은 엄청 질기고 튼튼한 삼중 공유 결합을 끊어내는 데 있어. 일단 끊기만 하면 그 다음에 다양한 형태의 질소 화합물을 만드는 것은 그리 어렵지 않거든. 하버 덕분에 오늘날에도 많은 인류가 식량난에 허덕이지 않고 안전하게 생존할 수 있게 되었지만, 이 방법으로 인해 만들어진 질소 화합물이 제1차 세계대전 당시 독일군의 화약 재료로 이용되었음은 당연한 일이지. 요즘은 토양에 뿌리는 질소 화합물이 애물단지가 되었지. 이유야 다양하지. 토양 산성화, 그리고 원하지 않는 부산물인 산화이질소(N_2O) 등등. N_2O는 자동차 배기가스에도 많이 포함되어 있는데 지구온난화의 주범으로 지목되어 있는 이산화탄소보다 온난화 효과가 무려 310배나 높거든.

그런데 말이야. 암모니아를 물에 녹이면 암모늄 이온이 생기는

데, 이때 아주 이상한 공유 결합을 해. 서로 전자를 공유하는 것이 아니라 일방적으로 한쪽이 전자를 제공해서 전자를 공유하는 결합이 생기지. 이런 결합을 공유 결합 중에서도 배위 결합이라고 해.

극성스러워

엄마가 공유 결합의 예로 든 분자들은 가장 단순하고 반전이 없는 공유 결합이야. 반전? 응. 반전이 있거든. H_2, Cl_2, CO_2, CH_4 모두 공유된 전자쌍을 중심으로 좌우가 똑같잖아. 혹시 전기음성도를 기억하는가? 전자를 끌어당기는 능력을 나타내는 척도잖아. 수소 분자나 염소 분자처럼 전자를 끌어당기는 능력이 동일한 두 원자가 결합했을 때, 각각의 원자는 전자쌍을 공평하게 공유하지. 전기음성도에서 아주 약간의 차이를 나타내는 탄소와 산소가 만나 이루어진 이산화탄소만 해도, 일정 부분 산소 쪽으로 더 공유 전자쌍이 더 끌려갈 수 있지만 탄소를 중심으로 산소가 대칭으로 존재하기 때문에 비교적 공평하게 전자를 공유해. 하지만 전기음성도 차이가 큰 원소끼리 공유 결합을 하면 어떻게 되겠어? 전자쌍을 공유하기는 했으나, 전기음성도가 큰 원자 쪽으로 전자쌍이 치우칠 수밖에 없겠지.

이게 바로 반전이야. 이렇게 불공평하게 전자쌍을 공유한 결과 분자 내에 서로 다른 전하를 띠는 부분전하가 생기는데, 크기가 같은 (+)와 (-) 두 극이 아주 가까운 거리를 두고 존재할 때 두 극을

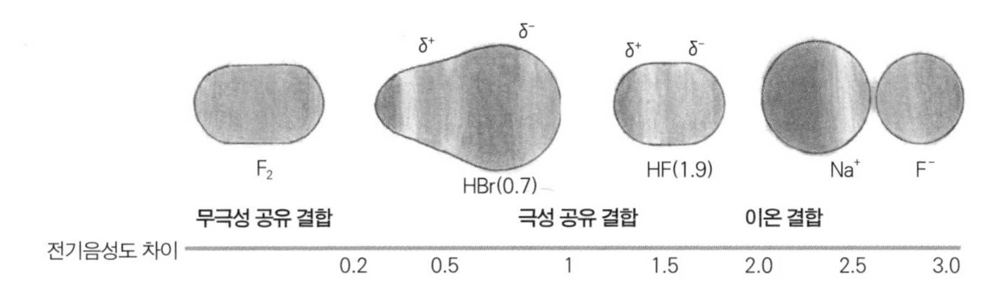

· 원소의 전기음성도 차이에 따른 분자 결합 ·

쌍극자라고 해. 그런데 수소 분자나 염소 분자의 경우 공유 결합에 관여한 원자의 전기음성도가 동일하고 완전한 대칭이라 쌍극자가 형성되지 않거든. 이렇게 쌍극자가 형성되지 않은 공유 결합을 무극성 공유 결합이라고 하고, 쌍극자가 형성되는 경우는 극성 공유 결합이라고 하지. 또한 극성 공유 결합이 얼마나 강하냐를 나타내는 척도로 전하량과 쌍극자 간의 거리를 곱한 '쌍극자 모멘트'라는 척도를 사용해. 즉, 쌍극자 모멘트가 클수록 극성이 강하다는 얘기인데, 무극성 공유 결합의 쌍극자 모멘트는 '0'이라는 척하면 아는 거지?

"그럼 염화나트륨의 Na과 Cl의 전기음성도 차이는 엄청난데 극성이 안 돼?" 그건 논외야. 걔들의 전기음성도 차이는 이온 결합을 형성할 정도잖아. 결국 극성 공유 결합이 가능한 전기음성도의 차이의 범위가 있다는 거지. 그리고 많은 원소들이 이런 극성 공유 결합을 한다는 거지. 전기음성도의 차이가 어느 정도 나야 극성 공유 결합이 되는지는 그림을 봐줘.

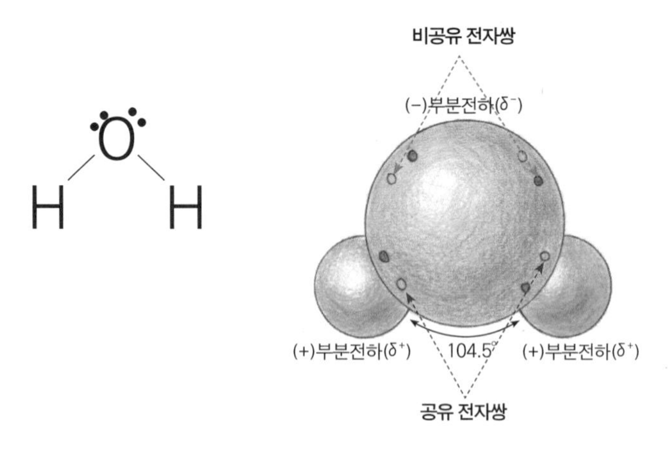

· 물 분자의 루이스 구조식(왼쪽)과 분자 모형(오른쪽) ·

뭐니 뭐니 해도 이런 극성 공유 결합의 백미는 물이지. 그래서 물이 특별하지. 물의 특별함에 대해서는 이미 여러 번 얘기를 했어. 생물학에서 '물은 생명체가 존재하는 데 필수 요소이다. 따라서 외계 행성에서 생명체를 찾으려면 물이 있는지를 먼저 찾아야 한다'는 얘기를 하기로 했지. 너무나 흔해 너무 잘 아는 것 같은 물. 그 물이 생명체의 존재에 필수 요소인 이유 중 하나는 극성을 띠기 때문이야. 극성스럽다고? 극성스러운 게 아니라 극성을 띠고 있다고.

물의 화학식은 H_2O지. 최외각 전자가 1개인 두 개의 수소와 최외각 전자가 6개인 산소가 공유 결합을 해서 이루어진. 물의 공유 결합을 최외각 전자를 모두 표시해서 분자 모형을 그려보자.

그런데 물의 구조가 좀 이상하지 않니? 공유된 2쌍의 전자, 그리고 공유되지 않은 2쌍의 비공유 전자쌍이 존재하잖아. 산소 입장에서 보면 8개의 최외각 전자를 만족시키고, 수소의 입장에서 보면 각각 2개의 최외각 전자를 만족시키는 공유 결합을 하고 있잖아. 하지만 수소의 위치가 좀 이상하네. 한쪽으로 몰려 있지. 이런 특성이 왜 나타나겠어? 전기음성도 차이와 놀고 있는 비공유 전자쌍 때문이지.

산소의 전기음성도가 수소보다 크잖아. 이 얘기는 산소 원자가 수소 원자보다 전자를 당기는 힘이 강하다는 거지. 그러니 공유된 전자쌍은 산소 원자 쪽으로 치우칠 수밖에 없고. 이렇게 전기음성도 차이에 의해 불공평하게 전자쌍을 공유하기 때문에 아주 특별한 부분전하가 생겨. 물 분자 전체를 놓고 보면 전기적으로 중성이야. 하지만 수소 원자 부분은 부분적으로 양전하를 띠고, 산소 원자 부분은 부분적으로 음전하를 띠고 있지. 이렇게 부분전하를 띠는 공유 결합을 특별히 극성 공유 결합이라고 한다고 했어. 더불어 물의 분자 구조에는 공유되지 않은 비공유 전자쌍이 있잖아. 얘들이 그냥 눈 멀뚱멀뚱 뜨고 공유된 전자쌍을 쳐다보는 게 아니라, 정전기적으로 서로의 반발력이 최소가 되도록 가능한 멀리 떨어지려고 할 거잖아. 그러니 적당하게 공유 전자쌍을 밀어서 수소와 수소 사이의 각도가 180도가 아닌 104.5도를 유지하게 하는 거지. 이산화탄소에게 물어봐. '비공유 전자쌍의 반발력을 최소화하기 위해 직선인 180°가 되도록 두 산소 원자를 배치하는 게 최선입니까?'라고. 분명히 최선이라고 답하지. 그래야 비공유 전자쌍이 가

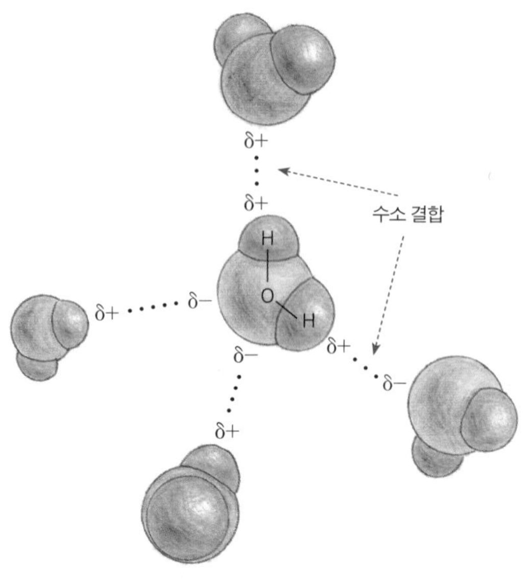

· 물 분자의 수소 결합 ·

장 머니까.

이런 얘기를 들어봤을 걸? '물은 표면장력이 크다, 물은 점성이 있다, 물은 비열이 크다' 등등. 물의 이러한 특별한 특성은 모두 극성 공유 결합 때문에 부차적으로 생기는 수소 결합 때문이거든. 수소 결합은 또 뭐냐고? 물이 극성을 나타내잖아. 수소 원자 쪽은 상대적으로 양전하, 산소 원자는 상대적으로 음전하를. 이런 물 분자들이 마구 모여 있다고 생각을 해봐. 수소 원자 부분의 양전하와 산소 원자 부분의 음전하가 서로 만나는 거지. 이렇게 극성을 띠는 분자들이 결합할 때 수소가 관여하는 경우를 수소 결합이라고 해. 우리가 흔히 물이라고 부르는 덩어리 안에서 물 분자는 무수한 수소 결합을 이루고 있는 거지.

저 구조로 인해 물 분자는 물 분자끼리 수소 결합을 해서 강한 응집력을 나타내지. 이게 바로 물이 일정 부분 쌓일 수 있게 하는 표면장력이잖아. 비열? 비열은 1g의 어떤 물질을 1℃ 올리는 데 필요한 에너지인데, 분자 사이의 결합을 끊어야지만 온도가 올라가잖아. 그런데 물은 수소 결합으로 끈끈하게 연결되어 있기 때문에 분자 사이의 결합을 끊어내기 위해 더 많은 열을 필요로 하는 거고. 또 저 수소 결합을 끊어내는 기화열이 커서 증발할 때 몸의 열을 빼앗아 체온을 일정하게 유지시키기도 해. 이런 특성들이 모두 극성 공유 결합의 부산물인 수소 결합에 의해 생기는 특성들이지.

물은 그 자체로 특별하지. 그래서 사람들은 특별한 물을 깐깐하게 골라야 하고, 어떤 사람은 육각수를 마셔야 한다고 하고, 어떤 사람은 이온수를 마셔야 한다고 하고, 너는 탄산수를 마셔야 한다고 주장하지. 하지만 물의 절대적인 특별함은 극성이라서 극성스럽게 다양한 물질들이 잘 녹는다는 거야. 극성은 극성을 좋아하니까. 네가 주장하는 탄산수는 물에 이산화탄소를 녹인 건데, 그렇다고 이산화탄소가 극성이냐고? 탄소와 산소의 전기음성도 차이는 크지 않고, 좌우에 똑같이 산소가 결합되어 있기 때문에 이 자체가 무극성이라고 했지. 하지만 비공유 전자쌍이 있잖아. 이렇게 비공유 전자쌍이 있는 물질들이 물에 들어가면 물 분자에 있는 비공유 전자쌍의 공격을 받거든. 이로 인해 부분전하보다 더 약한 분산력이 생겨. 그게 무극성 물질이 녹는 이유 중의 하나야. 분산력과 물질이 녹는 용해 현상은 나중에 다시 얘기하자고.

중요한 것은 육각수나, 이온수나 탄산수라는 게 특별한 게 아니라는 거야. 육각수라는 말도 사실 이상하고, 이온수라는 말도 이상해. 물이 육각수가 되는 건 수소 결합 때문인데 일반적으로 고체인 얼음일 때 육각의 모양을 만들지. 그게 특별하게 몸에 좋은 것도 아니거든. 또한 이온수가 몸에 좋다고 말하는 사람들이 주장하는 '이온수'의 정의가 뭔지 잘 모르겠지만, 물은 그 자체로 이온수거든. 그리고 네가 주장하는 탄산수는 물에다 그냥 억지로 이산화탄소를 녹이면 되는 거잖아. 영양 면에서 뭔가 더 도움이 되는 것도 아니고. 그냥 크~윽하는 트림을 유발할 뿐이지. 오히려 그냥 물보다 나쁠걸? '산성'을 띠는 탄산이라잖아. 그러니 너무 자주 마시면 치아를 부식시키기도 할 거야. 그러니 탄산수 마시자고 극성떨지 말라고.

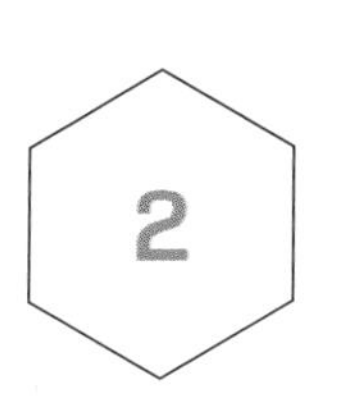

애매함의 결정체 탄소가 만드는 세상

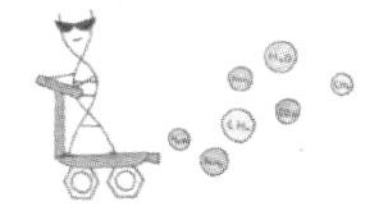

"엄마가 예로 든 분자들은 아주 단순하잖아. 하지만 엄청나게 길고 다양한 분자들이 있고, 거대 구조들이 있잖아. 단순히 이온 결합이니, 공유 결합이니, 수소 결합만으로 다 해결되는 건 아니잖아." 이런! 네가 말하는 수많은 물질들의 결합이 아주 복잡하다고? 아니, 네가 말한 결합으로 다 해결되는 문제들이야.

엄마가 지구과학에서 암석을 이루는 중심에 규소(Si)가 있다고 한 말 기억해? 암석을 이루는 중심에 규소가 있고 생명체를 이루는 중심에 탄소가 있다고. 주기율표를 보면 얘들은 최외각 전자가 4개인 14족에 속해 있어. 그냥 버리기도 그렇고 받기도 애매한 딱 4개. 그러니 얘들도 아주 단순하게도 최외각 전자를 8개만 채우면 되는 거지. 이 말은 결합손이 4라서, 탄소를 중심으로 어떤 원자나 분자가 결합을 하든, 무조건 4개의 결합만 이루면 무수히 길고도 다양한 분자들을 만들 수 있다는 거야. 예를 들면 20개의 탄소가 죽~ 연결되어 공유 결합을 하는데 단일 공유 결합만으로 이어질 수도 있지만, 이중 공유 결합, 삼중 공유 결합으로 이어질 수도 있고, 이중 공유 결합과 삼중 공유 결합이 어디에 있느냐, 몇 개가 있느냐에 따라 엄청나게 다양한 분자가 만들어질 수 있어. 아마도 네가 말하는 복잡하고도 다양한 분자는 주로 탄소에 수소와 산소가 결합한 이런 탄화수소가 아닐까 하는 생각을 해봤어. 걔들이 계속 연결되면 결국 석유가 되니까.

우리가 일상에서 사용하는 전기, 옷, 신발 이 모든 것들이 탄화수소로 구성되어 있던 생명체가 죽어서 만들어진 석탄과 석유의 부산물이잖아. 전기도? 전기의 많은 부분이 화력발전소를 통해 만들어지니 그렇다고 얘기할 수 있지. 엄마가 처음 예를 든 메테인도 결국은 이렇게 만들어진 탄화수소잖아. 사실 이 순간에 엄마의 결정적인 실수를 발견했지. 공유 결합의 예로 메테인을 선택하는 게 아니었는데. 왜냐면 메테인은 루이스 구조식으로 표현한 것처럼 평면 구조를 가지지는 않거든. 입체 구조가 만들어진다는 얘기야. 그럼 결국 네가 얘기한 복잡하고 다양한 분자 구조에다 입체라는 사실을 하나 더 보태야 한다는 거지. "거봐~ 엄청 복잡해지잖아!" 그래봐야 공유 결합과 수소 결합으로 다 해결되는 문제라니까.

메테인이 왜 평면 구조가 아니냐고? 원자가 비록 아주 작기는 하지만 그래도 부피를 가진 입체이기 때문에 일정한 공간을 차지해. 따라서 결합에 참여한 다른 원자들과 최대한 거리를 두어 자신만의 공간을 확보해야지만 안정한 상태가 될 수 있겠지. 이러한 이유로 메테인은 탄소를 중심으로 수소들끼리 109.5°를 유지하는 정사면체의 입체 구조를 나타내. 이산화탄소의 경우는, 탄소를 중심으로 산소와 산소의 거리를 최대한 멀게 배치해서 그들만의 공간을 유지하려면 직선이 되어야 하지. 하지만, 질소 원자를 중심으로 3개의 수소가 결합한 암모니아만 해도 결국은 입체 구조를 가질 수밖에 없잖아. 즉, 하나의 원자를 중심으로 3개 이상의 원자나 분자가 결합하는 경우 입체 구조를 이룰 수 있다는 거지. 그런데 이렇게 탄소나 질소 원자를 중심으로 3개 이상이 결합이 이루어진 경우에 입체 구조를 가지려면 결합의 유연성이 있어서 결합 각도가 변해야만 하잖아.

엄마가 '이룰 수 있다'라고 말하는 것이 보이는가? '이룬다'라고 하지 않았어. 메테인에 결합한 4개의 수소 중 하나를 CH_3 분자로 바꿔보자. 좀 있어 보이는 용어로 다시 바꿔 얘기하면 '치환'해보자. 하나의 탄소를 기준으로 2개의 수소와 하나의 CH_3가 결합한 에테인이라고 부르는 분자가 되는데, 얘도 탄소 사이에 공유 결합에 관여한 공유 전자쌍이 유연성을 가져 수소 원자의 결합각이

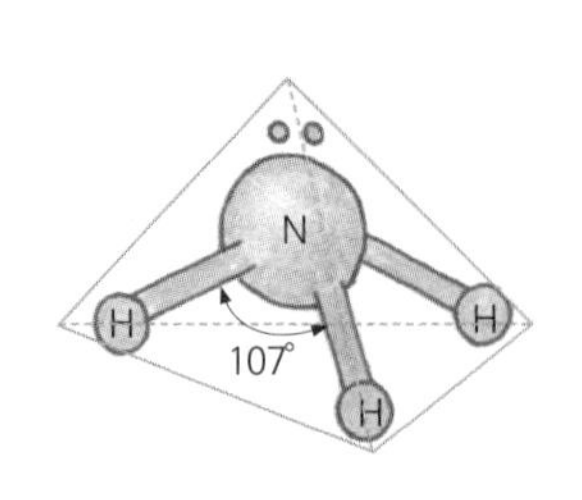

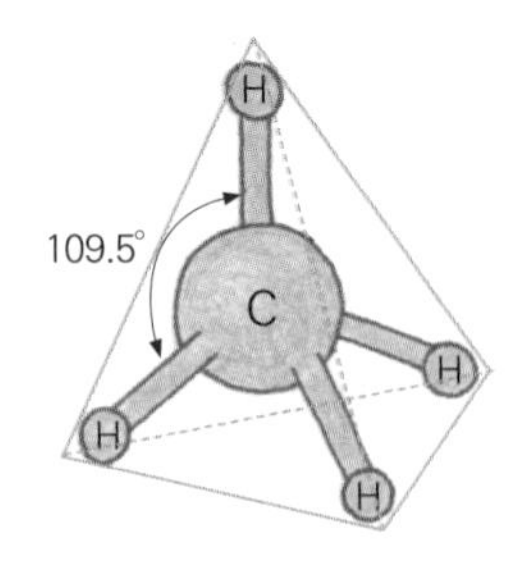

· 암모니아(좌)와 메테인 분자(우)의 입체 구조 ·

바뀌거든. 그래서 입체 구조를 가지지. 그런데, 탄소와 탄소 사이에 단일 공유 결합이 아닌 이중 결합이 되면? 그렇게 탄소와 탄소 사이에 이중 결합이 되면 분자식이 C_2H_4인 에텐이 되는데, 에텐은 입체 구조가 안 되냐고? 이중 공유 결합이나 삼중 공유 결합은 튼튼하고 질기기 때문에 탄소와 탄소의 위치 변경이 불가능해. 그래서 결합에 관여된 두 탄소는 평면에 배치될 수밖에 없거든. 에텐은 어디서 많이 들어보지 않았니? 식물 호르몬인데 성장과 과일을 숙성시키는 데 관여해. '잘 안 익은 바나나를 사과와 같이 비닐팩에 담아두면 금방 익는다'는 얘기 들어봤잖아. 사과에서 나온 에텐의 농도가 높아져 안 익은 바나나가 금방 노랗게 익는 거지. 네가 감자에 싹이 나서 감자 깎기 무섭다고 그랬잖아. 그 얘기를 들은 엄마가 그 다음부터 감자 박스에 사과를 넣어둔 걸 본 적이 있잖아. 에텐은 과일 숙성에 관여하니까 새로운 싹이 나는 것을 방해하는 역할도 하는 거지. 그래서 싹이 난 감자에 대한 너의 두려움을 미연에 방지하기 위해 사과를 3개나 넣어두었지.

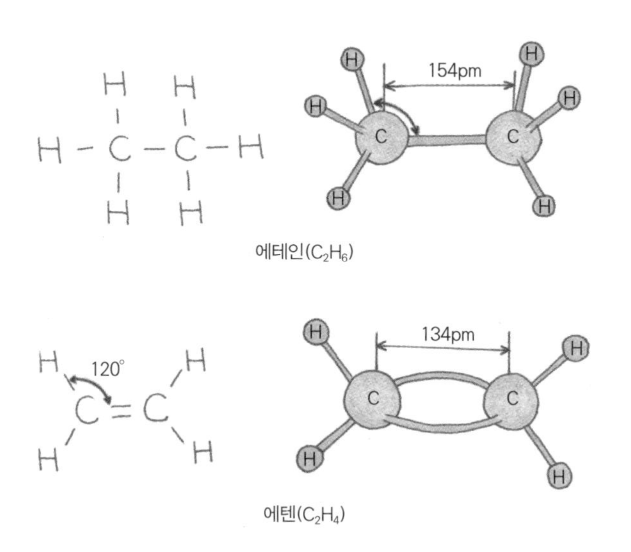

· 에테인(위)과 에텐(아래)의 분자 구조 ·

그런데 왜 원자들을 직선으로만 연결하는데? 삼각형은? 육각형은 불가능해? 당연히 가능하지. 탄소는 최외각 전자가 4개니까 무조건 4개의 결합만 하면 되거든. 그게 직선이든, 원형이든 아무 상관이 없거든. 탄소가 이렇게 고리 형태로 연결된 녀석들에게는 특별한 이름이 붙어 있어. '사이클로~' 어쩌고저쩌고. 사이클(cycle)이란 단어가 원을 의미하잖아. 그래서 '사이클로~' 이렇게 시작하면 애들은 탄소가 고리가 연결된 것을 금방 알 수가 있지. 사이클로프로페인, 사이클로헥세인도 있고, 고리 모양의 벤젠도 있지.

그런데 말이야 〈벤젠의 분자 구조〉를 보면 약간 이상한 녀석이 있어. 1)과 2)에서 탄소와 탄소 사이의 이중 결합 위치가 다르잖아. 그거야 이중 결합의 위치가 달라지니까 그럴 수 있다고 해도,

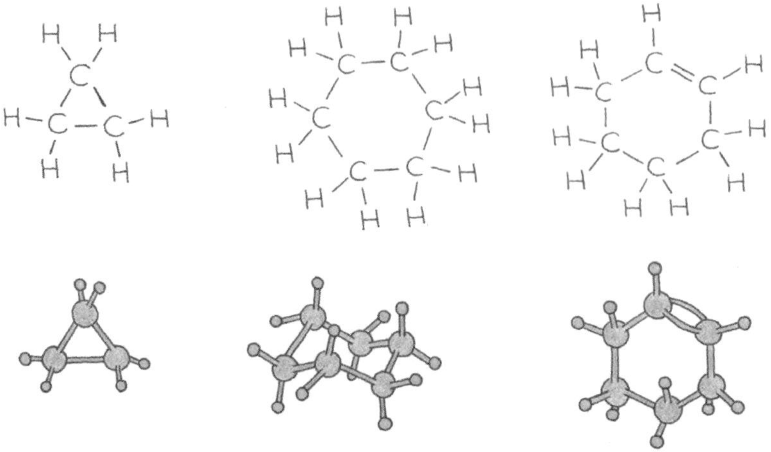

사이클로프로페인 사이클로헥세인 사이클로헥센

· 고리 모양의 다양한 탄소 화합물 ·

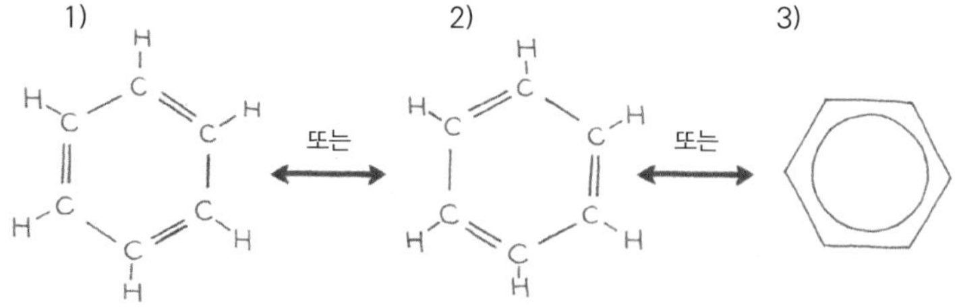

1) 또는 2) 또는 3)

· 벤젠의 분자 구조 ·

3)번은 이중 결합을 표시하지 않고 안쪽에 둥근 원으로 표시했지. 일일이 이중 결합을 표시해서 그리기가 귀찮아서 그렇게 그렸다고? 그것도 있지만 진짜 비밀은 이중 결합을 한 탄소와 탄소 사이의 공유 결합이 1)과 2)에서 보이는 것처럼 명확하게 구분되는 것이 아니라 전체적으로 전자를 공유하기 때문에 둥근 원으로 표시한 거야. 이렇게 이중 결합에 관여하는 전자를 전체적으로 공유하는 현상을 '공명'이라고 해.

똑같은데 너무나 다른

여기서 끝나면 좋은데, 화학 결합에 의해 입체 구조를 가져서 아주 이상한 녀석들이 생기거든. 화학식과 구조는 똑같으나 '같기도 하고 아니 같기도 하다'고 표현할 수밖에 없는 이상한 녀석들. 그러나 절대로 동일할 수 없는 녀석들이지. 손을 거울에 비추면 똑같은 구조인데, 결코 같은 방향으로 포갤 수 없잖아. 이런 걸 거울상이라고 하는데, 분자에 이런 거울상이 존재할 수 있어. 메테인과 같이 탄소를 중심으로 결합된 4개의 그룹이 수소로 동일한 경우는 아무런 문제가 되지 않아. 하지만, 탄소에 결합한 그룹 4개가 다 다르면 거울에 비친 형태의 '이성질체'들이 만들어질 수 있거든. 이성질체라는 단어를 풀어보면 생긴 건 비슷하지만 성질이 다르다는 뜻이야.

일반적으로 인체에 필요한 필수아미노산은 20개가 되는데, 구조가 아주 복잡하고 제멋대로일 것 같지? 하지만 다행스럽게도 모든 기본 구조는 다 같아. 탄소를 중심으로 카르복실기(COOH), 아민기(NH_2), 수소가 결합되어 있고, 탄소의 나머지 결합손에 어떤 원자 또는 분자가 결합하느냐에 따라 종류가 달라지거든. 이 어떤 원자나 분자를 통상적으로 R이라고 표시해. 이 R이 수소(H)가 되면 글라이신(Glycine)이 되고, R이 CH_3가 되면 알라닌(Alanine)이 되거든. 알라닌을 보면 탄소를 중심으로 결합한 4개의 그룹이 다 다르잖아. 이는 이성질체가 존재한다는 거지. 구조는 똑같은데 성질이 다른 애들을 구분할 수 있을까? 이성질체를 구분하는 여러 가지 방법이 있어. 구조식으로 구분할 수 없으니 특별한 이름을 부여해야만 하지. 흔히 L 또는 D형, S 또는 R형으로 구분해. L과 D형은 거울상 이성질체가 빛을 편광시키는 방향을 나타내. L은 좌회전성을 나타내는 levorotatory를, D는 우회전성을 뜻하는 dextrorotatory를 의미해. 더불어 애들을 빛을 이용해 구분하기 때문에 이런 종류의 이성질체를 특별히 광학이성질체라고 하는데, 그냥 그런 게 있나보다 하자고.

관심이 있다면 식품 구입 후에 깨알같이 쓰인 조성표를 한번 봐봐. L-글루타민산나트륨(monosodium glutamate)이라는 첨가물을 쉽게 찾을 수 있어. 이게 뭐냐고? 감미료로 사용하고 최근 먹으면 큰일 나는 것처럼 인식되고 있는 MSG야. 네가 찾을 수 있는 오만 가지 식품의 첨가물들을 다 뒤져도 D-글루타민산나트륨은 찾을 수 없어. 다만 D-포도당, D-과당을 찾을 수 있을 뿐이지. 즉, 아미

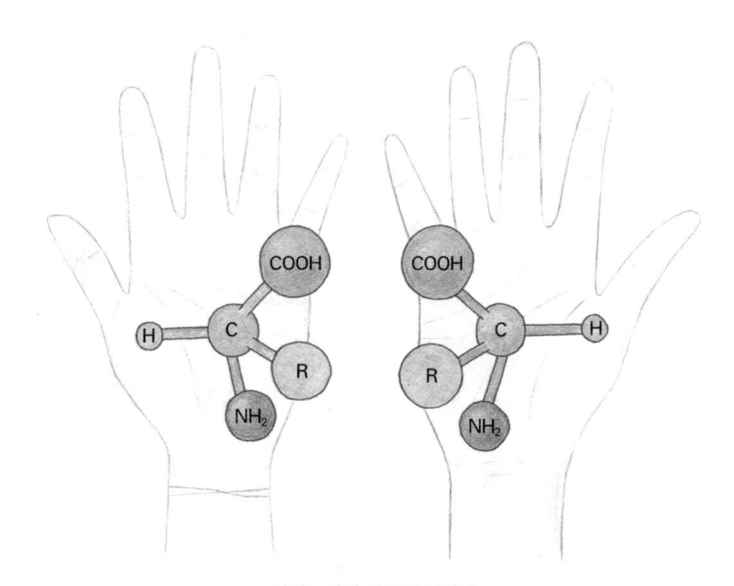

- 아미노산의 거울 이성질체 -

노산은 다 L형이고, 포도당과 같은 당은 다 D형이라는 얘기지. 이 얘기가 D형의 아미노산과 L형의 포도당이 절대로 안 만들어진다는 얘기냐고? 그런 것이 아니라 얘들은 합성한 게 아니라 식물에서 추출하거나 미생물을 이용해 생산한 거라는 얘기야. 이 말을 조금 바꾸면 생명체는 이성질체를 명확하게 구분할 수 있는 능력이 있으며, 아미노산은 일반적으로 L형을, 포도당은 늘 D형만을 이용한다는 거야. 만약 생명체를 이용해서 대량 생산하는 게 아니라 인위적으로 합성을 한다면 당연히 아미노산의 경우 L형과 D형이 반반씩 만들어져. 만약 관심이 없다면? 약 먹을 때 깨알같이 적힌 조성표를 봐봐. 약효를 나타내는 주요 물질의 함량을 반드시 표기하게 되어 있는데, 어려운 이름들 맨 앞에 반드시 L 또는 D-어쩌고,

S 또는 R-저쩌고라고 씌어 있어. 같은 물질이라고 해도 이성질체의 성질이 달라 약효가 달라지거나 부작용을 유발할 수 있기 때문에 반드시 이성질체의 형태를 표시하도록 법으로 정했거든.

"엄마~ MSG가 아미노산이야?" 응. 아미노산의 일종이야. 아미노산의 종류는 R이 뭐냐에 따라 달라진다고 했지? R이 좀 길기는 하지만 얘도 기본적으로 탄소를 중심으로 COOH, NH_2와 H가 결합된 아미노산이지. Monosodium glutamate라는 이름에서 알 수 있듯이 글루타민산(glutamate)에 하나의 나트륨이 결합되어 있을 뿐이지. "아미노산인데 먹으면 왜 큰일이 나? 그것도 생명체가 이용할 수 있는 L형이라면서?" 솔직히 얘기하면 사람들이 왜 나쁘다고 말하는지 잘 모르겠어. 물에 녹이면 나트륨이 떨어져 나와 필수 아미노산과 똑같은 글루타민산이 되거든. 시중에서 판매하는 수많은 식품들 중에 '無 MSG'라고 표기된 식품들은 다른 종류에 비해 약간 더 비싸고, 특별함을 강조한 식당에는 '화학 조미료 무첨가!'라고 대문짝만하게 써놓았잖아.

그런데 MSG 포장지를 보면 '화학 조미료'가 아니라 '발효 조미료'라고 되어 있어. 화학 조미료는 뭐고 발효 조미료는 또 뭔지. '화학' 또는 '발효'라고 이름 붙이는 게 일정한 기준이 있다고 보기는 어려워. 화학 조미료라고 하면 머리를 스치는 생각이 '합성'이라는 단어가 아닐까? 하지만 합성한 것은 아니고, 인위적으로 대량 생산했기 때문에 그렇게 부를 뿐이지. 어떻게 대량 생산했냐고? 우리나라에서 시판되고 있는 MSG는 L-글루타민산을

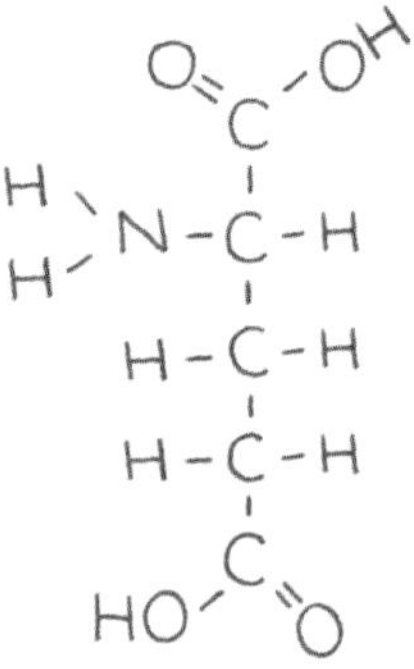

· 글루타민산의 구조

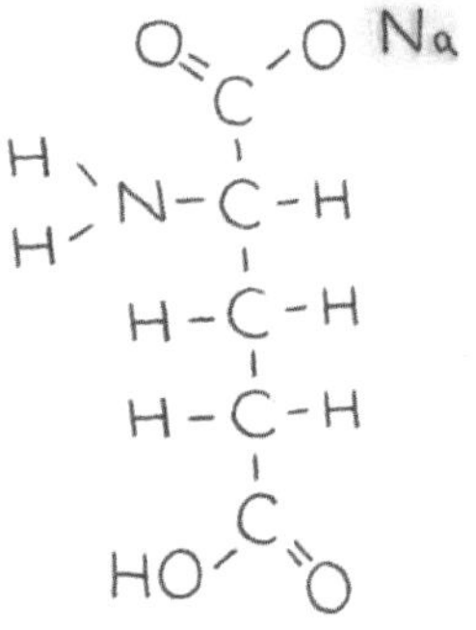

· MSG의 구조 ·

엄청 많이 만드는 미생물을 키운 후에 배양액에서 글루타민산만을 정제한 거야. 이 미생물 이름이 코리네박테리움 글루타미쿰(*Corynebacterium glutamicum*)이야. 글루타민산을 얼마나 많이 만들면 이름에 glutamicum이라는 이름을 붙였겠어? 그런데 글루타민산을 정제하는 과정에서 나트륨을 결합시킨 것이니, 네 말처럼 특별한 물질은 아닌 거지. MSG를 사용하지 않는 식당들의 비결은 하나같이 특별한 국물을 만드는 비법을 가지고 있는데, 그 비법의 공통점은 바다에서 나는 천연의 다시마를 물에 끓이는 거잖아. 이거 삼국시대부터 사용해오던 전통적인 방법이지. 이 전통의 방법인 다시마 끓인 국물을 졸이면 바닥에 하얀 가루가 침전되는데, 이 침전물의 대부분이 글루타민산이야.

이런 감칠맛을 내는 조미료의 대명사가 MSG라서 사람들이 기억하지 못하는 '핵산 조미료'라는 게 있었어. 핵산은 DNA의 구성물질이잖아. 핵산 조미료는 MSG가 아니라 우리 DNA을 구성하는 A와 G를 만드는 데 필요한 IMP라는 물질과 GMP를 섞은 거야. 이 또한 미생물을 통해 대량 생산한 후 정제한 거야. 그런데 왜 발효 조미료라고 써놨냐고? 좁은 의미에서 발효란 미생물이 뭔가를 먹고 자랄 때, 사람한테 좋은 것을 만들면 발효라고 부르지. 나쁜 것을 만들면 부패고. 하지만 넓은 의미에서는 미생물을 키워서 필요한 물질만 정제하는 공정 전체를 발효라고 불러. 그러니 MSG와 핵산 조미료를 생산하는 회사 입장에서 보면 미생물을 키웠는데 좋은 것을 만드니 '발효 조미료'라고 이름을 붙였겠지. 왠지 발효라는 이름을 붙이면 특별한 비법으로 만든 마법의 가루 같은 느낌이 들잖아.

감칠맛을 내는 특징을 가진 아미노산이나 핵산이 몸에 정말 나쁜 것일까? 얘들은 생명체를 구성하는 기본 요소이기 때문에 우리가 먹는 대부분의 식품에 들어 있어. 아미노산은 단백질을 구성하는 단위 물질이니, 단백질 함량이 높은 식품에는 더 많겠지. 그럼 아무런 문제도 없냐고? 문제가 되는 부분이 있을 수 있지. 문제가 될 수 있는 부분은 이런 물질들 자체라기보다는 농도와 생산 과정이 얼마나 안전한가야. 생산 과정이 안전하다고 전제를 한다면 그 다음에 문제가 되는 것은 농도겠지. 엄마만 해도 MSG가 많이 들어간 음식을 먹으면 가려운 증상이 나타나거든. 그냥 농도를 좀 줄이면 되는 거지. 적어도 MSG나 IMP/GMP는 생명체를 구성하는 물질이기 때문에 이거 먹는다고 죽거나, 하루아침에 어떤 질병에 걸리거나 하지는 않아.

화학 조미료라는 단어에서 '화학'이라는 말은 아주 부정적으로 인식되어 있잖아. 지금까지 '합성과 대량 생산하는 과정에서 발행하는 여러 문제로 인해 일단 '화학'이라는 단어만 들어가면 다 나쁜 것으로 인식하잖아. 이런 현상을 조금 있어 보이는 용어로 바꾸면 '낙인 효과'라고 해. '화학 공장에서 폭발사고가 나서 독성 가스가 유출되었습니다', '염산을 제조하는 화학 공장에서 폐수가 방류되어 하천에 살던 물고기가 떼죽음을 당했습니다'라는 얘기들이 반복되어 전달되면 '화학'이라는 단어만 들어가도 다 나쁜 것처럼 인식하는 거지. 하지만 세상에 '화학 물질'이 아닌 물질이 있어? 생명체도 돌도 공기도 모두 '화학 물질'로 구성되어 있고, 몸에 좋다고 하는 모든 '천연'의 물질, '자연'의 물질들도 모두 화학 물질이잖아. 아마도 '화학'이 불러일으킨 부정적인 낙인으로 인해 '천연' 또는 '자연'이라는 단어들이 대세를 이루면서 '화학'이란 용어들이 들어가 있으면 기피하는 현상이 확대되고 있는 거겠지. 근거 없는 믿음의 확산인 거지. 더불어 MSG와 같이 아주 흔하고 값싼 첨가물을 넣어서 음식이 맛있어지는 것보다는 다양한 식재료를 넣어서 식재료 자체에서 우러나는 글루타민산으로 인해 깊은 맛이 나는 것을 선호하기 때문이라는 생각이 들어.

생명체로부터 추출하거나 생명체를 이용해 생산한 물질들은 100% 합성한 물질들에 비해 상대적으로 안전성이 높아. 다른 생명체들도 모두 인간과 똑같은 형태의 이성질체만을 이용하기 때문에 크게 문제가 없지. 하지만, 원료 물질을 쉽게 구할 수가 없어서 대량으로 생산하기 위해 합성하는 경우에는 얘기가 좀 달라. 합성을 하다보면 여러 이성질체들이 확률적으로 동일한 비율로 만들어질 거잖아. 엄마가 예로 든 글루타민산은 그나마 이성질체가 2개밖에 없어서 구분하기 쉽지만 탄소 사슬이 많아지면 이와 비례해서 이성질체 수도 늘어나거든. 그런데 이성질체들이 성질이 다르잖아. 성질이 다른 이성질체들이 섞여 있는 약을 먹는 경우 부작용이 종종 나타나기도 하고, 표시된 농도는 기준을 만족하지만 실제로는 다른 형태의 이성질체가 섞여 약효를 나타내는 성분의 농도가 기준보다 낮은 경우도 있지. 그래서 엄마가 '관심이 없다면 깨알같이 쓰인 약의 조성표를 보라고' 그랬지. 반드시 L 또는 D 어쩌고, S 또는 R 저쩌고가 얼마나 들어 있는지 반드시 씌어 있다고.

세상을 떠들썩하게 만들었던 이성질체의 부작용 사례들이 있는데, 하나만 뽑아보자. 탈리도마이드($C_{13}H_{10}N_2O_4$)라는 약인데, 1957년 합성에 성공한 신경 안정제로 유럽에서 널리 사용된 약이야. 이 약은 신경 안정에 특효가 있어 수면제로 사용되었고, 특히나 임산부들 입덧 방지용으로 판매되었어. 유럽을 중심으로 불티나게 팔려나갔어. 미국에는 못 팔았냐고? 못 팔았어. 이 약을 팔아도 된다고 승인을 해줘야 하는 FDA의 켈시 박사가 '안전하다는 근거가 부족하다. 그러니 추가 자료를 내라'면서 승인을 안 해주고 있었던 거지. 그런데 1960년경에 독일과 오스트레일리아에서 손이 어깨에 붙거나 다리가 엉덩이에 붙어 있는 이상한 기형의 아이들이 태어나기 시작했어. 약이 시판된 지 약 5년 만에 이 약의 부작용으로

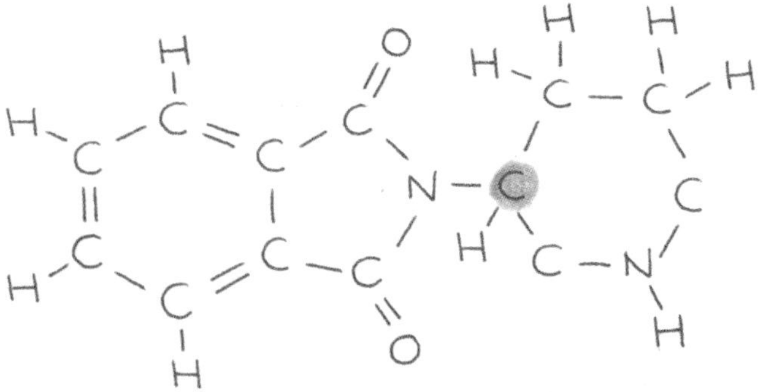

· 탈리도마이드의 분자 구조 ·

약 8000명의 기형아가 태어났지. 참담한 비극이 시작된 거지. 탈리도마이드의 이런 부작용은 합성할 때 생기는 이성질체 때문이라고 알려져 있어. 합성할 때 S형 이성질체와 R형 이성질체가 동시에 합성되는데, S형은 약리 효과가 뛰어나지만 R형이 태아기형을 유발시키는 심각한 부작용을 나타낸다고. S형과 R형? L/D형처럼 이성질체를 구분하는 한 가지 방법일 뿐이야.

처음 이 물질의 합성에 성공한 회사는 〈탈리도마이드 분자 구조〉 그림에 붉게 표시되어 있는 탄소로 인해 생기는 두 가지 형태의 이성질체 존재를 알고 있었어. 구조만 봐도 알 수 있지. 왜냐면 붉은 탄소에 결합된 4개의 분자가 모두 다르니까. 그런데 말이야, 약을 판매하기 전에 반드시 임상 실험을 해야 해. 환자를 대상으로 약효가 있고, 아프지 않은 사람에게는 크게 문제가 없다는 결과가 나와야지만 판매를 허가해주거든. 당연히 이 회사도 그런 절차를 거쳐 약을 팔았지. 그런데, 아주 중요한 문제는 그 실험 결과가 다 엉터리였다는 거야. 이 약이 문제가 되어 관계자들이 재판을 받는 과정에서 나온 증언들을 보면 어이가 없을 정도야. 검사가 "실험 결과에 대한 보고서를 읽어보았습니까?"라고 질문하면 회사 담당자는 "아니요, 전화를 받거나 골프를 치면서 구두 보고만 받았습니다" 라고 답하는 수준이었지.

생각이라는 걸 해보자고. 둘의 구조가 같으니 약리 효과도 같고 독성이 약하니 안전하다는 논리를 내세워 약을 팔았어. 하지만, 그 당시에 이성질체에 대해 많은 것이 알려져 있었으니 반드시 S형과 R형을 분리해서 각각에 대한 안전성과 약리 효과를 실험했어야지. 하지만 분리할 생각조차 하지 않았지. 오히려 유해한 실험 결과들을 일부 숨기기도 했고, 당연히 해야 할 임신한 동물에 대한 실험을 고의적으로 생략하기도 했으며, 자신들에게 유리한 결과만 선택적으로 골라서 대대적으로 광고해서 막대한 이익을 취했지. 여기에 관여된 모든 사람들이 한마디로 'Sons of bitches'인 거지. 물론 모든 약물의 부작용이 이성질체에 의해서 나타나는 것은 아니지만, 가장 흔한 사고들이 완전하게 분리정제 되지 않은 이성질체의 혼합으로 인한 것이지. 그래서 최근에는 합성과 생물 전환법을 병행하는 경우가 많아. 자연에서 원료를 구하기 어려우니 일단은 합성을 해. 그리고 마지막 단계에서 생명체의 효소를 이용해서 최종 물질을 전환하는 거야. 왜냐고? 생명체는 이런 이성질체들을 명확하게 구분하니까. 그러니 물질 합성의 마지막 단계에서 미생물의 효소를 이용하면 한 종류의 이성질체만을 만들 수 있는 거지.

얘기가 나왔으니 '자연적인 것'과 '비자연적인 것'에 대해 좀 더 얘기해보자. 사람들이 '자연적인 것'을 선호하는 것은 화학 물질에 대한 막연한 두려움에서 출발한 것이라고? 근본적으로 세상에 존재하는 모든 물질이 화학 물질이지. 그리고 자연적인 것은 다 안전하냐? 엄마가 그랬잖아. '이 버섯이 먹어도 되는 버섯이요'라고 말하기까지 얼마나 많은 생명체들이 희생되었을지 모른다고. 자연에는 수많은 독성 물질이 존재하지. 수은처럼 원소 그 자체가 독성을 가지고 있는 경우도 있지만, 생명체가 자신을 보호하기 위해 만든 독성 물질들도 많지. 전갈의 독, 버섯의 독, 바다 달팽이의 독, 독사의 독 기타 등등. 더불어 우리가 치료 목적으로 사용하는 많은 약들이 자연에서 왔거든. 진통제와 감기약으로 사용하고, 심혈관 질환 예방제로 사용되어 세기의 명약이라고 불리는 아스피린만 해도 초기에는 버드나무 껍질에서 추출했었지. 버드나무 껍질의 해열 효과는 히포크라테스도 알고 있던 사실이거든. 그러다가 수요가 증가하고 구체적인 구조를 알고 난 이후에는 자연에서 추출한 것과 똑같은 구조로 합성을 한 거지. 이렇게 맹독인 경우뿐만이 아니라 모든 물질이 완벽하게 생명체에게 유용하지는 않아. 몸에 좋다는 달걀, 당근, 현미, 봄나물 등 우리가 먹고 사는 일상의 모든 것들이 아주 소량이기는 하지만 나름의 독성을 가지고 있거든. 우리 인체는 그걸 버틸 정도의 힘을 가지고 있는 거고. 그래서 성인을 대상으로는 독성 물질이라고 부르지도 않지.

그런데 유럽의 임산부들이 왜 탈리도마이드를 먹었겠어? 입덧 때문이야. 평소에는 잘 먹는 음식인데 임신 상태에서는 냄새만 맡아도 속이 울렁거리고 토하는 일이 종종 일어나지. 그런데 이상하지 않냐? 뱃속에 아이가 있으면 충분한 영양을 줘서 잘 먹이고 잘 키워야 하는데 왜 입덧이 일어나서 영양분 섭취를 방해하는데? 엄마한테는 치명적이지 않은 극미량의 이상한 물질들, 그리고 그 자체가 성인에게는 독성을 나타내지 않는 물질들이 면역 체계가 없는 초기 태아에게는 치명적일 수 있다는 거야.

엄마가 먹은 극미량의 독성 물질에 대해 태아가 무방비 상태로 당하고만 있을까? 아니. 일정 기간 동안 차라리 엄마가 주는 거 안 먹고 스스로 가지고 있는 영양분으로 버티다가 안정한 단계가 된 후에야 비로소 엄마로부터 영양분 받아먹겠다고 반항을 한다는 거지. 어떻게 반항하냐고? 이상한 호르몬을 만들어서 엄마로 하여금 못 먹게 입덧을 하게 만드는 거지. 그래서 입덧할 때는 그냥 적게 먹고, 입덧을 유발하는 음식은 억지로 안 먹는 게 태아한테 좋대. 입덧이 정말 괴롭기는 하지만 길지 않거든. 조금만 참으면 된다는 거지. 이게 다 '자연적인 것'에 들어 있는 소량의 독성 물질 때문이잖아. 그러니 아무리 몸에 좋은 식품이라도 과한 섭취는 성인에게도 문제를 일으킬 수 있다는 것을 명심하라고. 몸에 좋다는 광고에

혹해서 대량으로 구매해서 과량으로 섭취하지 말라는 거지.

'자연적인 것'에 들어 있는 소량의 독을 일부러 엄청 많이 섭취하지 않는 한 참담한 사고로 발전하지는 않지만, 인류에게 필요한 물질을 대량으로 합성하고 생산하는 이 시대에는 여러 가지 화학 물질들로 인해 참담한 사고가 쉽게 일어날 수밖에 없어. 안 먹고 안 쓰고 살 수는 없으며, 실제로 그런 화학 물질들이 인류의 생존 확률을 높여왔다는 것은 부정할 수가 없잖아. 더불어 인류가 아무리 안전성을 확인한다고 해도 발견하지 못한 위험성이 존재한다는 것을 인류는 경험을 통해 알고 있거든. 예를 들면 오존층 파괴의 주범인 염화불화탄소 같은 거 말이야. 발견하지 못했던 위험성 말고, 의도적으로 위험성을 감추거나 아니면 그런 위험성이 발견될까봐 계획적으로 실험으로 확인하지 않고 방치해서 생기는 위험성. 그런 위험성은 언젠가는 반드시 참담한 사고로 나타날 거야. 그게 다 정보를 '비밀'로 유지해서 떼돈 벌려고 그런 거잖아.

물질 자체의 위험성에다가 'Sons of bitches'인 사람들이 사회적으로 만들어낸 위험성이 추가되어서 점점 더 위험한 사회가 되어가고 있지. 연금술로 사기 치던 그 시대랑 달라진 게 없다고? 그러게. 하지만 다른 게 있지. 그럼 '이 약이 정말 안전하고 약효가 좋습니다. 이 식품은 먹어도 안전합니다'라고 누군가 기준을 만들어, 대신 판단해주는 제도라는 것이 있잖아. 그게 국가가 할 일이지. 다 잘해오고 있다고? 설마. 문제는 늘 일이 터지고 난 후에 조치해서 국민들의 공분을 사고 있다는 거잖아. 정부가 안전하다고 해서 믿고 썼는데 이런 일이 생긴다면서. 어쩌면 오늘날의 국가는 위험한 물질이 아닌 위험한 사회로부터 국민을 안전하게 지키는 것을 최우선의 목표로 해야 하는 게 아닐까 싶어.

탄소가 만드는 세상

독성 물질들을 비롯하여 지구상에 존재하는 수많은 분자의 중심에 탄소가 있어. 4개의 결합손이라는 탄소의 위대한 능력으로 인해 작은 분자에서부터 거대 분자까지 무한히 많은 분자를 만들 수 있지. 그래서 긴 탄소 사슬로 이루어진 석유 얘기도 하고, 네 몸을 구성하는 단위인 세포막도 탄소를 중심으로 이루어졌다고 얘기를 하지. 그 이외에도 화합물하면 빠트리지 않고 하는 사례가 다이아몬드와 흑연의 분자 구조를 비교하는 거잖아. 동일한 원소로 구성되어 있으나, 원자 배열이 달라 완전히 다른 성질을 지니는 물질들. '동소체'라고 하지. 다이아몬드는 각 탄소 원자가 4개의 다른 탄소 원자와 정사면체 형태로 결합한 구조로 이루어져 있어. 다이아몬드는 고온과 고압에서 만들어지기 때문에 흔하지가 않아. 그러니 비싸지. 반면 흑연은 하나의 탄소가 평면상에서 3개의 다른 탄소 원자와 결합하여 벌집과 같은 육각형 층상 구조를 이루고 있거든. 흑연? 연필심이잖아. 쉽게 부서지는 특성을 이용해 글씨를 쓰고, 그림도 그리잖아.

요즘은 어디 가서 동소체의 예로 다이아몬드와 흑연만 애기하

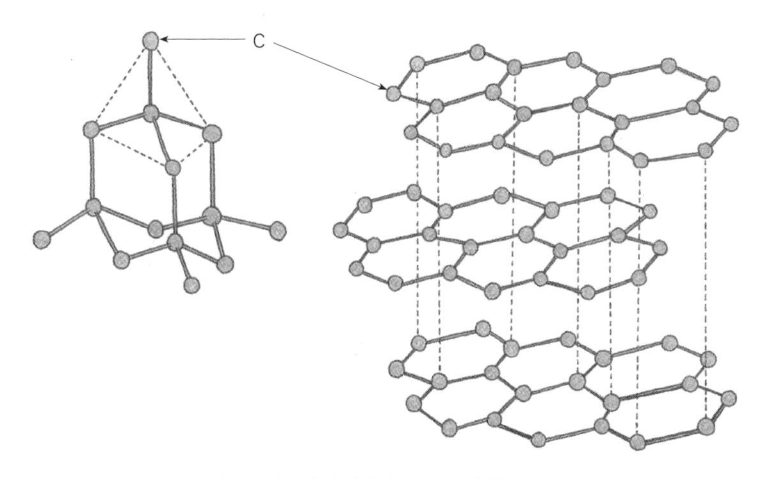

· 탄소로 이루어진 다이아몬드(좌)와 흑연(우) ·

기 민망한 시대야. 요즘 뜨는 동소체는 얘들이 아니라 '풀러렌', '탄소 나노 튜브', '그래핀' 이런 이름들이거든. 풀러렌은 탄소 60개가 축구공 모양으로 결합된 구조야. 흑연에 강렬한 레이저 빔을 쏘면 생성되는 탄소 구조인데, 미국의 발명가 버크민스터 풀러(Buckminster Fuller)가 설계한 지오데식 돔(Geodesic Dome)과 모양이 닮았다고 해서 풀러렌이라고 이름을 붙였지. 탄소 60개로 이루어진 풀러렌 말고도 탄소 70, 탄소 76, 탄소 84, 탄소 240 등이 가능하지. 탄소 나노 튜브는 탄소 6개로 이루어진 육각형이 연결되어 관 모양을 이루고 있는 물질을 일컫잖아. 관의 지름이 수 나노미터(0.000000001m)~수십 나노미터 정도인데 대략 머리카락 굵기의 10만분의 1정도야. 그래핀은 흑연의 탄소층만을 따로 떼어낸 것을 가리키는데 그래핀을 연구하는 사람들의 목표는 얼마나 얇은 층을 만들 수 있냐는 거지. 이런 것만 있겠어? 10개의 탄소층으로 구성된 그래핀에다 풀러렌을 붙일 수도 있고, 돌돌 말린 나노 튜브에다가 풀러렌을 붙일 수도 있지.

풀러렌 구조 합성에 성공한 크로토(Harold Kroto)와 그 일당들이 1996년에 노벨 화학상을 받았어. 노벨상을 받았다는 것은 풀러렌이 인류의 삶에 지대한 영향을 끼칠 수 있다는 거잖아. 왜 이렇게 얘들이 각광 받냐고? 풀러렌은 탄소 원자끼리 강하게 결합한 형태로 완전히 안정되고, 아직까지는 인체 독성이 없는 것으로 알려져 있어. 그리고 아주 작아서 아주 쉽게 체내로 들어갈 수 있거든. 즉, 유용한 약물을 이 축구공 모양인 곳에 집어넣으면 쉽게 체내에 운반할 수도 있다는 거지. 강철보다 강도가 100배 이상 강하고, 전기 전도성도 엄청 큰 그래핀은 실리콘의 한계를 극복할 수 있는 차세대 반도체 소재 물질로 활용될 수 있거든. 이거 완전히 나노 입자들이 만들어내는 신세계잖아. 새삼스러운 일이긴 해. 인류가 아주 오래전부터 흑연을 사용해왔는데, 이 흑연이 새로운 소재의 세상을 연 거지. 그래서 이제는 '탄소의 시대'라고 부를 정도야. 탄소를 이용한 신소재 개발에 관한 얘기는 끝이 없어. 워낙 새롭고 뜨거운 분야니까. 그렇게 점점 나노의 세상이 지구를 지배해가고 있거든.

나노 얘기가 나와서 하는 얘기인데 우리나라 어떤 대기업이 만든 아주 특별한 세탁기 중에 '은 나노'라는 용어를 써서 광고한 세탁기가 있지. '나노'라는 말이 들어가 있으니 은을 연결해 나노 수

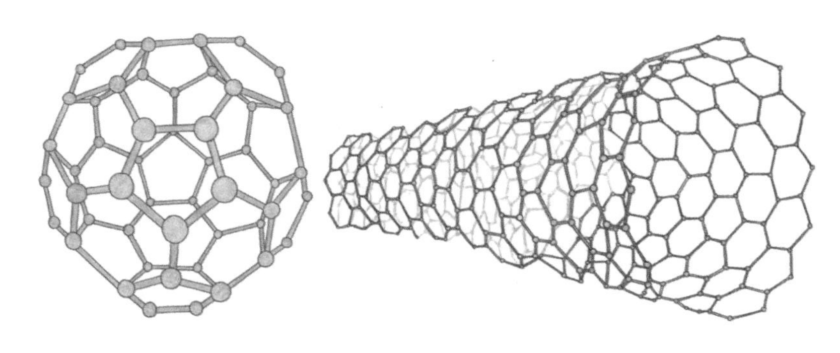

· 탄소로 이루어진 풀러렌(좌)과 탄소 나노 튜브(우) ·

준의 크기 정도로 만든 거라는 거지. 이 또한 나노의 세상이지. 은은 항균성과 살균이 매우 뛰어난 물질이니 은의 이런 특성을 이용해 빨래를 하자는 거지. 우리가 먹는 게 아니니 인체에 해를 끼칠 것 같지도 않고. 사실 이 세탁기가 얼마나 높은 농도의 은 나노 입자를 잘 만들어내는지는 모르겠지만, 우리나라에서 너무 잘 팔려서 미국에도 팔려고 했는데 문제가 생긴 거야. 미국에서 이런 요구를 했어. 그렇게 살균력이 뛰어난 기능성 세탁기라면 세탁 후 생기는 물에 은 나노 입자가 얼마나 포함되어 있으며 얘들이 환경으로 배출되었을 때 생길 수 있는 문제들에 대한 결과를 첨부하라는 거였지. 사람이 먹지는 않지만 강에 사는 물고기가 먹을 수 있고, 이게 축적되어 인체에도 쌓일 수 있다는 거지. 은 나노 세탁기 만든 회사가 이런 연구를 했겠어? 안 했지. 결국 이 회사는 미국에 은 나노 세탁기 파는 것을 포기했어.

엄마가 왜 뜬금없어 보이는 은 나노 세탁기 얘기를 했겠어? 인류가 새로이 개발한 물질들을 널리 사용하기 전에 늘 유용성과 안전성의 접점을 적절히 찾아야 한다는 거야. 아니, 접점이란 용어는 완전히 틀린 말일 수 있어. 무조건 안전성이 우선되어야 할 거야. 냉장고 냉매로 사용해온 염화탄화불소(CFC)가 아주 안정하고 인체에 해가 없어 널리 사용해왔잖아. 하지만 이 물질이 오존층을 파괴한다는 사실을 알고는 부랴부랴 몬트리올 의정서를 만들어 이 물질의 사용을 규제했지. 마찬가지야. 새로운 물질이 가지는 유용성의 이면에는 우리가 알지 못하는 또 다른 유해성이 있을 수 있다는 거지. 그렇다고 이런 물질들을 폐기하기에는 유용성에 대한 유혹이 너무 크지. 그럼 뭘 해야겠어? 이런 물질들을 싼값에 만들어 활용하는 연구와 동시와 인체와 환경에 대한 안전성 등에 관한 연구를 같이 해야지. 그래서 수없이 많이 만들어질 수 있는 유용한 물질들 중에서 안전한 물질을 선택해야겠지. 그리고 하나 더 해야지. 있지도 않은 은 나노 입자로 빨래를 하자라는 거짓 광고로 사람을 현혹하지 말아야지.

그래봐야 얘들은 탄소만 모여서 만들어진 나노 크기의 입자들일 뿐이잖아. 얘들이 모이면 더 거대한 분자가 되고 탄소에 다른 원소가 결합하면 또 더 다양한 물질들이 될 수 있지. 예를 들면 탄소에 수소와 산소가 결합하면? 탄화수소가 된다고? 길게 늘어진 탄화수소에 인산기가 결합하면? 세포막을 구성하는 인지질이 된다고? 여기서 끝나는 게 아니라 이 거대 분자들끼리 이온 결합이나 수소 결합에 의해 3차원 구조를 이룰 수도 있잖아. 사실 이렇게

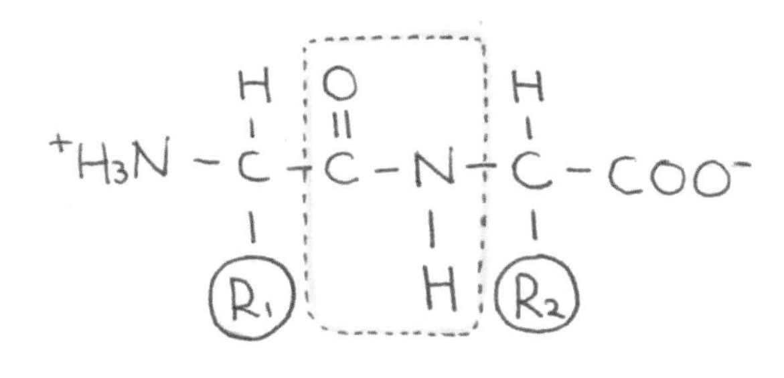

· 펩타이드 결합 ·

생기는 거대 분자들의 종류는 셀 수도 없이 많아. 아주 가까이 너를 이루고 있는 세포만 하더라도, 이중나선의 DNA, 산소를 운반하는 헤모글로빈 등등의 수많은 거대 분자 구조를 가지고 있거든.

놀랍게도 이 모든 구조가 공유 결합, 수소 결합, 이온 결합 등의 단순한 규칙에 의해서 만들어져. 물론 다른 이름으로 불리는 결합들이 있어. 단백질을 구성하는 단위체인 아미노산들끼리 결합할 때 '공유 결합'이란 용어를 사용하지는 않아. '펩타이드 결합'이라는 특별한 용어를 사용하지. 그렇다고 이게 공유 결합에서 벗어나는 것은 아니야. 분자들이 전자를 공유하는 방법이 엄청나게 다양하니까, 특별히 아민기(NH_2)와 카르복실기(COOH)가 만나 전자를 공유하는 결합을 특별한 이름으로 부를 뿐이지. 결합된 모양을 자세히 보면 탄소는 또 4개의 공유 결합을 했고, 질소는 3개의 공유 결합을 한 것을 볼 수 있잖아. 왜 그랬겠어? 탄소의 최외각 전자가 4개고, 질소의 최외각 전자가 5개니까 8개를 채우려고 하기 때문이지.

분자 기계라는 예외가 있기는 해. 애들은 공유 결합도, 수소 결합도, 이온 결합도, 금속 결합도 아닌, 기계와 같은 물리적 결합을 통해 움직일 수 있는 분자야. 그렇다고 공유 결합이나 수소 결합이 아예 없냐고? 그럴리가. 공유 결합으로 이루어진 여러 개의 탄화수소 고리나 사슬을 만든 후에 얘들을 기존의 결합 방식이 아닌 다른 방식으로 연결하는 거야. 여러 개의 탄화수소 고리를 만들어서 체인처럼 연결하거나 오륜기 모양으로 연결하기도 하고, 매듭으로 연결한다고 생각해봐. 매듭의 한 구성요소인 각각의 고리들이 일정하게 움직일 수 있는 공간을 확보하면서도 결코 떨어지지 않는 상태가 되는 거지. 이런 분자들의 크기는 나노미터 수준인데, 만약 움직이는 방향을 일정하게 조절할 수 있다면 방향성을 가지고 움직이는 초소형 모터 분자가 되는 거잖아. 이 기계에 암 치료 약물을 실어가지고 암세포를 향해 움직이게 한다면 보다 쉽고 효율적으로 암세포를 파괴할 수 있을 거잖아.

탄소가 만드는 거대한 분자 세상을 얘기하면서 생명체 얘기를 뺄 수는 없지. 앞에서도 얘기했지만, 단백질이나 세포막이나 그 모든 거대 분자의 중심에 탄소가 있어. 생명 정보를 담고 있는 DNA도 마찬가지고. 특히나 DNA는 생명체가 다음 세대로 유전 정보를 전달하는 연속성의 중심에 있기 때문에 새로운 생명체를 찾는데 매우 중요한 열쇠야. 그래서 우주에서 생명을 찾을 때 꼭 DNA 이야기를 해. 그런데 얼마 전에 미국 나사(NASA)에서 외계 생명체에 관한 놀라운 결과를 발표한다고 예고를 한 적이 있어. 그래서 망막한 우주에 외로운 생명체로 산다고 착각하는 지구인들이 너도나도 '외계 생명체를 찾았을까'라는 기대감을 안고 발표 내용에 귀를 쫑긋 세웠지. 그런데 발표한 내용이 고작 외계 생명체는 인(P) 대신에 비소(As)를 사용할 수도 있다고 발표한 거지. 이게 무슨 얘기냐고? 생명체의 유전정보를 모두 담고 있는 DNA에 인(P)이 들어 있는데, 어떤 미생물은 인 대신에 비소를 사용할 수도 있다는 얘기였지. 즉, 비소가 많은 환경에서는 생명체가 비소를 사용할 수 있으니, 외계에서 사는 생명체는 지구에 사는 생명체와 다를 수 있다는 거지.

그런데 이게 좀 이상해. DNA는 이중나선이잖아. 이 이중나선이 어떻게 생겼는지 먼저 보자. DNA(deoxyribonucleic acid)는 이름에서 볼 수 있듯이 산소가 하나 없는 리보스(deoxyribose)와 염기가 연결된, 흔히 핵산(nucleic acid)라고 부르는 A, T, G, C가 인산디에스터(phosphodiester) 결합에 의해 일렬로 연결된 거거든. DNA의 한 가닥을 분자 결합이라는 측면에서 자세히 뜯어보면 아주 단순해. 염기를 이루는 모든 결합은 공유 결합이고, 당인 데옥시리보스를 이루는 결합도 모두 공유 결합이지. 더불어 당과 당을 연결하는 인도 모두 공유 결합에 의해서 결합되어 있을 뿐이거든. 인산디에스터(phosphodiester) 결합이라는 생소한 이름도 결국은 당과 당을 연결하는 인 그룹이 관여하는 공유 결합에 별스런 이름을 붙인 것일 뿐이야. 수소 결합은? 두 가닥의 이중나선을 이루는 기본 원리가 염기와 염기, 즉 서로 짝을 이루는 A/T 그리고 G/C간의 수

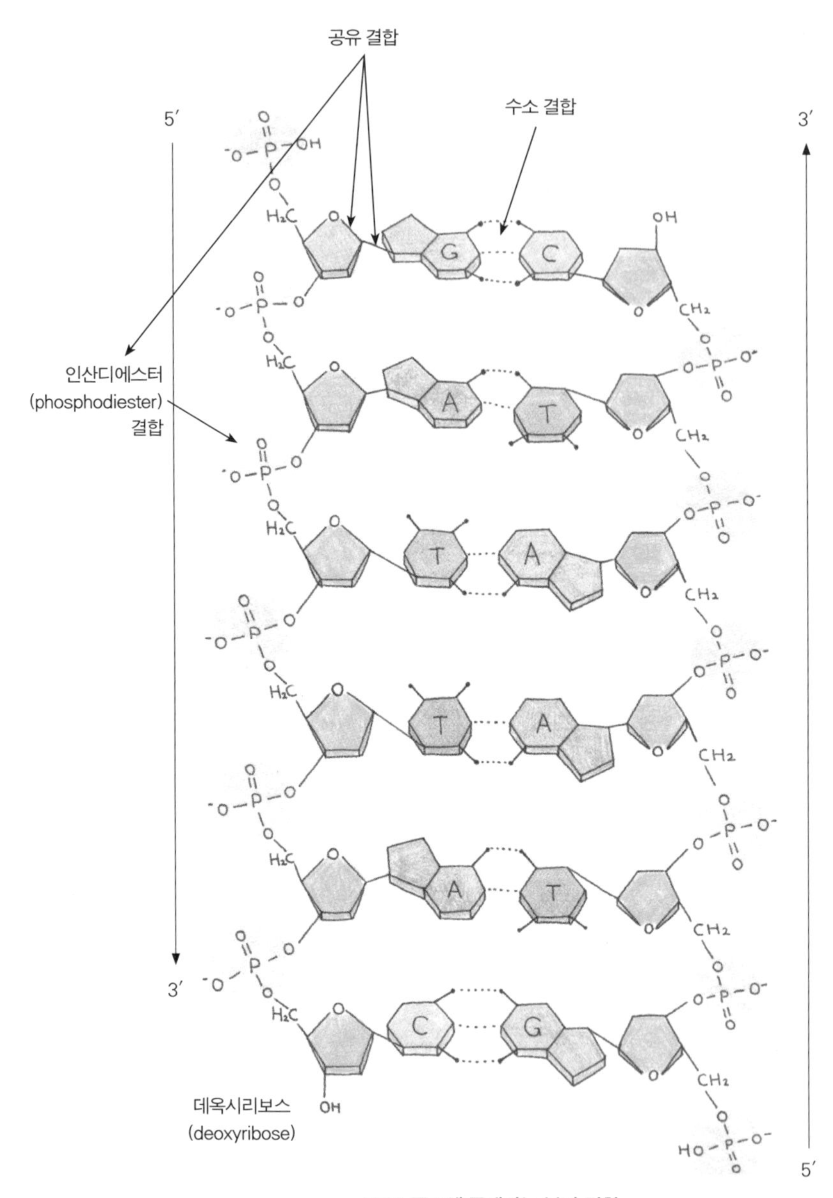

· DNA 구조에 존재하는 분자 결합 ·

소 결합이거든. 거기다가 DNA는 오른쪽으로 꼬이기까지 했잖아. 왜? 입체를 가진 분자들을 공간상에서 가장 안정되고 적절하게 배치하기 위해 음전하를 띠는 인 그룹을 최대한 멀리 떨어뜨리려고 그런 거지. 거대 분자들이 아무리 복잡해봐야 결국은 공유 결합, 수소 결합이 전부고 이렇게 결합된 분자들이 공간상에서 안정되게 배치되는 게 전부라는 얘기지. 이렇게 모인 DNA가 유전자 정보를 고이 간직하는 기능을 가지고 있다는 게 놀랄 일이기는 해.

DNA 구조에서 인이 어디에 있는지를 알았으니 다시 나사의 비소를 사용하는 외계 생명체 얘기로 돌아가자. 주기율표에서 인과 비소의 위치를 확인해볼래? 인은 원자번호 15번으로 15족인데 인 바로 아래 원자번호 33번의 비소가 위치하거든. 얘들은 최외각 전자가 5개인 전형 원소잖아. 같은 족에 속한 전형 원소라는 사실만으로도 얘들이 유사한 특징을 가지고 있다는 것을 예측할 수 있잖아. 따라서 주기율표만 봐도 특정한 환경에서 비소가 인을 대체할 수도 있다는 것을 쉽게 예측할 수 있지. 물론 비소는 독성이 강하기 때문에 과량 투여되면 생명체가 죽겠지. 하지만 인이 아주 부족한 상황에서 비소가 주어졌을 때 생명체가 궁여지책으로 사용할 수 있겠지. 아무리 그렇다고 해도 이 실험에서 사용한 미생물이 인을 더 좋아한다는 사실은 변함이 없거든. 실제로 나사의 이 떠들썩한 쇼는 많은 논란을 불러일으켰어. 인 대신 비소를 사용하는 생명체가 있다는 사실은 그 자체로 생명체에 대한 개념을 확장했다는 주장과 그래봐야 어쩔 수 없는 상황에서 그 미생물이 인과 유사한 특성을 지니는 비소를 사용했고 이게 새로운 생명체라고 말할 수는 없다는 주장이 대두되었지.

엄마가 이상하게 생각한 건 나사의 행동이야. 왜 이렇게까지 검증도 되지 않은 연구 내용을 마치 외계 생명체를 발견이라도 한 듯이 사전 예고까지 해가면서 발표를 했는지. 더 충분한 실험을 하고, 검증을 한 후에 발표해도 늦지 않았을 텐데…… 엄마 경험상 이렇게 과한 쇼를 할 때의 이유는 두 가지야. 연구비 대비 성과가 부족할 때, 그래서 연구비가 줄어들지도 모른다는 불안감에 시달릴 때. 그게 아니라면 비슷한 연구를 하는 경쟁팀이 먼저 동일한 연구 결과를 발표할지도 모른다는 불안감에 시달릴 때. 진실이 뭔지는 나사만이 알겠지.

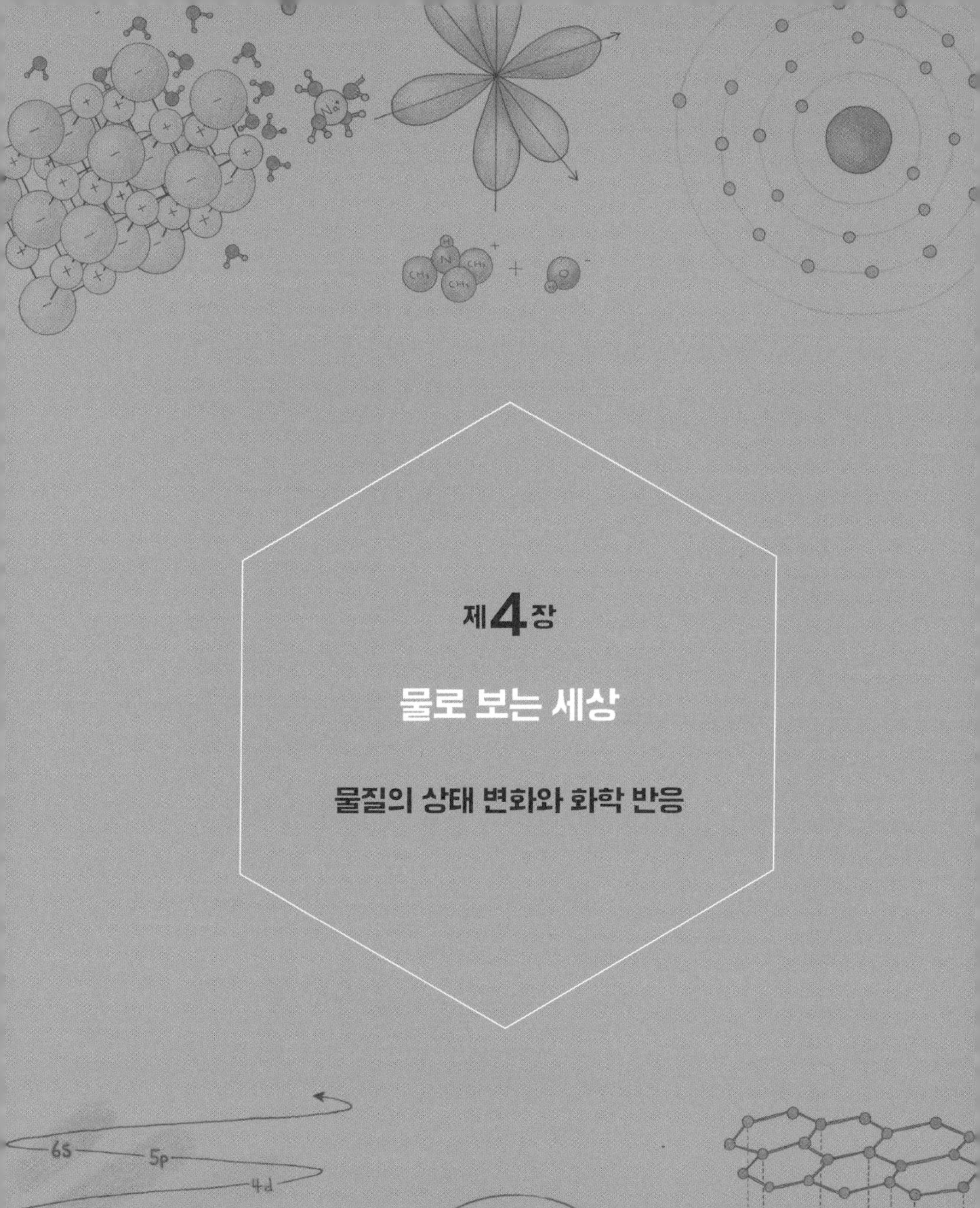

제4장

물로 보는 세상

물질의 상태 변화와 화학 반응

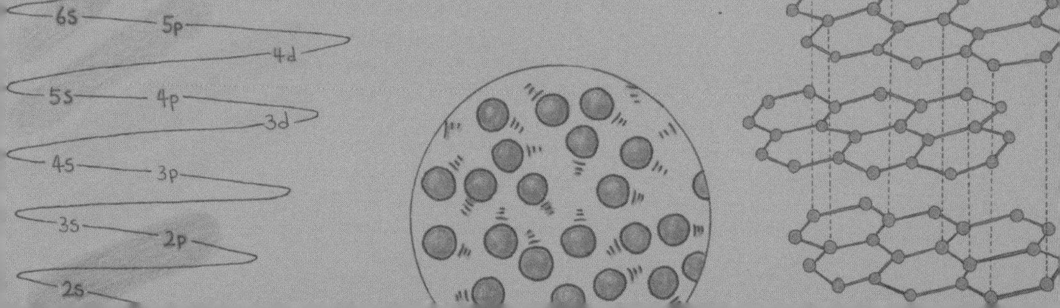

집에 들어오더니 냉장고에서 물을 꺼내 벌컥벌컥 마신다. 그래도 성에 안 차는지 얼음을 찾는다. 날씨가 더운 것도 아닌데 그렇게 물과 얼음을 찾아대는 이유가 뭘까 궁금해졌다. "왜 그렇게 물을 찾아? 밖에 더워?"라고 물어봤다. 그러나 돌아온 대답은 엄마의 물음에 대한 답이 아니라 얼음이 거의 없다는 사실에 대한 불평이다. "왜 얼음이 이것밖에 없어? 그러니까 얼음 나오는 정수기를 사자고. 정수기 사면 늘 시원한 물과 얼음을 마실 수 있잖아!" 또 정수기 타령이다. 알고 있는 것처럼 엄마가 정수기를 사거나 대여할 마음이 없다는 것을 잘 알고 있잖아. 이런 엄마의 마음을 알고 있는지 "이온수가 몸에 좋대! 이왕이면 탄산수 만드는 기능이 달려 있는 걸로 사자. 야채를 탄산수로 씻으면 훨씬 더 깨끗해진대. 그리고 수돗물에서 바이러스가 나왔대"라며 또 덧붙인다.

하긴 네 말처럼 수돗물의 안전성이 논란이 되면서 정수기가 불티나게 팔리다 보니, 정수기 만드는 회사들은 나름의 광고 카피를 만들어서 정수기 물이 좋다고 선전해왔지. 극성스럽게 물을 깐깐하게 고르자, 육각수가 몸에 좋다 하면서 말이야. 그 결과 넘쳐나는 '좋은 물'에 대한 정보의 홍수 속에서, 어느 말이 맞는지도 잘 모르면서 집집마다 정수기를 끌어안고 살지. 하지만 네가 말하는 문제들은 다 다른 방법으로 해결되거든. 얼음이야 물 끓여 열심히 얼리면 되고, 바이러스가 나오는 문제는 끓이면 해결되고 다른 불순물 제거를 위해서는 끓일 때 작은 구멍이 많은 알보리를 넣고 끓이면 되고, 야채 씻을 때 탄산수가 도움이 된다면 베이킹 소다를 소량 물에 타서 씻으면 되거든. 더 다양한 문제를 제기해봐라. 더 많은 답을 줄테니. 지금 너에게 정수기가 없는 상황은 스트레스 해소의 대상일 뿐이잖아. 정수기를 잘 관리한다면 편리하게 사용할 수 있지만, 엄마에게 '관리'는 아주 어려운 문제거든. 더불어 엄마에게 '좋은 물'은 '안전한 물'이거든.

네가 그렇게 물과 얼음 핑계를 대면서 교묘하게 감추려고 한다고 엄마가 너의 미묘한 상태 변화를 놓칠까? 아니, 지금의 너는 약간 아니 실제로는 아주 많이 열이 받아 있지. 그러니 집에 오자마자 어떤 대상을 핑계로 그 열을 식히려고 하고 있잖아. 그 과정에서 불행히도 너의 열받음을 식혀줄 대상이 정수기를 사지 않은 엄마가 되었을 뿐이지. 그래봐야 엄마에게 중요한 것은 너의 열받음이 아니라 네가 말한 물의 중요성일 뿐이지. 물이 왜 중요한데? 생명체는 물이 있어야 살 수 있다면서? 도대체 물이 뭐길래 그렇게 중요하다고 너도 주장하고 나도 주장하는 것일까? 물론 네가 생각하는 중요성과 엄마가 생각하는 중요성은 다르지. 너에게는 탄산수와 이온수가 중요하지만, 엄마에게는 물의 특성으로 인해 생기는 수많은 현상들이 중요하거든. 특히나 수많은 물질들이 상호 작용하고 반응하는 과정이 물속에서 일어나며, 더불어 수많은 반응이 일어날 때 물이 들어가기도 하고, 빠져나온다는 사실이 중요하지. 일반적인 화학 반응은 물을 빼고는 얘기할 수 없다는 거야. 물의 세상이지. 그래서 엄마는 세상을 물로 보려고 해.

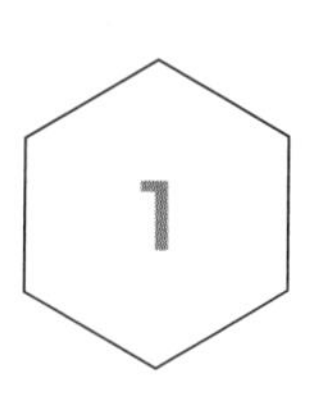

너 오늘 열받았어?

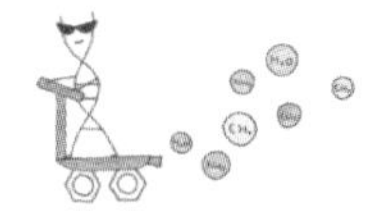

"엄마, 나 오늘 열 무지 받았어!" 얼굴은 시뻘겋고 콧구멍에서는 금방이라도 수증기가 뿜어져 나올 것 같은 형세니, 네가 말하지 않아도 알 수밖에 없다. 상황이 이쯤 되면 같이 동조해주고 같이 열내야 하는데 엄마가 그런 거 잘 못하잖아. 그래서 나온 말이 "왜 열받았는데?"라는 아주 시큰둥한 반응이다 보니 네가 약간 당황한다. 그렇다고 멈출 수 있는 상태는 아닌 듯, 다시 자가발전을 시작하며 수많은 단어들을 내뱉는다. 이런 상태에서 엄마가 말해봐야 네 화만 돋울 뿐이지. 너의 감당하지 못한 열기를 미리 간파하고 이미 방콕 중인 아들처럼 가만히 듣고만 있는 것이 최선임을 알기에 묵묵히 듣고만 있었다.

그렇게 몇 분을 혼자 자가발전하더니 목소리가 점점 잦아들었다. 그제야 정신을 차린듯 "엄마는 왜 듣고만 있어?"라고 물어본다. "너 열 식으라고~ 열을 받았으면 식혀야지. 물론 가만둬도 식지만 다른 곳으로 열을 쏟으면 더 빨리 식잖아. 금세 식었구만"이라는 엄마의 말에 피식 웃는다. 그런데 너의 이 감당할 수 없는, 얼굴이 빨개지고 씩씩거리는 상태 변화는 왜 일어나는 걸까? 화를 유발하는 어떤 말을 들었어. 그럼 심장이 쿵쾅거리면서 마구 펌프질을 해서 혈액의 흐름을 증가시키고, 맥박을 증가시키면서 미토콘드리아에 산소를 열심히 전달해 미토콘드리아가 엄청 많은 ATP를 생산해 온도를 마구 올리지. 그 열로 인해 너의 상태 변화가 일어난 거잖아. 열을 받았으니 뭔가 다른 형태로 방출해야지. 그 열을 품고 있으면 폭발할지도 모르잖아. 그래서 쪼르르 친구를 만나러 가고, 방에 처박혀 하루 종일 퍼즐을 맞추기도 하고, 음악을 듣기도 하잖아. 열로 인해 네가 하는 행동이 눈에 보이게 변했지. 그렇다고 완전히 다른 네가 되어 원래대로 돌아올 수 있는 상태는 아니잖아.

너처럼 모든 물질의 상태는 열로 인해 변해. 너랑 똑같이 대부분은 열이 식으면 다시 원래대로 돌아올 수 있는 상태로. 가역적이라는 얘기지. 이런 물질의 상태 변화에 대해서는 엄마가 굳이 얘기하지 않아도 승화, 기화, 융해 등의 과정이 있다는 것은 다 알잖아. 정말로 다 아는지 확인해볼까? "고체가 액체가 되는 과정은 융해, 반대의 과정은 응고라고 하는데 이런 물질의 상태 변화가 일어

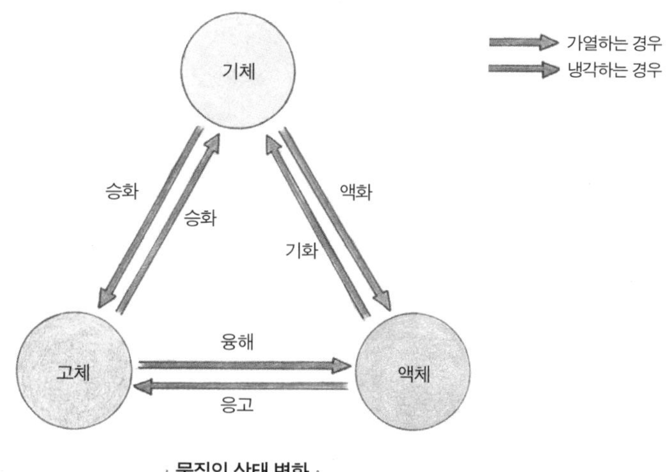

· 물질의 상태 변화 ·

나는 온도를 녹는점이라고 한다. 액체가 기체가 되는 과정을 기화, 그 반대의 과정을 액화라고 하는데 이때의 온도를 끓는점이라고 한다. 그리고 승화는 고체가 액체를 거치지 않고 바로 기체가 되는 현상이지"라고 아주 예쁘게 답을 한다. 그런데 그게 정말 그런지 궁금하지 않냐? 그러니 엄마의 탁월한 능력을 발휘해 네가 알고 있는 사실이 얼마나 애매모호한 얘기이며 얼마나 부정확한 얘기인지 알려주마.

분자들의 탈출

게으른 엄마로 인해 몇 가지 문제들이 발생하지. 빨래를 쫙~ 펴서 널어야 하는데 대충 널어 어디는 마르고 어디는 눅눅한 상태가 속

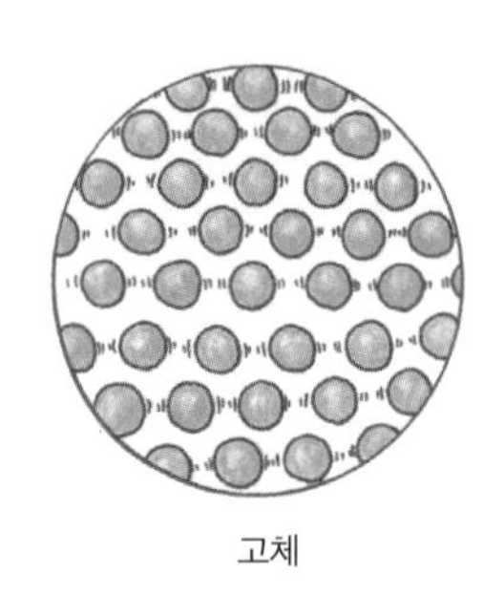

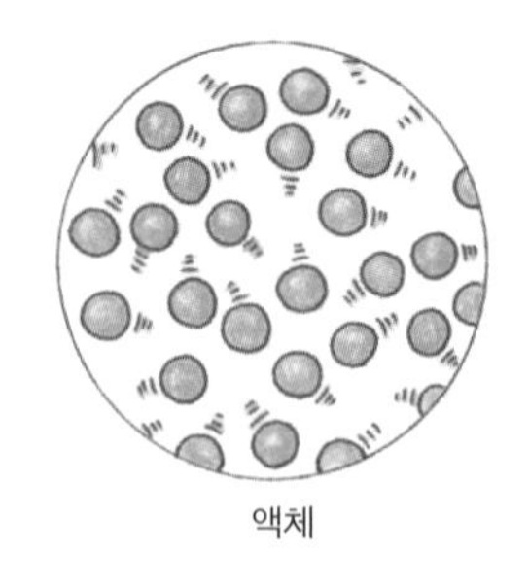

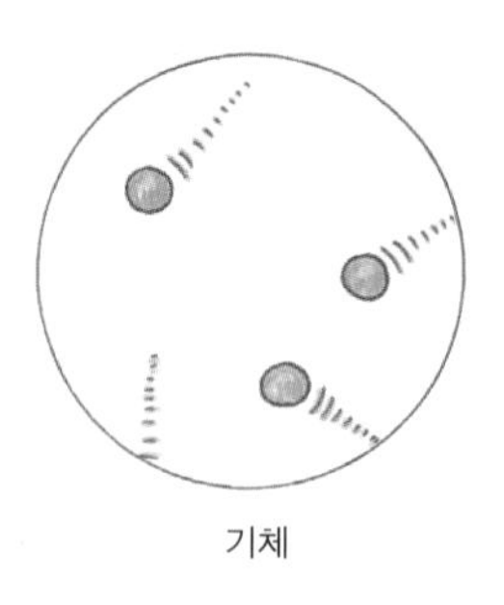

· 물질 상태에 따른 상대적 분자 운동 ·

출하기도 하고, 냉동실에 고기를 넣어뒀는데 완전히 밀폐하지 않아 고기가 마르는 그런 일들 말이야. 이런 문제들은 한마디로 물 분자들이 탈출해서 일어난 일이지. 액체인 물 분자들이 기체가 되어 날아가는 증발 현상에 의해 빨래가 마르고, 고체 상태의 물 분자들이 탈출해서 기체가 되는 승화 현상으로 인해 고기가 말라버린 거지. 네가 기화를 액체 상태의 물이 기체가 되는 현상으로 이때의 온도를 끓는점이라고 했지만, 순수한 물의 끓는점 100℃에 도달하지 않았는데도 물 분자들은 '증발'이라는 현상을 통해 기체 상태로 변했잖아. 만약 증발 현상이 없다면 빨래를 말리기 위해 100℃ 이상의 뜨거운 바람을 쏘여줘야 할 것이며, 물의 증발이 없어서 비도 안 오는 지구에서 살아야 될 거야. 네가 물질의 상태 변화에 대해 기화니, 융해니, 승화니 하는 답을 했는데 이 답은 맞아. 다만, 물질의 형태, 즉 상이 바뀌는 상태 변화는 반드시 녹는점이나 끓는점에 도달하지 않아도 아무 때나 일어날 수 있다는 거지.

네가 그려놓은 〈물질 상태에 따른 상대적 분자 운동〉 그림을 보

자. 고체는 분자 운동이 거의 일어나지 않는 것처럼, 액체는 고체보다는 분자 운동이 활발한 것처럼, 그리고 기체는 그보다 더 분자 운동이 활발한 상태로 그려놨잖아. 고체의 분자 운동이 가장 적고, 기체의 분자 운동이 가장 크지. 이는 부피로 표현될 수도 있고, 동일한 질량에 대한 부피 비율로 나타낼 수도 있지. 그래서 일반적으로 고체 → 액체 → 기체로 갈수록 분자 운동이 활발해져 부피가 커지고, 이로 인해 밀도($\rho=m/v$)가 작아진다고 얘기하잖아. 이런 변화를 다른 말로 표현하면 '분자간의 인력이 고체에서 기체로 갈수록 점점 약해진다'고 할 수 있어. 온도를 낮추면 분자 운동이 줄어들고 분자들의 거리가 짧아서 서로 잘 끌어당길 수 있잖아. 그러니 인력이 커지고 부피가 줄어드는 거지. 분자 간의 인력이라는 게 뭐냐고? 서로 당기는 힘이 인력이니 물의 경우 물 분자와 물 분자를 연결해주는 수소 결합이지. 그럼 고체 상태에서는 분자 운동이 전혀 일어나지 않느냐고? 설마 그런 일이. 너의 그림에서도 미세하게, 그리고 끊임없이 움직이고 있는 고체 상태의 분자를 볼 수 있잖아. 이는 고체 상태의 물 분자를 1억 배 이상으로 확대했을 때 보이는 모양이야. 고체 상태의 분자 운동은 우리의 눈으로는 볼 수 없는 아주 작고 미세한 움직이라 마치 정지되어 있는 것처럼 보일 뿐이지.

그렇게 끊임없이 분자들이 움직이다가 어느 순간 어떤 분자가 인력을 끊고 탈출하는 거지. 분자 간의 인력을 어떻게 끊냐고? 분자 운동을 활발하게 만들면 되는데, 여기에 필요한 게 열이잖아.

열받게 하면 되는 거지. 그 열이 어디서 오냐고? 옆에서 움직이고 있는 분자에서 올 수도 있고, 공기 중에서 올 수도 있지. 만약 완전히 외부의 열을 차단한 공간에서 한 분자가 승화하거나 기화한다면 옆에 있는 분자들로부터 열을 받았겠지. 그럼 열을 준 분자는 더욱 분자 운동이 줄어들 거야. 분자가 탈출하기 위해 주위로부터 열을 빼앗은 결과, 주위는 상대적으로 온도가 낮아지는 거고. "그럼 증발하면 주위 온도가 내려가?" 맞아. 그래서 더운 여름날 마당에 물을 뿌리면 기화하면서 주위의 열을 빼앗기 때문에 온도가 내려가서 시원하게 느끼는 거고, 여름에 계곡 옆을 지나가면 훨씬 시원하게 느끼는 거지.

분자의 탈출을 얘기하면서 계속 '열~ 열!'을 외치고 있는데, 열이 뭔지 진지하게 생각해본 적이 있을까? 열이 에너지인가? 에너지는 모든 물질이 품고 있는 '일할 수 있는 능력'을 말해. 이 능력이 어떤 조건에서 발휘되면 일이 되기도 하고, 열이 되기도 해. 즉, 열은 에너지의 흐름을 차가움과 따뜻함이라는 온도를 기준으로 측정한 거라고 할 수 있어. 그래서인데 냄비에 얼음을 넣고 온도계를 꽂고 강력하게 열을 가해보자.

고체가 열을 받아 점점 온도가 올라가다보면 어느 순간 고체와 액체가 공존하는 순간이 오지. 이때의 온도를 녹는점이라고 하잖아. 녹는점에서는 계속 에너지를 가해도 물질의 온도가 증가하지는 않아. 엄마가 예를 든 물질이 물이니 물은 계속 0℃라는 얘기지. 액체 상태의 물과 얼음이 둥둥 떠 있는 상태에서 계속 열을 받

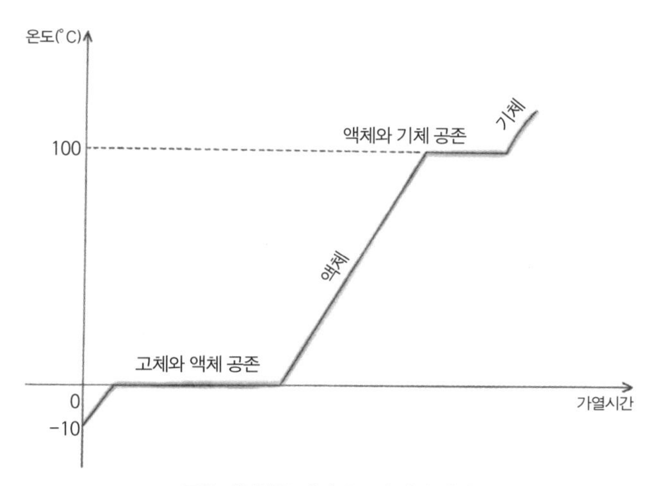

· 물을 가열했을 때의 온도와 상태 변화 ·

아 얼음이 다 녹으면, 열을 받는 족족 분자 운동이 활발해져 온도가 본격적으로 올라가. 그러다가 액체와 기체가 공존하는 상태의 끓는점에 도달하면 올라가던 온도가 또 멈추지. 액체 상태의 물을 계속 끓여봐야 여전히 100℃일 뿐이야. 녹는점과 끓는점에서는 다른 형태의 물질상이 공존하고 있다는 것을 이미 다 알아버렸지? 그럼 온도가 증가하지 않는 구간에서 가해진 열은 모두 어디로 갔다고? 물 분자를 열받게 하는 데 사용이 되었지. 그 결과 분자 간의 인력을 끊을 정도로 분자 운동이 활발해지는 거지.

이렇게 고체가 녹아 융해되는 데 필요한 열을 융해열이라 하고, 액체가 기체로 상태 변화 하는 데 필요한 열을 기화열이라고 해. 이런 과정에 붙어 있는 열의 이름을 가만히 들여다보자. 액화되면 액화열, 기화되면 기화열이잖아. 즉, 어떤 물질의 상태 변화 진행방향의 이름을 따라 열의 이름을 붙였지. 열을 받는 것만 있나? 열을 빼앗기는 것도 가능하지. 기화되었던 물질이 열을 빼앗겨 액화가 될 수도 있고, 융해된 물질도 열을 빼앗겨 응고할 수도 있지. 각각의 과정에서 빼앗기는 열의 이름도 있을 거잖아. 액화될 때 빼앗기는 열은 액화열이고 응고될 때 빼앗기는 열은 응고열이겠지. 그런데 말이야, 물질의 상태 변화는 온도와 압력 변화에 따라 양쪽반향으로 반응이 모두 일어나는 가역 반응이기 때문에 액화열과 기화열은 같을 수밖에 없어. 그 과정에서 열이 들락거리는 거지. 혹시 숨은열(잠열)을 기억하는가? 태풍이 스스로 거대해질 수 있는 이유가 숨은열 때문이라고 얘기했었지. 기체인 수증기가 온도가 낮아져 액체가 되면서 기체가 품고 있던 열이 방출된다고. 그 열이 또 다른 증발을 유발한다고. 이런 가역 반응은 온도와 압력만 바꿔주면 쉽게 일어날 수 있어.

물만 그런 것이 아니라 모든 순수한 물질이 녹는점과 끓는점에서 온도가 유지돼. 단지 차이가 있다면 물질마다 녹는점과 끓는점이 다를 뿐이지. 이는 서로 다른 형태의 상이 공존하는 온도, 예를 들면 녹는점과 끓는점은 순물질의 고유한 특성이라는 것을 의미해. 그래서 늘 물의 끓는점을 질문하면 기다렸다는 듯이 '100℃!'라고 대답하잖아. 고체인 금의 녹는점은 약 1600℃고, 끓는점은 3900℃이고, 먹으면 기분이 좋아진다고 착각하는 알코올(C_2H_5OH)의 끓는점은 78℃이며 녹는점은 －114.1℃일 뿐이지. 당연히 이 온도를 나타내는 숫자 뒤에 1기압의 조건이라는 단서가 붙을 수밖에 없지. 위에서 아주 무거운 공기가 누르면 그 압력을 끊고 분자가 탈출하기가 어렵잖아. 분자 간의 인력은 압력에 영향을 받는다는 얘기지. 온도와 압력에 대한 관계는 나중에 좀 더 자세히 얘기하자구.

이렇게 물체마다 고유한 녹는점과 끓는점이 나타나는 이유는? 분자 간의 결합이 얼마나 강하냐에 의해 결정돼. 어떤 분자들이 강력하게 서로를 끌어당기면 액체가 되고 기체가 되기 위해서 더 많은 열을 필요로 하니까 녹는점과 끓는점이 높아지는 거야. 금을 봐봐. 금속 결합이 얼마나 강하면 녹는점과 끓는점이 저렇게 높겠어. 물도 알코올에 비해 끓는점이 높잖아. 그건 물 분자의 인력이 알코올 분자의 인력보다 더 강하다는 것을 의미하지. 물 분자의 인력을 끈끈하게 강하게 만든 게 뭐였지? 수소 결합이지. 사실 물은 다른 액체에 비해 둔해. 열도 천천히 받고 식기도 천천히 식고. 이게 다 수소 결합 때문이지.

다시 너의 대답으로 돌아가서 '액체가 기체가 되는 과정을 기화, 그 반대의 과정을 액화라고 하는데 이때의 온도를 끓는점이라고 한다'라는 답을 뽑아보자. 적어도 기화를 정의함에 있어서 '액체가 기체가 되는 과정'이라는 답은 완벽해. 하지만 '이때의 온도를 끓는점이라고 한다'는 답은 증발 현상을 통해 틀렸다는 것을 알았잖아. 그럼 기화랑 증발이랑 뭐가 다르냐고? 기화는 액체가 기체가 되는 모든 과정이고 증발은 기화의 한 가지 현상일 뿐이지. 기화가 일어나는 또 다른 현상인 '끓음'이 있잖아. 그게 네가 말한 끓는점에서 일어나잖아. 그런데 머리 아프게도 끓는점의 정의가 아주 애매해. 사실 끓는점의 정의가 애매하기보다는 '끓는다'라고 판단하는 시점이 모호할 수 있어. 어떤 물질이 '방금 끓기 시작했다'라고 판단할 때는 관찰자의 주관이 들어가기 때문이지. 냄비 바닥에서 기포가 마구마구 올라오는 순간을 끓는다고 말할 수도 있고, 표면까지 흔들려야지 끓는다고 말할 수도 있다는 거지. "아~ 왜 가장 처음 끓는 시점에 집착하냐고? 그냥 누가 봐도 '이건 끓는 거다'라고 말할 수 있을 때까지 기다리면 되잖아!" 맞아. 그래서 흔히들 증발과 끓음을 비교해서 '증발은 액체 표면에서 일어나는 분자의 탈출이고, 끓음은 내부 전체적으로 분자의 탈출이 일어나는 현상이다'라고 얘기해.

"엄마, 그런데 이상해. 왜 승화는 전혀 얘기를 안 했어?" 다 이유가 있지. 끓는점, 녹는점은 들어봤지만 '승화점'이라는 용어는 들어본 적이 없잖아. 이는 일정하게 딱~ 정해진 온도에서 승화가 일어나는 것은 아니기 때문이야. 그야말로 고체 상태에서 이리저리 분자 운동을 하다가 우연히 더 많은 열을 받아 탈출하는 현상일 뿐이니까. 그래서 딱 잘라서 '이 물질의 승화점은 ○○ ℃야!'라고 말하지 못하고, '얘는 승화가 잘 일어나는 물질이고, 재는 승화가 잘 안 일어나는 물질이야'라고밖에 말하지 못해. 비록 정확하게 온도를 말하지는 못하지만, 물질마다 승화하는 정도가 다르기 때문에 승화는 특정 물질의 고유한 특성이라고 할 수 있어. 어떤 물질은 아주 쉽게 승화가 일어나는 반면 어떤 물질은 거의 안 일어나거든. 승화가 잘 일어나는 물질? 드라이아이스나 나프탈렌 등이 대표적인 물질이지.

드라이아스를 상온에 그냥 두면 무럭무럭 김이 솟아나는 것을 볼 수 있지만 얼음을 둔다고 시야를 가릴 정도로 승화가 활발하게 일어나지는 않아. 승화가 잘 일어나는 물질들의 공통적인 특징이 뭐겠어? 당연히 분자 간의 인력이 약한 녀석들이지. 상온에 꺼내 놓으면 김이 무럭무럭 나는 드라이아이스는 기체 상태의 이산화탄소에 압력을 가하고 온도를 낮춰 억지로 이산화탄소 분자의 거리를 아주 가깝게 만들어 고체로 만든 거야. 이렇게 억지로 온도는 낮추고 압력을 가하지 않으면 이산화탄소는 늘 자유로운 기체 상태거든.

혹시 앞에서 얘기한 분산력을 기억하는가? 엄마가 대충 얘기해서 기억하지 못한다고? 다시 얘기하자. 무극성 분자인 이산화탄소를 극성 분자인 물에 녹이면, 극성을 띤 물 분자가 마구 접근할 거잖아. 그럼 순간적으로 이산화탄소 분자에 마치 극성 분자처럼 아주 약한 전기적 편향이 생겨. 편향은 한쪽으로 쏠린다는 거잖아. 전자가 한쪽으로 쏠리면 상대적으로 한쪽은 양전하를 다른 한쪽은 음전하를 띠겠지. 이 전기적 편향에 의해 무극성 분자가 순간적으로 아주 약한 전하를 띠는데, 이를 '유발 쌍극자'라고 해.

또한 주위에 극성 분자가 없어도 억지로 분자 간의 거리를 아주 짧게 만들면, 무극성인 이산화탄소 분자들이 서로 영향을 주기 때문에 이산화탄소도 살짝 변신해. 즉, 산소의 공유 결합하지 않은

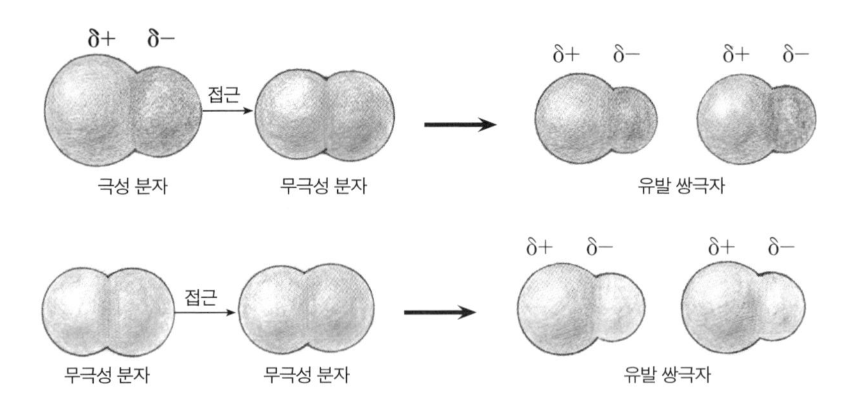

· **무극성 분자의 변신** ·
(위: 극성 분자에 의한 무극성 분자의 유발 쌍극자, 아래: 무극성 분자에 의한 유발 쌍극자)

전자쌍이 다른 분자의 비공유 전자쌍을 공격해서 반대쪽으로 밀어버리는 거야. 그러면 또 '유발 쌍극자'가 생기지. 이렇게 형성된 유발 쌍극자 간에 작용하는 힘을 분산력이라고 하지. 그런데 유발 쌍극자는 순간적이고 전자의 편향이 아주 작기 때문에 유발 쌍극자에 의한 분산력은 아주 약할 수밖에 없거든. 실제로 무극성 기체인 이산화탄소를 1기압에서 고체로 만들기 위해서는 약 −78℃까지 내려 분자 간의 거리를 아주 짧게 해야지만 분자들 간에 분산력이 생길 수 있는데, 그마저도 너무나 약해 상온에 두면 분자가 탈출하는 게 눈에 보이잖아. 아주 적은 열만으로도 기체가 되기에 충분할 정도로 결합이 약하다는 거지.

그리고 한 가지를 더 얘기하면 고체, 액체, 기체의 세 가지 물질 상태가 공존하는 삼중점이라는 게 있어. 당연히 이 또한 물질마다 다 다르지. 이산화탄소의 경우, -56.4℃ , 5.11기압에서 세 가지 물질 상태가 공존해. 이건 상태가 변하기는 하는데 일정한 조건에서는 물질의 상태가 평형을 이루기 때문이지.

순수하기도 하고 둔하기도 하고

그래서 엄마 말을 듣고 물을 끓여봤는데 100℃라는 숫자가 안 나온다고? 눈금이 이상한 것 같아 몇 번을 해봤다고? 어떤 때는 101℃가 되기도 하고 어떤 때는 98℃가 되기도 하고, 어떤 때는 105℃가 되기도 한다고? 당연히 안 나올 수 있지. 엄마가 그랬잖아. '100℃'라는 끓는점은 순수한 물이 1기압일 때 끓는 온도라고. 온도계가 냄비 바닥에 닿지 않았다면, 100이라는 숫자가 안 나온 몇 가지 이유가 있을 수 있겠네. 네가 끓인 물이 순수한 물이 아니거나 기압이 1기압이 안 되었거나 아니면 둘 다거나. 기압에 관한 얘기는 나중에 할 거니까 순수한 물에 대해서만 생각해보자.

그런데 순수한 게 뭐냐? '다른 물질이 섞여 있지 않고 한 종류만으로 이루어진 물질로, 녹는점, 끓는점, 밀도 등이 일정한 고유의 성질을 가지고 있으며, 크게 홑원소 물질과 화합물로 분류된다.' 이게 네가 배운 순물질 아니니? 홑원소 물질은 금이나 다이아몬드처럼 하나의 원소로만 이루어진 물질이지. 이게 엄마가 앞에서 얘기한 궁극의 물질, 분자잖아. 그러면서 혼합물을 분리하기 위한 몇 가지 방법을 배웠잖아. 물과 기름을 분리하기 위해 밀도차를 이용하고, 술을 정제하기 위해 끓는점의 차이를 이용하고, 물질의 성질의 따라 확산되는 정도를 이용한 크로마토그래피를 이용하기도 한다고. 뭐 거기다가 흙탕물처럼 균일하지 않은 혼합물을 분리할 때는 그냥 내버려두면 무거운 게 가라앉는다고.

다 좋아. 그런데 세상에 100% 순순한 물질은 없지만 그래도 정말로 순도 100%에 가까운 물을 만들기 위해 노력해보자. 어떻게 하냐고? 1차로 증류해서 액화시키고, 그 물을 모아 또 증류하고 또 액화시키고, 정말로 정밀한 실험을 위해서는 3차까지 증류하기도 해. 그렇게 해서 물에 들어 있는 아주 소량의 미네랄 이온들까지 제거하거든. 우리가 일상에서 접하는 물은 증류하지 않은 그냥 물이야. 그렇다고 정말 순수함에 가까운 증류수가 좋다는 것은 아니야. 미네랄 이온과 같은 불순물이 없는 증류수를 마구 마시면 배가 아프거든.

그런데 이렇게 녹아 있는 불순물 말고 또 다르게 불순하다고 말할 수 있는 불순물들이 있어. 물이 한 종류의 물 분자로만 이루어져 있니? 기억하는가? 배신의 아이콘을? 생길 때 이상해서 남들보다 더 많은 중성자를 가진 녀석들. 물을 구성하는 수소를 보면 일반적인 수소($^{1}_{1}H$), 중수소(Deuterium, $^{2}_{1}H$), 삼중수소(Tritium, $^{3}_{1}H$)가 있고, 산소도 $^{16}_{8}O$(O-16), $^{18}_{8}O$(O-18)의 동위원소들이 있지. 얘들을 조합하면, 아주 다양한 종류의 물 분자가 만들어질 거야. 이런 조합으로 만들어진 개개의 물 분자들은 녹는점과 끓는점이 다 다르거든. O-18로 이루어진 물 분자가 O-16으로 이루어진 물 분자보다 무거워서 증발 속도가 느리고, 어는점이 낮거든. 결국 우리가

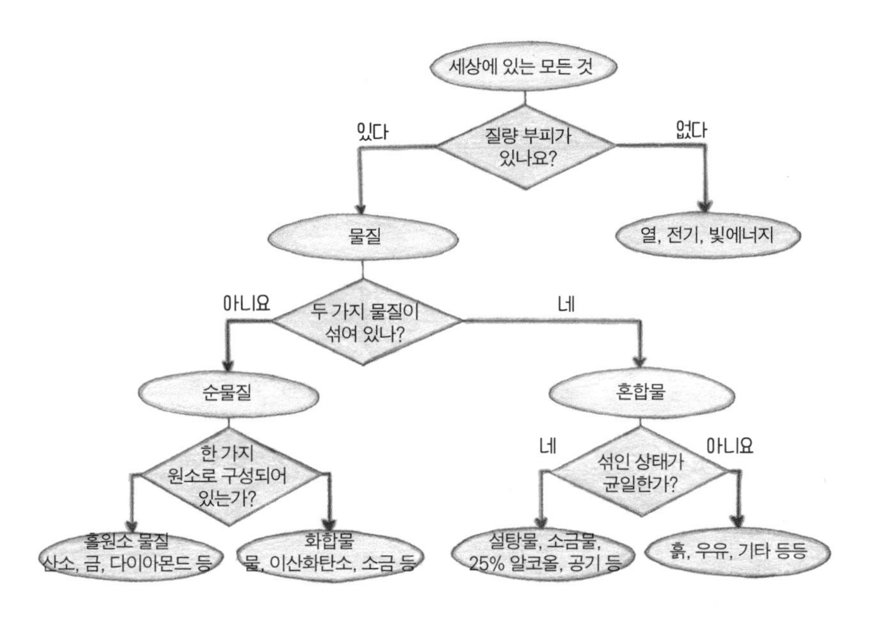

· 세상의 모든 물질 분류 알고리즘 ·

100% 순수한 물을 얻었다고 하더라고 중수소와 삼중수소, 그리고 O-18로 이루어진 물 분자들이 섞여 있는 물이지.

하지만 지구상에 중수소와 삼중수소, O-18의 양이 워낙 적기 때문에, 이런 동위원소로 이루어진 물 분자들의 양은 엄청 적을 수밖에 없어. 동위원소로 구성된 물 분자들의 고유한 특성이 일반적으로 물이라고 부르는 물질의 고유 특성에는 크게 영향을 안 준다는 거지. 그래서 그냥 무시해. 보다 엄밀하게 얘기하면 지구상에 존재하는 물은 평균적으로 유사한 양의 동위원소를 포함한 물 분자로 어우러져 있어서 '물의 특성'은 개개의 물 분자 특성을 이미 고려한 것이라 할 수 있어.

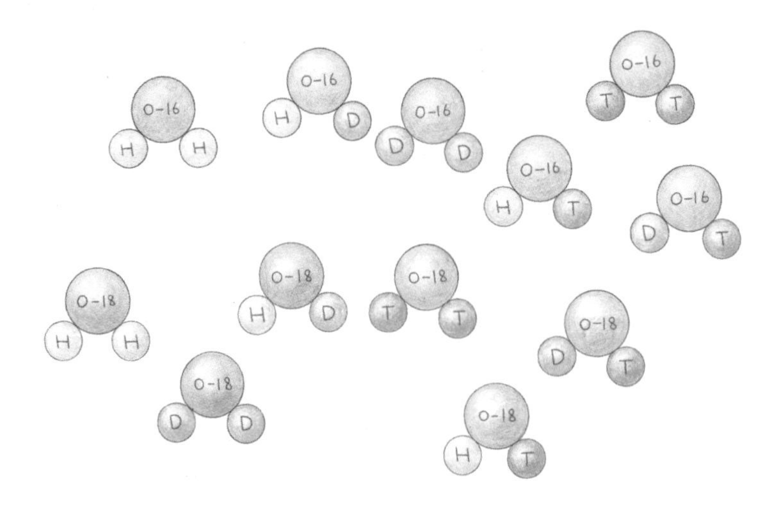

· 수소와 산소의 동위원소로 만들어질 수 있는 물 분자의 종류(D; 중수소, T; 삼중수소) ·

물 분자의 종류가 너무 많아서 또 열받는다고? 그런데 너의 열받음에 대해 너무나 냉랭한 엄마는 언제 열받냐고? 엄마가 열받을 때는 대부분 너로 인해서지. 특히 너로 인해 힘을 써야 하는 경우, 네가 아픈 경우, 네가 상처받은 경우 등등이지. 너는 물을 이용해 엄마를 너무나 쉽게 열받게 할 수 있거든. 네가 유리병에다가 물을 꽉 채워서 냉동실에 넣어두는 거야. 그러면 액체 상태의 물이 얼면 유리병이 깨지거든. 그 병을 맨손으로 꺼내서 만지면? 유리에 손이 베일 확률이 높아지지. 네가 상처를 입는다는 거잖아. 이런 순간이 바로 엄마가 열받는 순간이지. 거기다가 병이 깨지면서 물이 넘쳐 물건들을 꺼내고 청소해야 하는 상황이 되면 머리끝까지 열받겠지. 왜 유리병이 깨지냐고? 물이 얼면서 부피가 늘어나니까 안 그래도 깨지기 쉬운 유리병이 갈라지는 거지. 왜 얼음이 되면 부피가 증가하는데?

엄마가 그랬잖아. '일반적으로 고체 → 액체 → 기체로 변할 때 부피가 증가한다고 했는데, 이때 앞에 '일반적으로'라는 부사를 붙였어. 왜 '일반적으로~'라고 얘기했겠어? 늘 예외가 있다는 얘기지. 그 예외가 또 물이야. 물의 부피가 최소일 때는 0℃ 이하에서 고체 상태가 아니라 4℃일 때의 액체 상태거든. 4℃일 때 물 분자는 움직임이 줄어든 상태에서 자기들 사이사이에 끼어들어갈 수 있어. 이로 인해 분자 사이의 빈 공간이 거의 없어지면서 물의 부피가 최소가 돼. 그러다가 온도가 더 낮아져 얼음이 만들어지면 반전이 일어나. 왜? 결정을 만들거든. 결정을 만들려면 물 분자들이 일정한 간격을 유지한 상태에서 수소 결합이 일어나야 하잖아. 이로 인해 얼음이 어는 0℃가 되면 4℃일 때보다 부피가 증가하는 거지. 엄마가 '육각수라는 용어가 이상하다'라고 말한 것을 기억하는가? 액체 상태에서 육각형을 만드는 건 거의 불가능해. 물 분자와 물 분자가 수소 결합을 해서 일정한 결정을 만드는 것은 고체 상태일 때나 가능하지, 액체 상태에서는 비교적 자유롭게 움직여 육각형의 결정 구조를 만들 수가 없거든. 더불어 부피하면 또 떠올라야 하는 게 있지 않나? 밀도! 물의 밀도는 부피가 최소인 4℃일 때 최대가 되겠지.

사실 냉동고에 물이 넘친 정도는 기꺼운 마음으로 참아줄 수 있지만, 설탕이 왕창 들어가서 끈적끈적한 탄산음료가 든 병이 깨졌다면 가득 찬 냉동고를 쳐다보며 한숨을 쉬고 있겠지. 탄산음료를 얼리면 어찌될까? 탄산음료에 들어 있던 물 분자들이 육각의 결정을 이루면서 부피가 늘어나겠지. 더불어 물 분자 사이사이에 끼어 들어가 있던 이산화탄소들이 물의 결정 구조 때문에 녹지 못하고 액체 외부로 자꾸만 밀려날 거잖아. 투명한 유리병에 탄산음료를 넣어 얼려보면 액체 외부로 밀려서 생긴 방울방울 모양의 이산화탄소 기체들을 볼 수 있어. 그럼 일반 물을 유리병에 얼렸을 때보다 부피가 더 많이 팽창해서 더 쉽게 깨지겠지. 그렇게 냉동고 안에서 깨진 탄산음료 병을 보는 순간 엄마는 서서히 열을 받으면서 상태 변화를 위한 준비를 하고 있겠지.

물이 이런 고약한 특성을 가져서 엄마를 아주 쉽게 열받게도 하지만, 수소 결합 때문에 가지는 수많은 특성들로 인해 정말 사랑할 수밖에 없는 물이 되기도 해. 이미 한 가지는 얘기했어. 극성스러운 물이라서 생명체에 필요한 극성 물질들이 잘 녹아 들어간다고. 아마 물의 이런 특성에 특별히 고마워해야 하는 생명체 중 하나는 겨울에 강이나 바다가 얼어붙는 지역에 사는 물고기들일 거야. 추운 겨울에 강물이 바닥부터 얼면 강 전체가 얼음으로 뒤덮일 거잖아. 그러면 그 안에 살고 있는 물고기들도 다 얼어버리거나 점점 강 표면으로 올라오다가 마침내 얼음에 갇혀버리겠지. 하지만 이런 일은 일어나지 않거든.

날씨가 추워지면 비열이 낮은 육지가 물보다 더 쉽게 차가워져.

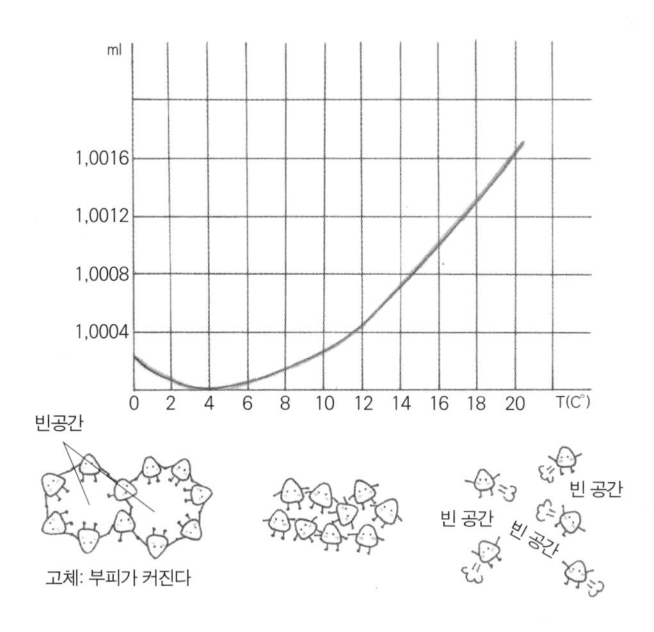

· 1기압에서 온도에 따른 물의 부피 변화 ·

그럼 상대적으로 육지와 접한 강물의 온도가 먼저 내려갈 거잖아. 그렇게 수온이 내려가다가 표층의 물이 드디어 4℃에 도달하면? 밀도가 최대가 되었으니 그 무게를 이기지 못하고 아래로 내려가겠지. 하지만 아래층에서 위층으로 올라와 표층수가 된 물은 아래에 가장 밀도 높은 4℃ 물이 버티고 있으니 아래층으로 내려가지 못하고 표층에서 계속 3℃가 되고 2℃가 되겠지. 이런 온도의 물은 4℃ 물보다 밀도가 낮으니 아래로 내려갈 수도 없고. 그 상태에서 계속 표층의 물만 온도가 내려가 0℃에 도달하면 얼어버리는 거지. 그 결과? 얼음 아래층은 물고기가 살 수 있는 충분한 물이 존재하는 환경이 되는 거야.

지금까지 엄마가 물에 대해 떠든 얘기들은 모두 1기압에서 일어나는 현상들이야. 기압이 높아지거나 낮아지면 물의 끓는점과 녹는점이 다 바뀌거든. 해저 2.6km 바다 속에 있는 물은 온도가 100℃가 되어도 안 끓어. 물이 끓는다는 것은 액체 상태의 물 분자가 분자 간의 인력을 끊는 일이라고 했어. 그런데 260기압이나 되는 압력이 누르니까 분자 간의 인력을 끊을 수가 없는 거지. 그래서 온도는 계속 높아져만 가는 거고. 반대로 100℃도 안 되는 온도에서 물을 끓게 만들려면 압력을 낮추면 되는 거잖아. 밀폐된 공간에서 공기를 제거해 공기압을 인위적으로 줄이거나, 기압이 낮은 산 위로 올라가면 되지.

해발고도 1700m인 한라산 윗세오름에 가면 매점이 있어. 낑낑거리면서 올라가면 배가 고프잖아. 매점에서 사발면을 팔거든. 땀 흘리고 난 뒤에 먹는 사발면 맛은 기가 막히지. 특히 겨울에 올라가면 따뜻한 국물이 완전히 땡기잖아. 땀을 많이 흘려 몸이 소금을 원하기도 하고. 그런데 이곳에서 파는 사발면은 늘 면이 설익어. 이 정도의 고도가 되면 대기압이 약 0.8기압 정도 되거든. 이때 물은 100℃가 아니라, 94℃쯤에서 끓어. 기압이 낮으니 분자 간의 인력을 쉽게 끊을 수 있어서 물이 100℃보다 낮은 온도에서 끓는 거지. 이런 현상을 설명하는 예로 '산에 가면 압력이 낮아 물 끓는 온도가 낮아져 밥이 설익는다'고 하는데, 요즘 세상에 어느 산에 가서 밥을 할 수 있냐? 대부분 취사 금지잖아. 아~ 그래도 있기는 하

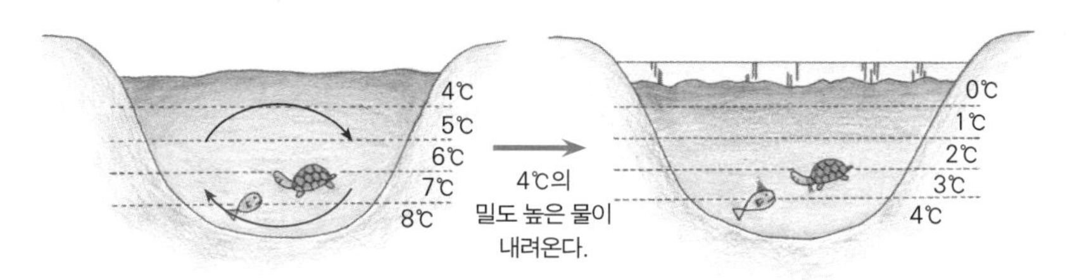

물이 얼기 전 수심에 따른 온도 분포

물이 얼 때 수심에 따른 온도 분포

· **물고기들의 겨울나기** ·

다. 오랫동안 산행하는 사람들이 쉴 수 있도록 만든 산장이면 가능하겠네.

그래서인데, 이미 벌어진 일은 마음을 비우고 해야겠지. 엎질러진 냉동고를 치우느라 기운을 다 쓰고 늘어져 있을 때, 네가 따뜻한 차라도 한잔 건네준다면 금상첨화겠지. 이때 엄마의 혀가 100℃의 뜨거운 물에 화상 입는 것을 방지하기 위한 배려를 해 마시기에 적당한 80℃로 만들어준다면 더없이 좋겠지. 100℃의 물을 어떻게 80℃로 만들 건데? 그냥 기다려? 성질 급한 엄마가 그렇게 기다리다가는 더 지치지 않을까? 차가운 물을 약간 타면 되지. 100℃ 물이야 끓인 거라고 하지만 차가운 물은 어디서 구하냐고? 상온의 물이 대충 25℃쯤 되거든. 100℃ 물 220ml에 25℃ 물 80ml을 섞으면 돼. 네가 타주는 뜨거운 차로부터 엄마의 혀를 보호하기 위해 아래 계산식을 적어놨으니 참고하길……. 아~ 그리고 중요한 것이 있지. 차를 우릴 때 온도가 아주 중요하거든. 너무 높으면 녹차잎에 들어 있는 탄닌 성분이 너무 많이 우러나 맛이 떫어. 보통 녹차는 80℃ 정도에서 우릴 때 경험적으로 가장 맛있다고 해. 그러니 열받은 엄마를 위한 차도 그 정도 온도에서 우려주기를 부탁해.

$$100℃\times(300ml-x)+25℃x/300ml=80℃$$

기체의 좌충우돌

엄마가 계속 1기압이라고 외쳤는데, 1기압이 아니면 어떻게 되냐고? 물질의 상태 중 압력의 영향을 가장 많이 받는 상태가 기체잖아. 분자 간의 구속력이 거의 없는 자유로운 기체를 구속시켜보자. 구속이 뭐 어려운 일이라고. 일정한 공간 안에 가둬놓으면 되지. 일정한 공간은 주사기처럼 좁은 공간이 될 수도 있고 지구처럼 거대한 공간이 될 수도 있어. 엄마가 질소와 산소 등의 기체가 지구 중력에 의해 꽁꽁 묶여 지구에 대기권이라는 이불을 만들었다는 얘기를 한 적이 있어. 그래서 고도 약 5km 이내에서 1기압이라는 대기압을 만들었다고. 1기압이 어느 정도의 압력이냐고? 이탈리아의 과학자 토리첼리가 실험한 바에 따르면 $1cm^2$의 면적을 약 760mm의 수은이 누르는 압력인데, 수은이 아니라 물로 환산하면 거의 10m의 물기둥이 누르는 압력이지. 그렇다고 "10m의 물기둥이 내 어깨를 짓누르고 있어서 무거워"라고 말하지는 않잖아. 못

느낀다는 거지. 그건 우리가 지구에서 살아오면서 그 압력을 상쇄할 수 있도록 내부에서 동일한 압력으로 밀어내기 때문이야. 그런데 기체의 부피는 늘 변하잖아. 기체의 부피를 변하게 하는 원인? 압력과 온도 때문이지.

주사기를 하나 구해 앞부분을 손으로 막고 피스톤을 마구 눌러봐. 그럼 부피가 점점 줄어들지. 구속받지 않던 기체들이 갑자기 공간적인 제약을 받은 상황이 된 거지. 그렇다고 그 공간 안에 있는 기체들이 완전히 자유로움을 잃어버렸을까? 아니, 여전히 자유롭지. 그러니 아무 죄도 없는 주사기 벽면만 죽어라고 두들기는 거지. 이는 기체 분자들이 충돌하는 횟수가 늘어난다는 거고, 이로 인해 내부의 압력이 높아져. 이때 두 가지가 전제되어 있다는 것을 알까? 온도가 일정하고 주사기 내부에 들어 있는 기체의 양이 변하지 않아야 돼. 이런 상태에서 '기체의 부피는 압력에 반비례한다.', 즉 P(압력)$\propto$ 1/V(부피)라는 결론을 이끌어낼 수 있지. 이게 뭐였더라? 보일의 법칙이지. 〈압력에 따른 기체 부피 변화〉 그래프에서 압력과 부피에서의 관계를 보면 $V_1P_1=V_2P_2$로 늘 일정하잖아. 그런데 그림에서 보면 압력이 높아질수록 기체 부피는 점점 줄기는 하는데 기체 부피가 '0'이 되는 압력이 존재할까? 즉, 그래프가 X축과 맞닿는 압력이 존재하느냐는 거야. 기체 사이의 거리가 좁아져서 부피가 줄기는 하지만 실제로는 불가능하지. 왜냐하면 기체 분자 그 자체의 부피가 있으니까 열심히 압력을 가해서 기체의 부피를 줄여도 '0'은 될 수가 없어. 대신 부피가 줄어들면

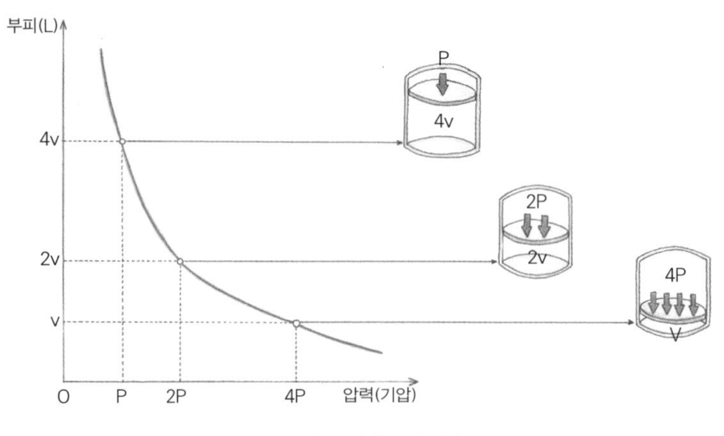

· 압력에 따른 기체 부피 변화 ·

서 좁은 공간 안에 동일한 기체 수가 존재하게 되니까 얘들이 밖으로 튀어나가려고 죽어라 벽을 두들기겠지. 기체가 튀어나가려고 죽어라고 벽을 두들기는 이 상태. 이게 뭐라고? 내부 압력이지. 밖에서 큰 압력으로 누르면 누를수록 내부 압력도 점점 높아진다는 거야.

아~ 그런데 이렇게 완벽하지 않은 그래프와 수식이 불편한 거야. 완벽하게 X축에 닿게 하고 싶은데 현실적으로는 불가능하잖아. 왜 불가능할까? 기체 분자 자체가 가지고 있는 부피 때문이라고 하나는 얘기를 했어. 더불어 분자 간의 반발력이라는 게 존재하잖아. 서로를 밀어내는 힘으로 인해 분자와 분자 사이에는 늘 공간, 즉 부피가 존재할 수밖에 없거든. 그리고 압력이 점점 높아지면 실제로 기체는 기체 상태가 아니라 액체로 변해버리기도 하잖아. 그러니 영원히 부피가 '0'이 될 수는 없는 거지. 더욱 중요한 것은 실제로 모든 기체들이 압력이 증가하면 부피가 감소하는 것은 맞는데, 그 비율이 일정하지 않더라는 거야. 모든 기체마다 그래프의 기울기가 다 다른 거지. 법칙이긴 한데, 모든 기체에 동일한 수식으로 적용할 수가 없었지. 만약 모든 기체에 적용될 수 있는 하나의 수식을 만들어낸다면, 그 다음에 실제 기체마다 변하는 변수만을 고려하면 되잖아. 그래서 안 되면 되게 하라 했다고 사람들이 되게 했어. 실제로 되게 한 건 아니고 상상한 거지. '이상 기체'라는 것을 만들어서. 이상 기체는 보일의 법칙을 비롯해서 나중에 나올 여러 기체 법칙들을 수식으로 딱 맞게 나타내기 위해 머리로 만들어낸 상상 속의 기체야. 이 상상 속의 기체는 질량은 있으되, 부피가 없으며 분자간의 반발력이 없는 특성을 지녀야 해. 그러니까 제한된 공간에 상상한 이상 기체를 넣고 압력을 계속 가하면 부피가 '0'이 되는 상태에 도달하겠지. 그림으로 표현해보면 부피인 V(Volume)가 어느 순간에 '0'이 돼서 X축과 닿게 되겠지.

보일의 법칙의 전제가 뭐였어? 온도가 일정할 때잖아. 그럼 압력이 일정할 때 온도에 따라 기체의 부피가 어떻게 변화하는지도 확인해볼 수 있지. 수소의 위험한 폭발성을 모르고 수소 기체를 열기구에 넣어 타고 올라간 샤를을 기억하는가? '압력이 일정할 때 기체의 부피는 절대온도에 비례한다'는 법칙의 이름이 '샤를의 법칙'이지. 보일의 법칙이 온도가 일정할 때를 기준으로 했다면 샤를의 법칙은 압력이 일정할 때를 기준으로 한 거야. 그렇다고 이 법칙을 샤를이 발표한 건 아니야. 압력이 일정할 때 온도 변화에 따른 부피 변화를 정량화해서 수식으로 제시한 사람은 독일의 게이뤼삭(Louis Joseph Gay-Lussac)이야. 이 사람은 자신의 실험 결과를 모아 온도와 부피 사이의 구체적 관계를 제시했는데, 이때 1787년 샤를이 쓴 미발표 논문을 인용하고 그 사람의 이름을 따서 '샤를의 법칙'이라고 이름을 붙였어. 그런데 후대가, 특히 독일 사람들이 이 법칙에 샤를의 이름만 있는 게 불공평하다고 생각했겠지. 그래서 게이뤼삭의 공을 포함시켜 '샤를-게이뤼삭의 법칙'이라고도 불러.

그런데, '샤를의 법칙'을 정의한 문장에서 두 가지 중요한 사실이 있어. 하나는 '압력이 일정할 때'이고 또 다른 하나는 온도가 아닌 '절대온도'라는 용어를 사용한 거야. 네가 아는 온도의 단위가 뭐가 있니? 섭씨(℃), 화씨(℉), 절대온도(K)가 있지? 오늘날 우리가 사용하는 온도계는 거의 200년 넘는 시간 동안 논쟁을 통해 얻어진 결과물이야. 누구나 다 아는 온도 기준을 정하는데 왜 그렇게 오랜 시간이 걸렸냐고? 사람마다 느끼는 차가움과 따뜻함을 느끼는 정도가 다른 상태에서 어떤 상태를 기준점으로 정할 것인가는 정말 어렵고도 중요한 문제였거든. 어떤 사람은 자신이 사는 마을의 가장 높은 산꼭대기에서 느끼는 온도를 0℃로 정의하자고 주장했고, 포도주를 좋아하는 어떤 사람은 포도주 저장고의 서늘한 온도를 0℃로 정의하자고 주장하기도 했거든.

이런 논쟁에 종지부를 찍어준 사람이 '물을 기준으로 하자'고 주장한 셀시우스(Anders Celsius)야. 당초 셀시우스가 주장한 기준점은 오늘날의 기준과는 정반대로 끓는점을 '0℃' 어는점을 '100℃'으로 하자고 했는데, 편의상 바꿔서 정한 거지. 우리가 사용하는 섭씨라는 용어를 영어로 바꾸면 Celsius degree거든. 셀시우스의 이름을 딴 단위인 거지. 근데, 뜬금없는 절대온도가 나온 거잖아. 게이뤼삭이 처음으로 절대온도라는 개념을 도입한 것은 아니지만, 기체 팽창과 관련하여 처음 사용한 사람은 게이뤼삭이야. 절대온도는 켈빈 남작인 윌리엄 톰슨(William Thomson, Baron Kelvin)이 정한 것으로 켈빈 온도라고 부르기도 하며, 단위는 켈빈의 첫 글자를 딴 K를 사용해.

그래서인데 게이뤼삭이 제시한 기체와 온도 사이의 구체적 관계가 바로 기체의 부피가 '0'이 되는 온도, 절대온도 0K(-273℃)를 기준으로 한 거야. 보일의 법칙에서도 똑같은 얘기를 했는데, 기체의 부피가 '0'이 될 수 있어? 없어. 특히나 온도와 관련해서 정말 어려운 문제는 물질의 상태가 변한다는 거야. 90℃의 수증기가 들어 있는 공간의 온도를 서서히 내리면서 기체 부피를 줄여보자. 어떤 일이 일어나? 부피가 점점 줄어들다가 액체가 되잖아. 그리고 온도를 더 내리면 얼음인 고체가 되고. 그러니까 또 이상 기체를 끌고 온 거지. 엄마가 예로 든 물은 상온에서 액체고 온도에 따른 상태 변화가 쉽게 일어나기 때문에 온도 변화에 따른 기체 부피 변화를 설명하기에 그리 좋은 예는 아니야. -252.87℃가 되어야 액체가 되는 수소 또는 -268.93℃에서 액체가 되는 헬륨이 온도 변화에 따른 기체 부피 변화를 관찰하기 훨씬 좋은 사례가 되겠지.

샤를의 미발표 논문의 내용을 수식으로 표현하면 $V \propto T$가 되고, 이를 조금 더 구체적으로 표현한 게이뤼삭의 수식에 의하면 기체의 부피는 압력이 일정할 때, 온도가 1℃ 올라갈 때마다 0℃일 때 기체 부피의 $\frac{1}{273}$만큼 증가한다고 표현했어. 보다 상세히 표현해 보면 $V_t = V_0 + V_0 \times \frac{t}{273}$이 되는데, 〈샤를-게이뤼삭의 법칙〉 그래프를 봐봐. 온도가 0℃일 때의 부피를 기준으로 온도가 올라가면 부피가 늘어나는 게 보여? 그리고 실선이 아니라 점선으로 표현한 구간이 있고 그래프에서 부피가 '0'이 되는 온도가 있지? -273℃.

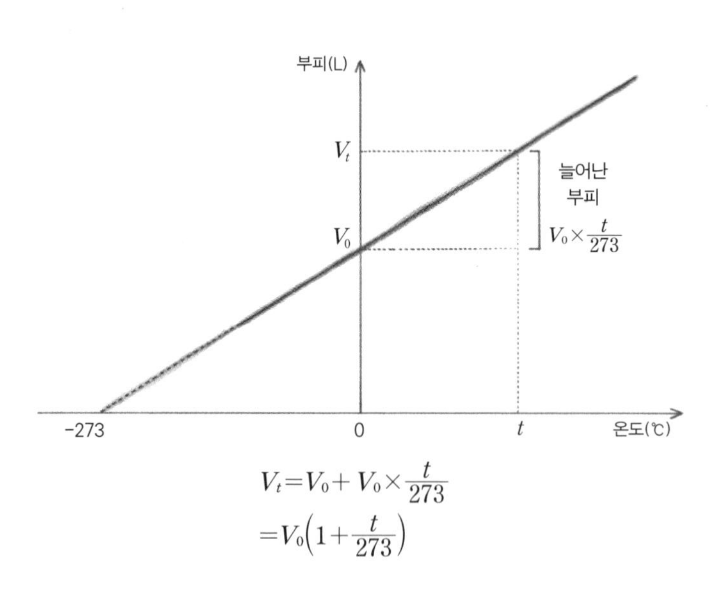

$$V_t = V_0 + V_0 \times \frac{t}{273}$$
$$= V_0\left(1 + \frac{t}{273}\right)$$

· 샤를-게이뤼삭의 법칙 ·

이 점선 구간은 실제 기체가 도달할 수 없는 구간이야. 상상의 기체만 가능한 구간이지. 그래서 이 식을 이용해 문제를 낼 때는 '이상 기체라고 할 때'라는 단서가 항상 붙어야지. 그런데 그런 거 없이 그냥 보일의 법칙과 샤를의 법칙을 이용해 아무 생각 없이 주어진 수식에 따라 숫자를 대입해 문제를 풀어왔잖아. 네가 보일의 법칙에 따라 온도가 일정할 때 압력에 따른 기체 부피를 계산하고, 샤를의 법칙에 따라 기체의 압력이 일정할 때 온도에 따른 부피를 계산하는 것은 실제 기체의 부피를 계산하는 것이 아니라, 이상 기체의 부피를 계산하는 거지. 그럼 실험을 해보면 계산한 것과 동일한 값이 나올까? 아니라는 거지. 왜냐, 너는 실험을 이상 기체가 아닌 실제 부피를 가진 실제 기체를 가지고 했으니까.

보일의 법칙은 온도가 일정할 때 압력과 기체 부피의 관계를, 샤를의 법칙은 압력이 일정할 때 온도와 기체 부피의 관계를 나타낸 것인데, 둘을 합칠 수는 없을까? 당연히 있지. 그게 보일-샤를의 법칙이지. 이거 아주 간단하지. 기체의 부피는 압력에 반비례하고 절대온도에 비례하니까 $\frac{P_1 V_1}{T_1} = \frac{P_2 V_2}{T_2}$ (P는 기체 압력, V는 기체 부피, T는 절대온도)로 나타낼 수 있어.

압력과 온도에 따른 부피 변화는 일상에서 흔히 볼 수 있어. 탁구공이 찌그러졌을 때 뜨거운 물에 넣고 끓이면 팽팽하게 펴지잖아. 온도가 높아지면 열받은 기체가 팽창해서 탁구공 내부를 마구 두들기니까 기체 압력이 커져서 펴지는 거지. 이산화탄소가 녹아 들어가 있는 탄산수를 뚜껑을 막은 상태에서 마구 흔들었다가 열면 기포가 솟구쳐 오르면서 쏟아지잖아. 기체를 흔들어 분자 운동을 활발하게 만들면 기체의 압력이 높아지니, 뚜껑을 열어 압력을 해제하는 순간 솟아오르는 거지. 이런 원리를 이용한 게 샴페인이잖아. 기체 압력을 못 이긴 코르크 마개가 솟아오르면서 샴페인이 쏟아져 오는 거지.

지금까지 보일의 법칙이나 샤를의 법칙을 얘기하면서 아주 중요한 요소를 무시했어. 그게 뭐냐고? 기체의 양을 무시했지. 기체의 양이 많고 적음에 따라 동일한 온도와 압력 조건에서 기체의 부피는 달라질 수밖에 없지. 기체의 양이 정말 중요한 얘기가 된다는 거야. 그러니까 보일-샤를의 법칙에 기체의 양적 개념을 집어넣어서 온도, 압력, 그리고 기체의 양 간의 구체적인 관계를 단숨에 해결해주는 수식을 만들기 위해 엄청 고민했을 거잖아.

이 시점에 기체의 양적 개념에 있어서 정말 중요한 한 사람의 이름을 소환해보자. 아보가드로. 아보가드로는 분자 개념을 도입하면서 '같은 온도와 같은 압력에서 같은 부피를 가진 서로 다른 기체들은 동일한 수의 입자를 가진다'고 얘기했어. 이 문장에서 중요한 단어를 뽑아내면 첫 번째는 '입자'가 될 거야. 이게 바로 분자지.

또 하나의 중요한 사실은 '같은 수'라는 거야. 기체 종류에 상관없이 같은 압력과 같은 온도에서 같은 부피를 가지는 기체의 분자 수는 같다는 거지. 물론 이 얘기는 이상 기체에만 정확하게 적용되기 때문에 실제 기체에서는 조금 다를 수 있지. 비록 이상 기체에만 정확하게 적용되는 얘기라 할지라도 '같은 수'라는 개념을 일반화해서 사용하고 있어. 그게 뭐냐고? '아보가드로의 수'야. 즉, 1기압, 0℃의 표준상태에서 기체 종류에 관계없이 모두 22.4L의 부피를 나타내고, 이 안에 들어 있는 분자 수는 6.02×10^{23}개라는 거지. 이렇게 많은 숫자가 있는지 어떻게 알았냐고? 이 숫자를 아보가드로가 뽑아낸 건 아니고, 아보가드로는 그냥 '같은 수'가 있다고만 했고, 숫자는 사람들이 여러 가지 방법으로 열심히 실험하고 계산한 결과지.

그런데 이 숫자가 단순히 기체에만 적용되는 게 아니라 모든 분자에 적용이 돼. 물의 분자량을 계산해보자. 분자량이라는 것은 원자량을 다 합치면 되는 거잖아. H_2O니까, 원자량 1인 수소 2개 그리고 산소 원자량 16을 합치면 18이 되잖아. 그런데 어떤 물질의 원자량 또는 분자량만큼의 진량을 재서 그 개수를 세어보니 늘 '아보가드로 수'만큼 존재하더라는 거지. 그래서 6.02×10^{23}개를 1몰(mol)이라고 정의했어. 그럼 물 36g은? 2몰이 되지.

보일의 법칙과 샤를의 법칙에 양적인 개념을 도입하기 위해 아보가드로를 꺼낸 거잖아. 그럼 보일과 샤를의 법칙에 양이라는 개념을 넣어볼까? 보일의 법칙은 온도가 일정할 때고, 샤를의 법칙은 압력이 일정할 때니까 온도와 압력이 일정할 때 기체의 부피는 분자 수, 즉 몰 수(n)에 비례한다는 거야. 다음에 아주 간단하게 써봤지. 그런데 좌변과 우변을 같게 만들려면 특별한 숫자가 필요하지. 그 특별한 숫자가 상수잖아. 그래서 비례상수를 R이라고 하면

PV=nRT가 되지. 이미 얘기한 것처럼, PV=nRT는 보일-샤를의 법칙에 양적 개념을 도입한 건데, 이 법칙에 아주 중요한 전제가 하나 있었잖아. '이상 기체'일 때! 따라서 PV=nRT라는 식을 통해 압력, 온도, 양의 변화에 따른 이상 기체의 상태를 한눈에 파악할 수 있는 거지. 그래서 이 식의 이름이 '이상 기체 상태 방정식'이야.

$V \propto \frac{1}{P}$, $V \propto T$, $V \propto n$

따라서 $V \propto \left(\frac{nT}{P}\right)$이므로

좌변과 우변을 같게 만드는 비례상수를 R이라고 하면,

$V = R\left(\frac{nT}{P}\right)$이고, PV=nRT이다.

기체의 부피가 온도와 압력에 따라 변하는 게 너랑 무슨 상관이냐고? 달걀은 찬물에 넣고 낮은 온도에서 서서히 삶아야 되는데 성질 급한 너는 그냥 펄펄 끓는 물에 덜컥 넣어버리잖아. 그 결과? 온도가 급격히 올라가 부피가 급격히 팽창하면서 내부 압력이 높아지니까 달걀이 껍데기 밖으로 터져 나오잖아. 그런 사소한 예 말고 건강과 직접적인 관계가 있는 사람들이 있어. 예전에 엄마가 일 때문에 해녀에게 물어본 적이 있어. 어디 아픈 데는 없냐고. 그랬더니 이 할머니들이 다리도 쑤시고, 기억력도 가물가물하고, 잘 들리지도 않고, 온몸이 다 아프다는 거야. 이 할머니들이 앓고 있는 병은 잠수병이야.

1기압, 상온에서 숨을 쉬면 대기 중에 78% 가까이 있는 질소가

폐로 들어오기는 해도 혈액에 녹아들어가지는 않거든. 그런데 압력이 높아지고 온도가 낮아지면 갈 곳을 잃은 질소가 혈액에 녹아들어가거든. 이런 환경이 바로 바다 속이잖아. 사람이 잠수할 수 있는 극한의 깊이는 약 100m 정도고 대부분은 약 40m 이내까지만 내려가지. 문제는 그 다음에 발생해. 질소가 혈액에 녹아 있는 상태에서 물 위로 올라오면, 압력에 의해 억지로 녹아 있던 질소 분자가 다시 기체 상태로 녹아나오겠지. 그런데 아주 빠르게 물 위로 올라오면 질소들이 뽀글뽀글 기체 방울 상태로 녹아나오고, 얘들이 혈액 속을 마구 떠다니게 되는 거야. 이 질소 기체 방울들이 잠수병의 원인이야. 그러니 혈액 내 공기 방울이 생기지 않게 아주 서서히 올라와야만 해. 하지만, 물속에서 상황이 어떻게 변할지 모르는데 매번 그렇게 아주 천천히 올라오는 게 쉬운 일은 아니지.

혈액 속에 떠다니는 기체들을 없애는 방법은 고압 챔버에 들어가는 거야. 압력을 높여 혈액 내 공기 방울들을 다시 녹였다가 아주 서서히 압력을 줄여가면서 공기방울이 생기지 않게 기체 상태로 배출해야지. 고압 챔버는 바로 그런 일을 해주는 거지. 그래서 할머니들이 고압 챔버에 들어가서 한숨 자고 나오면 몸이 편해진다고 얘기하는 거고. 사람만 이러냐고? 아니, 바다 속에서 잠수하다가 표면으로 올라오는 고래들도 잠수병으로 고생한다고 하더라고.

압력과 온도에 따른 기체의 특성이 특별한 직업을 가진 사람들에게만 적용되는 얘기라고? 그럴 리가. 아이스크림을 사오라면서 가끔 과다한 용량의 드라이아이스를 요구하잖아. 10분이면 갈 수 있는 거리인데 30분 걸린다고 얘기하라고. 그러고는 드라이아이스를 냉큼 변기에 집에 넣고는 거기서 나오는 이산화탄소 기체를 감상하곤 하잖아. 그래도 변기에 넣는 것은 이해하지만, 얼마 전 냉장고에 밀폐 용기에 고이 담아놓은 드라이아이스를 발견했을 때 엄마가 얼마나 놀랐는지 알기나 하는가? 분자 간의 인력이 무지 약한 이산화탄소가 승화되어서 기체 양이 점점 증가할 테니, 밀폐용기 내부의 압력이 엄청 증가할 거잖아. 그럼? 뚜껑이 튕겨 나오고 뚜껑이 냉장고 문을 뚫고 나와 네가 다칠지도 모르거든. 진짜 이런 일이 가능하냐고?

예전에 엄마 실험실 옆 실험실에서 위험천만한 사고가 있었지. 고등학교 때 화학 공부도 무지 잘 했던 학생들이 모인 훌륭한 학교에, 그것도 학부생도 아닌 석박사 과정의 학생들이 모인 실험실에서 누군가 보온병에 드라이아이스를 넣고 꼭~ 밀폐해 냉장고에 넣어둔 거야. 결과? 보온병 뚜껑이 냉장고 문을 뚫고 나왔지. 그나마 다행인 것은 낮에 냉장고에 넣었는데, 낮은 냉장고 온도로 인해 승화 속도가 느렸던 거야. 불행 중 다행하게도 아무도 없는 밤에 사고가 일어나 다친 사람은 없었지. 이 상황에서 고백 아닌 고백을 하자면, 엄마는 나중에 그 보온병의 상표를 물어보고는 샀어. 왜냐고? 승화에 의해 만들어진 기체 이산화탄소가 세지 않고 고이 그 안에 있었다는 얘기잖아. 밀폐가 잘 된다는 거지. 이상하고 나쁜 엄마라고 말해도 어쩔 수 없다. 좋은 것은 좋은 거니까. 이런 사고들이 흔하냐고? 생각보다 흔해. '지나가던 행인이 갑자기 솟아오른 맨홀 뚜껑에 부딪혀 사고를 당했다. 상점이 많은 어느 거리에서 원인 모를 폭발사고가 발생했다. 압력밥솥이 터졌다.' 이런 얘기들이 다 온도와 기체의 양 증가에 따른 기체의 부피 팽창, 그리고 그로 인한 내부 압력 증가 때문이야.

물로 만나자

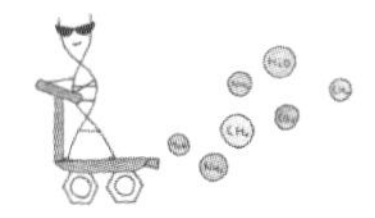

"엄마, 빵도 좀 만들어주고 그러면 안 돼?"라며 일요일 꼭두새벽부터 졸라댄다. 평소 같으면 아직 일어나지도 않을 시간인데 뭔 일인지. "그런 건 전문가의 손길을 거친 빵집에서 사오면 되는 거 아니니?"라는 엄마의 졸음 섞인 답변에 "이렇게 비오는 날에 빵 굽는 냄새가 집안에 퍼지면 좋잖아. 그리고 비전문가인 엄마만의 특별한 빵이 먹고 싶단 말이야~"라고 응석을 부린다. 새삼스럽게 빵은 무슨 빵. 재주도 없고, 만들어본 적도 없고. 빵은 네가 훨씬 잘 만들잖아. 부엌에 쌓인 수많은 제빵 도구와 재료들이 너의 취미를 적나라하게 보여주니까. 엄마가 빵을 안 만들어줄 거라는 사실을 알았는지 스스로 빵을 만든다. 오늘따라 발효가 잘 안 된다고 투덜대

더니 뜨거운 빵을 내놓는다. 그 모양새를 보더니 남편은 군침부터 흘린다. 사실 네가 만드는 모닝롤이 맛있기는 하지.

그런데 만들어진 결과물을 흐뭇하게 한입 베어 물던 남편이 인상을 쓴다. 짜다는 거다. 설마하는 표정으로 한입 베어 물었으나 짜다. 원인도 모르게 짠 빵을 만든 너는 당황하고 이 상황에서 빵을 입에 대지도 않는 아들 녀석을 모두 째려봤다. 한 번의 째려봄만으로도 상황은 다 끝났다. 아들 녀석이 술술 분다. "아니, 누나가 준비해둔 물에 소금을 넣었는데 금방 사라져버리더라고. 요술처럼~" 모두 할 말을 잃었다. 누나가 없는 틈을 틈타 슬그머니 넣은 소금이 요술처럼 사라진 것을 어찌 알 수 있었겠는가? 뭐 어쩌겠냐? 소금이 극성스러운 물을 좋아해서 그런 걸. 극성스러운 물을 좋아해 용해도가 커서 그런 걸. 설탕도 물을 좋아하고, 소금도 물을 좋아하잖아. 그런 물질들이 물을 좋아하니까 우리 몸을 이루고 있는 물이 적당히 필요한 물질들은 잘 녹여서 구석구석 운반해주는 거지. 왜 잘 녹냐고? 극성이라서.

둔한 물을 더욱 둔하게

아마 너는 동생이 호기심 어린 은밀한 행동을 반복재생하는 자가발전을 통해 더욱더 분개하고 있겠지. 물론 동생의 부주의한 호기심이 문제이긴 하지만 원초적인 문제는 물이 극성이라서 그런 거잖아. 그냥 한 숟가락 떠서 물에 넣고 휘휘 저으면 5분도 안 돼서 요술처럼 사라지는 것을. 이렇게 어떤 물질이 용매에 녹는 걸 용해라고 하지. 그런데 녹는다는 것이 구체적으로 무얼 의미할까? 휘휘 저어놓으면 시간이 지나면 침전물로 나타나지 않고 사라지는 게 녹는 거지. 그 물을 마시면? 짜다고 뱉어버릴 거잖아. 소금이 정말 마술처럼 사라진 건 아니지.

물에 들어간 NaCl에게 어떤 일이 일어났는지 자세히 보자. 소금 결정이 물 분자의 공격을 받아. 가장 먼저 물과 접한 부분에 있는 녀석들이 공격을 받겠지. 그러면 결정에서 떨어져 나온 Na^{+}과 Cl^{-} 이온이 물 분자에 의해 둘러싸이는 거야. 이들 분자간의 인력은 뭘까? 이온과 물의 쌍극자 간의 인력이지. 이렇게 나트륨 이온과 염소 이온 같은 용질 분자를 물 분자가 둘러싸서 마치 하나의 분자처럼 행동하는 현상, 그래서 쌍극자 인력에 의해 안정화되는 과정을 '수화'라는 특별한 이름으로 부르기도 해. 용매가 물일 때 일어나는 용해를 일컫는 용어지. 에너지적인 측면에서 이 과정을 다시 얘기하면, NaCl의 이온 결합보다 이온과 쌍극자 간의 결합이 더 안정하기 때문에 녹는 거지. 이런 상태에서 염화나트륨은 용해되면서 이온화되었지. 안정화된다는 것은 에너지 상태가 낮다는 거잖아. 그러니 녹을 때 열을 내서 어떤 경우는 용기가 뜨거워지기도 해.

그래서 얼마를 녹였는데? 네 동생이 100g씩이나 넣지는 않았을 거야. 그냥 한 숟가락 푹 퍼서 넣었다고 하니, 20g쯤 되겠지. 네가 사용한 물이 200ml이니까 전체 220g의 용액 속에 20g의 소금이 들어 있는 거지. $\frac{20g}{220g} \times 100 = 9.09\%$가 될 거야. 엄마가 물 200ml

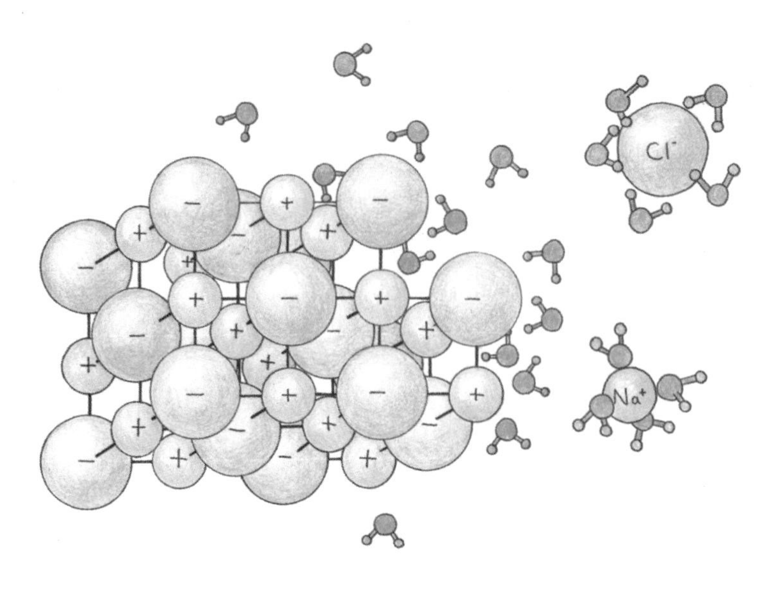

· 염화나트륨이 물에 녹는 과정 ·

를 200g으로 계산한 게 보이냐? 물의 밀도는 4℃, 1기압에서 1이 잖아. 그러니 200ml 부피의 물은 대충 200g이 되는 거야. 이런 걸 퍼센트(%) 농도라고 하잖아. 그런데 모든 농도를 %농도만으로 표시하지는 않지. ppm, ppb, 몰 농도(M) 등등의 농도 단위도 있어. ppm은 1000000g의 용액에 녹아 있는 용질의 g이고, ppb는 ppm보다 훨씬 작은 전체 양 1000000000g에 녹아 있는 용질의 g이지.

몰 농도는 용액 1L에 녹아 있는 용질의 몰수야. 몰(mol)이 뭐였지? "아보가드로 수?" 맞아. 아보가드로 수지. 1mol은 6.02×10^{23}이잖아. 그런데 순물질 몇 그램이 1mol인지 알아야 몰 농도를 계산할 거잖아. 그건 이미 얘기했어. 분자량만큼의 질량을 재면 무조건

1mol이라고. 다 똑같이 간편하게 % 농도로 나타내면 안 되냐고? 나타내보자. 1ppb는 0.001ppm이고, 0.000001%야. 네 동생이 집어넣은 9.09의 %농도를 몰 농도로 환산해보면 1.7M이 나와. 왜 이렇게 다양한 종류의 농도 단위를 사용하겠어? 머리 아프다고? 아니, 어떤 물질은 물에 잘 녹고 어떤 물질은 물에 거의 녹지 않기 때문이지. 물에 잘 녹지도 않는 물질을 % 농도로 나타내기가 힘드니까.

소금의 분자량은 Na의 원자량 23과 Cl의 원자량 35를 더하면 되므로 58이다.

따라서 넣은 소금의 20g의 몰 수는 $\frac{20g}{58g}$이므로 0.34ml이다. 물 농도는 1L에 들어 있는 용질의 몰 수이므로 이 소금물의 몰 농도는 $\frac{0.34mol}{0.2l}$로 1.7M이 된다.

그런데 엄마가 '물은 둔하다'라는 얘기를 했어. 물 분자끼리 수소 결합을 해서 에탄올이나 다른 액체에 비해 상대적으로 비열도 높고, 끓는점도 높다고. 이런 물을 더욱 둔하게 만들 수 있어. 순수하지 않은 물을 만들면 되는 거지. 엄마가 그랬잖아. 물이 끓는다는 건 수소 결합을 끊을 수 있는 열이 투입되는 거라고. 그럼 분자 간의 결합을 더욱 강하게 만들면 끓는점이 높아지는 거잖아. 물에다가 소금을 왕창 넣으면 어떻게 되는지 알아? 더 높은 온도에서 끓어. 염화나트륨이 수화되면서 더 안정화된다는 얘기를 했어. 더 '안정화되었다'는 것은 '더 강한 결합'을 의미하잖아. 그러니 물이

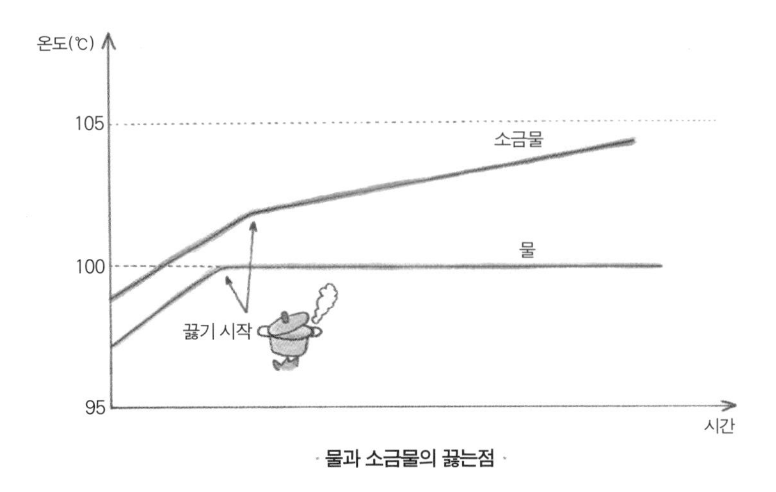

· 물과 소금물의 끓는점 ·

더 둔해지는 거지. 그럼 소금물의 끓는점을 정확하게 알 수 있냐고? 없어. 농도에 따라 달라질 테니까. 물과 소금물의 가열 곡선을 보면, 100℃보다 높은 온도에서 소금물이 끓기 시작하는 것을 알 수 있지. 액체 상태의 물질이 언다는 것은 분자 간의 거리가 짧아지면서 수소 결합이 단단하게 이어지는 거잖아. 그런데 그 사이 사이에 나트륨 이온과 염소 이온이 존재한다고 생각해봐. 육각형 모양의 얼음 결정 구조를 만드는 것을 방해하니까 0℃보다 낮은 온도에서 얼음이 어는 거야. 그래서 눈이 오면 얘를 녹이려고 염화칼슘을 뿌리잖아. 염화칼슘 뿌린 눈이 시커멓게 되어 싫다면, 아이스크림은 어떻겠냐? 부드러운 아이스크림에는 적당한 소금이 들어 있거든. 적당하게 얼음을 녹여 슬러시 상태로 만들고 쉽게 녹지도 않게 하는 거지. 이 시점에서 혼합물은 순물질과 달리 끓는점과 녹는점이 일정하지 않다는 얘기는 새삼스럽게 하지 않아도 알지 않을까?

만약에 말이야, 네가 소금물을 반죽에 넣기 전에 일말의 의심을 했다면, 질량을 재어서 문제가 생겼다는 것을 쉽게 알았겠지. 추가된 소금 때문에 질량이 늘어났을 테니까. 그것도 아니라면 끓여보거나 얼려봤으면 물이 소금으로 인해 더욱 둔해졌다는 것을 알아차렸겠지. 만약 네 동생이 더 이상 녹지 않을 때까지, 그래서 완전히 포화된 상태로 만들었다면 녹지 않는 소금 알갱이를 보고 금방 알아차렸겠지. 엄밀하게 얘기하면 포화되었다는 것은 더 이상 녹지 않는 상태는 아니야. 녹는 속도와 결정을 이루는 속도가 평형을 이루고 있는 상태지. 즉, 수화되는 속도와 결정화되는 속도가 같아서 우리 눈에 아무것도 일어나지 않는 것처럼 보일 뿐이거든. 하지만 어쩌겠냐? 충분히 녹을 수 있는 소금을 더 넣었고, 너는 일말의 의심도 없이 그냥 빵 반죽에 요술 물을 부어버렸으니. 염화나트륨의 포화농도는 25℃, 1기압에서 약 36% 정도 되거든. 36%에 비하면 9.09%는 아무것도 아닌 거지.

엄마가 물질의 용해도를 얘기하면서 이온 결합의 대표 물질인 염화나트륨을 예로 들었는데, 혹시 이온 결합을 한 모든 물질이 물에 다 잘 녹는다고 생각하는 건 아니지? 물에 거의 안 녹는 이온 결합 물질들도 있어. 이미 배우지 않았을까? 앙금 생성 반응에서 알짜 이온이 어쩌고 구경꾼 이온이 어쩌고 하면서 말이야. 염화은

(AgCl, 흰색침전), 아오딘화 납(PbI_2, 노란색 앙금), 황산바륨($BaSO_4$, 흰색 앙금)은 물에 안 녹는다고 열심히 외웠겠지? 얘들은 왜 물에 안 녹은데? 한마디로 이들 이온 간의 결합력이 강하기 때문이지. 투명해서 물처럼 보이는 염화나트륨 수용액에 질산은($AgNO_3$) 수용액을 섞어보자. 염화나트륨 수용액에는 Na^+와 Cl^-이 있고, 질산은 수용액에는 Ag^+와 NO_3^-이온이 떠다니지만 우리 눈에 보이지는 않잖아. 그런데 두 개를 섞으면 바로 눈에 뭔가가 보여. 그게 바로 염화은(AgCl)이지. 이 반응의 결과 AgCl이 침전으로 나타나는데, 침전물을 이루는 데 관여하는 은 이온(Ag^+)과 염화 이온(Cl^-)을 반응에 관여하는 알짜 이온이라고 하고, 반응에 관여하지 않는 나트륨 이온(Na^+)과 질산 이온(NO_3^-)을 구경꾼 이온이라고 하지.

왜 얘들이 구경꾼 이온이 되었겠어? 물 분자가 달라붙어 붙잡는 힘이 Na^+와 NO_3^-가 결합하려는 힘보다 세기 때문이지. 좀 있어 보

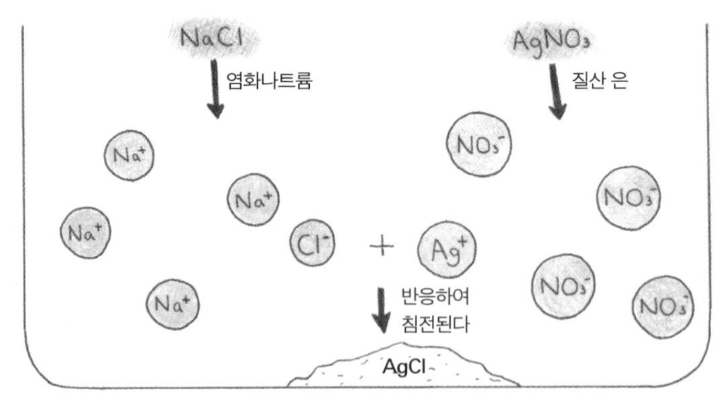

· 은 이온과 염화 이온의 반응 ·

이는 용어로 표현하면 이온 결합 에너지보다 수화 에너지가 더 세기 때문이야. 그러니 일단 물에 들어가면 무조건 이온이 되고, 그 이온 주위를 물 분자가 달라붙어 붙잡는 거지. 그러니 다른 이온이 반응하는 것을 그냥 구경만 하게 되는 거야. 하지만 은 이온과 염소 이온은 이온 결합 에너지가 수화 에너지보다 훨씬 큰 거야. 그러니 물 분자의 공격에도 끄떡없는 침전물이 되는 거지.

그런데 잘 봐봐. 엄마가 '거의 안 녹는다'고 했지 '안 녹는다'고 얘기하지는 않았어. 염화나트륨에 비해 녹는 양이 아주 적을 뿐이지 녹기는 녹거든. 염화은의 용해도는 50℃의 물에서 약 0.052% 정도야. 사실 거의 모든 물질이 물에 녹아. 단지, 어떤 물질은 그들 간의 결합이 아주 강해서 물의 공격을 잘 버틸 뿐인 거지. 그러니 ppm이니 ppb니 하는 단위를 사용하는 거라니까.

극성은 극성을 좋아해?

너도 한번 녹여보지? 네 동생보다는 조금 나이가 있으니 염화나트륨을 물에 녹이는 단순한 일이 아니라, 물이 아닌 에탄올이나 아세톤에 염화나트륨을 녹이는 일을. 용매가 물일 때보다 적은 양의 염화나트륨이 녹는다는 것을 확인할 수 있어. 에탄올과 아세톤도 극성이기는 한데 그 극성스러움이 물보다 약하거든. 적어도 염화나트륨의 경우 용매의 극성이 셀수록 잘 녹는다는 거지. 그것만 있겠어? 온도를 높이면 25℃에서의 포화농도 36%보다 훨씬 더 많은 양의 염화나트륨이 녹을 테니까. 이 얘기는 근본적으로 극성을 띤 용매에 극성을 띤 용질이 잘 녹으며, 이는 온도나 압력에 따라 얼마든지 변할 수 있다는 거지. 에탄올을 어디서 구하냐고? 집에 있는 술을 사용한다고? 약국에 가면 70%짜리 소독용 에탄올을 살 수 있어. 그 정도의 에탄올 농도만 되어도, 염화나트륨의 용해도 차이는 쉽게 볼 수 있지. 아세톤? 손톱의 매니큐어 지울 때 쓰잖아. 매니큐어는 무극성이라 물에 잘 안 녹으니 물보다 극성이 약한 아세톤을 사용해 녹이는 거지. 이런 현상을 끼리끼리 친하다고 'like dissolves like'라고 해. 해석? 비슷한 녀석이 비슷한 녀석을 녹인다지.

얼마나 잘 녹는지 꼭 녹여봐야만 아는 걸까? 물론 정확한 숫자는 기압과 온도를 아주 일정하게 고정시키고, 정교하게 직접 측정해봐야만 알겠지. 하지만 여러 물질의 분자식만 비교해봐도 어느 물질이 물에 잘 녹을지는 예측할 수가 있어. 왜? 극성은 극성을 좋아하니까. 어떤 물질에 극성을 유발하는 어떤 분자가 결합되어 있는지, 그리고 물질 전체의 분자가 얼마나 큰지만 확인해도 상호비교는 가능하다는 얘기야. 물에 녹는 현상이 물 분자가 둘러싸는 거잖아. 그러니 쉽게 녹으려면 기본적으로 분자 구조가 작아야지. 길면 물 분자가 둘러싸기가 힘들잖아. 그리고 물 분자와 비슷하게 생긴 녀석들이 있거나 부분전하를 띠는 성질을 가지고 있어야 해. 물 분자와 비슷하게 생긴 녀석들이란 게 아주 중요하지. 물이 H_2O잖아. 구조적으로 보면 산소가 (-)의 부분전하를 띠고 수소가 (+)의 부분전하를 띤 구조잖아. 그러니 물에 잘 녹으려면 기본적으로 O

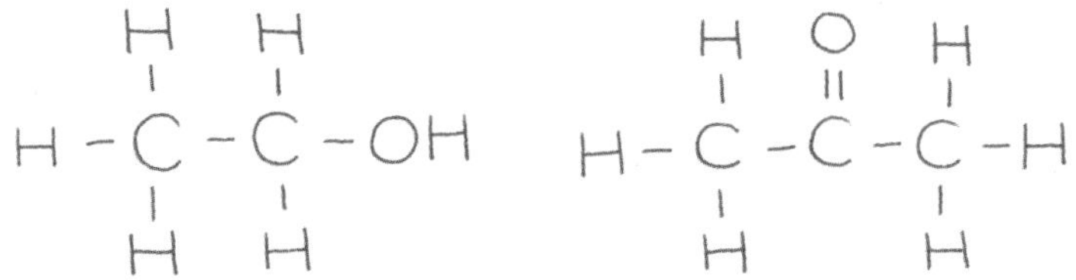

· 알코올(좌)과 아세톤(우)의 분자식 ·

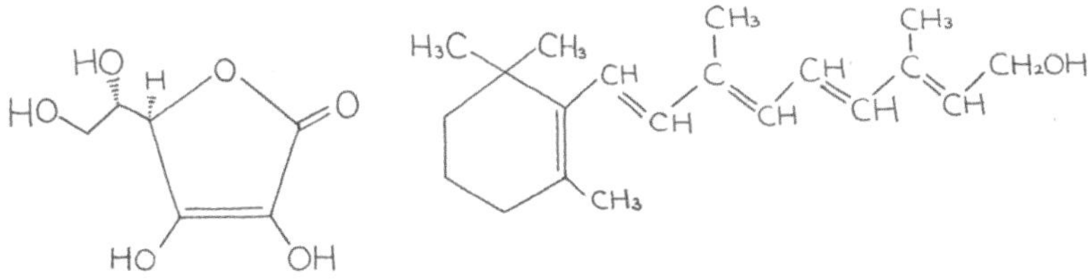

a: 물에 잘 녹는 비타민

b: 물에 잘 안 녹는 비타민

· 두 종류의 비타민 구조 비교 ·

와 H가 부분전하를 띤 구조를 가지고 있으면 쉽게 물에 녹는다는 거야.

엄마가 에탄올과 아세톤 중 아세톤이 더 무극성이라고 했잖아. 얘들의 구조를 비교해보면 에탄올이 아세톤보다 탄소의 길이가 짧고, 에탄올에는 OH^-기가 있지만 아세톤은 없는 걸 볼 수 있어. 조금 더 복잡해 보이는 구조를 비교해볼까? a와 b를 보면 a는 b에 비해 탄소 수가 훨씬 적고 구조에 OH^-기가 잔뜩 붙어 있잖아. a가 훨씬 잘 녹는다는 거지. 그래서 a는 그냥 물에 녹여 먹고, b는 물에 잘 안 녹기 때문에 b가 많이 들어 있는 식품은 기름에 볶아서 먹어야 된다는 거지. a가 뭐냐고? 수용성 비타민인 비타민 C고 b는 당근에 많이 들어 있고, 물보다 기름에 잘 녹는 지용성 비타민 A야.

일상에서 뭔가를 녹여야 하는 경우는 수도 없이 많아. 빨래도 녹이는 거지. 옷에 묻어 있는 지방, 단백질, 탄수화물들과 그 이외의 먼지들을. 그러니 잘 안 녹은 거대 분자를 잘게 부숴 녹이려고 세제에 탄수화물 분해 효소, 단백질 분해 효소와 지방을 분해하는 효소를 넣고. 거기에다가 더 잘 녹으라고 양잿물처럼 염기성을 만들고, 계면활성제도 좀 넣고. 이게 세제거든.

계면활성제? '계면(界面)'이라는 용어만 알면 금방 다 이해하는 말이야. 경계면의 계면이야. 액체와 고체의 경계면, 물과 기름의 경계면을 활성화시켜 서로 섞이게 만드는 물질이지. 물과 기름은 안 섞이잖아. 하나는 극성이고 하나는 무극성이라서. 그러니 둘을 섞으려면 물과 기름의 경계면을 허물 수 있는 물질이 필요하지. 그 물질이 바로 계면활성제야. 계면활성제의 종류는 이루 다 헤아릴 수도 없지만 얘기들이 가지고 있는 전형적인 특성이 있어. 즉, 한쪽은 물을 좋아하는 친수성, 다른 한쪽은 물을 싫어하는 소수성(친유기성)을 띠는 구조여야만 해. 그래야만 극성과 무극성을 연결해 섞을 수 있을 테니까. 세포막을 구성하고 있는 인지질을 기억하는가? 긴 지질의 끝에 물을 좋아하는 인산기(PO_3^{2-})가 결합되어 있잖아. 즉, 한쪽은 무극성이라서 물을 싫어하는 소수성, 다른 한쪽은 극성을 띠어 물을 좋아하는 친수성. 이게 바로 계면활성제의 기

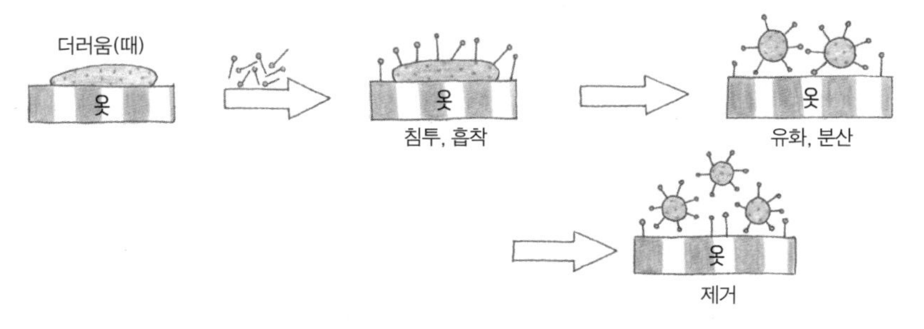

· 계면활성제가 옷감의 때를 제거하는 원리 ·

본 구조지.

이런 계면활성제는 씻고 닦는 세제, 샴푸, 주방세제, 비누, 치약 기타 등등의 거의 모든 제품에 들어 있어. 그래서 또 시끄럽잖아. 계면활성제가 몸에 좋으니 나쁘니 하면서. 그러면서 '합성계면활성제가 아닌 천연계면활성제를 써야 한다. 샴푸를 사용하지 않았을 때 나타나는 놀라운 효과' 이런 내용들이 인터넷과 방송 등에 넘쳐나고 있지. 이런 얘기들의 논점을 자세히 들여다보면 결국은 '천연'과 '합성'의 대결구도야. 즉 천연계면활성제는 안전한데, 합성계면활성제는 안전성을 담보할 수 없으니 천연을 사용하자는 얘기지. 이 시점에 엄마가 할 수 있는 얘기는 좋고 나쁨에 관한 것이 아니라 '농도'에 관한 거야. 천연에서 추출한 물질들이 다 안전한가? 오랫동안 사람들이 사용해왔기 때문에 안전하다고 말할 수 있다고? 사람들이 오랫동안 사용해온 것은 맞지만 그걸 고농도로 농축해서 사용한 것은 아니지. 천연에서 추출한 물질들이 안전하다고 말할 때 아주 중요한 사실을 간과했지. 농도. 천연에서 추출한 계면활성제를 고농도로 농축했을 때, 과연 합성한 계면활성제들보다 안전하다고 말할 수 있냐는 거야. 합성계면활성제들이 안전성을 다 통과한 제품이라는 전제로 놓고 보자고. 이게 천연에서 온 거냐 합성한 거냐의 차이만 있을 뿐 구조적으로나 기능적으로나 크게 다를 바가 없다는 거지. 그런데 얘들의 농도가 높으면 얘들을 제거하기 위해 사용해야 하는 물의 양은 증가하고, 자연으로 흘러가는 계면활성제의 양이 많으니 환경에 줄 수 있는 영향이 크다는 거지. 그러니, 적당한 농도의 세제 사용이 필요하다는 정도만 얘기하려고. 그게 천연이든 합성이든 물질 자체의 안정성을 꼭 확인해야 한다는 사족을 달면서.

물로 만나는 무극성 분자들

"그런데 생각해보니 이상하네. 이산화탄소는 무극성인데 물에 녹네?" 엄마가 그랬잖아. 물에 거의 안 녹는 물질은 있어도 전혀 안 녹는 물질은 없다고. 문제는 농도라고. 그러니까 ppm이나 ppb와 같이 아주 미세한 농도를 나타내는 단위를 사용한다고. 무극성의 애들은 어떻게 물에 녹냐고? 분산력이라는 용어를 기억하는가? 이산화탄소처럼 무극성이지만 비공유 전자쌍을 가진 녀석들이 물에 들어가면 옆에 있는 물 분자의 비공유 전자쌍이 공격을 해 순간적으로 아주 약한 전기력이 생기지. 이렇게 주위의 다른 분자들에 의해 아주 약한 쌍극자가 유도되어 발생하는 힘이 분산력이잖아. 그래서 녹아. 그런데 이 분산력은 물 분자가 이온을 둘러싸는 힘보다 아주 약하기 때문에 많이 녹지는 않아. 더불어 녹았다고 하더라도 쉽게 기체로 다시 빠져나오는 거지.

그럼 분산력을 높여 잘 녹이려면 어떻게 해야 할까? 물이 공격하는 횟수가 많아지도록 물 분자와 무극성 분자를 억지로 가깝게 만들면 되잖아. 이산화탄소의 농도 증가, 압력 증가, 그리고 온도를 낮추면 기체들이 빽빽한 상태로 존재해 쉽게 만날 수 있잖아. '농도', '압력', '온도'. 이거 어디서 많이 보던 단어의 조합 아니야? 이상 기체 상태 방정식이지. 그래서 이런 무극성의 기체를 잘 녹이려면 저온, 고압, 고농도의 조건이 필요한 거야. 물론 기체들 중에서도 암모니아 같은 기체들은 비교적 물에 잘 녹지. 질소와 수소의 전기음성도 차이에 의해 극성을 띠고 비공유 전자쌍이 있으니까.

분산력에 의해 대기 중에 있는 산소 분자, 이산화탄소 분자들이 강과 바다에 녹아 들어가지. 프리스틀리처럼 양조장에서 나오는 이산화탄소를 녹여 탄산수를 만들기도 하고. 이런 무극성 분자의 분산력과 사용자의 부주의로 인해 일상생활에서 위험천만한 일이 생기지. 사용자의 부주의함? 엄마가 네게 더러워진 행주 좀 락스에 담그라고 했지. 그랬더니 갑자기 결벽증이 생겼는지 락스를 물에 희석하고, 거기에 식초를 넣고 끓이기까지 해서 행주를 깨끗하게 만들어놨더군. 할머니의 비법을 총동원한 결과라고? 이 비법이

집을 무시무시한 화학 무기 공장으로 만들고 있다는 것을 아는가? 시중에서 판매되고 있는 락스의 주된 성분은 차아염소산나트륨이야. 분자식을 보면 NaOCl인데, 얘는 염기성 상태에서 비교적 안정한데, 중성인 물과 섞으면 $Na^+ + OCl^-$가 되지. 그런데 OCl^-는 얼마나 불안정하겠냐? 그러니 주위에 반응할 수 있는 단백질이나 세포벽에 있는 분자들과 열심히 반응하는 거지. 그러면 세균을 구성하고 있는 세포벽이나 단백질들이 파괴되는 거지. 이게 살균이잖아. 그런데 너는 여기다가 식초를 넣었어. 식초는 산성이니까 수소이온이 많을 거잖아. 거기다가 반응을 증가시킬 수 있도록 열을 가한 거지. 그 결과 염소 기체가 발생하거든. 아래에 염소가 발생하는 반응식만 뽑아서 적어놨으니 참고하고, 산에 관한 얘기는 나중에 다시 하자고.

$$2Na^+ + 2OCl^- + 4H^+ \rightarrow 2NaCl + 2H_2O + Cl_2\uparrow$$

이 염소 기체가 인류 최초의 화학 무기야. 질산 비료를 싸게 생산하는 방법을 개발한 하버가 제1차 세계대전 때 조국인 독일에 절대적인 충성의 증표로 만들었어. 현재는 더 다양한 화학 무기를 만들어 보유하고 있지만, 가장 처음 만든 무기는 염소 기체였어. 염소 기체가 무서운 무기가 될 수 있는 이유도 분산력에 의해 물에 녹기 때문이야. 염소 기체의 경우 비록 극성을 띠지는 않지만 크기도 작고, 비공유 전자쌍이 있기 때문에 다른 무극성 분자들보다도 잘 녹는 편이야. 염소 기체의 물에 대한 용해도는 25℃에서 염화나트륨의 약 $\frac{1}{6}$ 수준인 6.3%정도밖에 안 돼. 염화나트륨에 비해 상대적으로 무극성이니까.

이렇게 소량 녹은 염소 기체가 어떤 문제를 유발하느냐? 물에 안 녹으면 그냥 황록색의 기체로 끝나고 말거든. 하지만 기체를 흡입하면 우리 온 몸에 퍼져 있는 물의 극성으로 인해 녹아버리잖아. 그럼 염산(HCl)과 차아염소산(HOCl)이 생겨. 염산도 아주 위험한 물질이지. 그런데 차아염소산도 만만치 않아. 보기에도 위험천만하게 불안정한 산소 원자가 하나 가운데 콕 박혀 있잖아. 소위 말하는 활성 산소, 즉 뭐든지 만나기만 하면 반응하는 불안정한 산소 원자가 되는 거야. 얘는 체내에 들어가면 무조건 반응을 할 거잖아. 그러니 눈에 보이는 단백질, 아미노산 등등과 반응하고 그 결과 단백질이나 세포벽이 파괴되거든. 기체를 직접 흡입하는 곳이 어디냐? 폐지. 결국 폐 세포가 다 망가진다는 거지.

$$Cl_2 + H_2O \rightarrow HCl + HOCl$$

염소 이온(Cl^-) 자체는 인체에 필수적인 물질이야. 오히려 없으면 죽지. 염소 이온은 성인 남성 기준으로 약 80g 이상이 체내에 존재하는데, 대부분은 세포 밖에서 체내 음이온 상태로 존재하면서 삼투압, 소화, 비타민, 신경신호 전달 등등의 역할을 하는 아주 중요한 이온이지. 그런데 구조가 조금 다른 염소 기체는 물에 녹아서 완전히 치명적인 물질이 되는 거고. 그렇다고 이런 염소를 포함하고 있는 살균제들이 무조건 나쁜 건 아니잖아. 인류를 질병으로부터 아주 손쉬운 방법으로 지켜준 물질들이지. 그런데 염소 기체가 녹는 과정을 보고 염소살균제들을 어떻게 만드는지 이미 알아버렸나? 염소 기체를 그냥 녹이면 되는 거잖아. 거기에 염화나트륨을 집어넣으면 차아염소산(NaOCl)이 되겠지. 그러니 얘를 제조할 때, 천염 소금으로 만들어 안전하다고 광고도 하는데 그런 건 믿지도 말고. 이거 만드는 모든 회사에서 소금을 사용하고. 천연 소금으로 만들었다고 해서 특별히 더 안전하지도 않거든.

그래도 이 경우는 다행이지. 네가 직접적으로 락스를 마실 것도 아니고, 희석한 락스에 담가놨다가 대충 반응이 다 끝나 행주가 깨끗해지면 물로 여러 번 헹굴 거잖아. 그 과정에서 네게 해가 되는 나쁜 미생물들은 살균되고 살균제들은 사라질 테니까. 위험천만한 요소는 그 과정에서 소량 발생하는 염소 기체를 마시고 얘가 우리 인체 내에서 녹아서 치명적인 문제를 일으킨다는 거지. 염소 기체를 흡입한 폐를 세척해낼 수는 없으니까. 그러니 이런 거 사용할 때는 깨알같이 쓰인 사용설명서를 꼼꼼히 읽고, 문도 열고, 장갑도 끼고 낮은 온도에서 사용해야지. 괜히 더 깨끗하게 하겠다고 뜨거운 물로 하거나, 끓이기라도 하면 황록색의 염소 기체를 볼 수 있을 걸?

그러니까 '살균' '표백' 이런 단어가 들어간 물질을 사용할 때는 생각을 좀 해야 돼. 살균이란 생명체를 무작위로 죽이는 건데, 이게 너에게는 영향이 없을까 하고 말이야. '무작위'라는 것은 선택성이 없다는 거야. 선택성이란 병원체가 가진 특별한 구조를 파괴하는 것인데, 일반적으로 항생제가 그런 특성을 가지고 있거든. 항생제가 비록 선택성을 가지고 있다고는 하지만 이것도 부작용이 완전히 없는 것은 아니거든. 일상에서 사용하는 살균제들은 그런 불완전한 선택성조차 없어. 우리는 일상에서 수많은 '살균'이라고 적힌 제품들 별 생각 없이 사용해왔고, 그로 인한 피해가 사회를 떠들썩하게 만들기도 했잖아. 살균제를 흡입할 수 있는 형태로 분사하는 가습기 살균제 사태가 최근의 대표적인 사례지. 물론 개인의 책임 이전에, 안전성 실험을 대충하고 결과도 조작한 제조회사가 나쁜 놈들이지.

그런데 그런 물질이 포함된 '살균제'를 허가해준 우리나라 안전기준은 더욱 심각한 거지. 사실 엄마가 이해할 수 없는 것은 기체 상태로 흡입하면 정말로 손쓸 수 없을 정도로 치명적이라는 생각을 못하고 허가를 내줬다는 거야……. 미생물도 죽이는데 유사하게 생긴 폐 세포쯤이야. 씻어내고 희석할 수도 없는데. 아마 갈수록 더 많은 물질들이 만들어지고 그로 인해 갈수록 더 많은 피해가 생길지도 몰라. 그렇다고 인류가 질병으로부터 스스로 보호하기 위한 살균제품을 포기할 수도 없는 문제잖아. 그러니 제품에 '살균'이라는 이름이 붙어 있으면 액체 상태로 사용하는지, 아니면 분사해서 기체 상태로 사용하는지 등에 대한 구체적인 사용방법에 대해 다시 생각해야 한다는 거야. 그리고 그런 물질에 대해 안전 기준을 명확하게 만들지 않고, 늘 수동적으로 회사가 제출하는 서류만 보고 판단하고, 사고가 터진 뒤에 문제를 해결하려고 하는 제도에 대해 신랄하게 비판해서 바꾸도록 해야지.

물에서 만나 생기는 이상한 일들

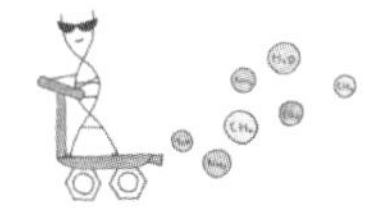

시험 기간만 되면 하고 싶어지는 게 많은 너. 그림도 그리고 싶고, 평소에 쳐다보지도 않던 피아노가 치고 싶어지고, 소설책이 눈에 들오지? 그런 네가 조금 달라졌다. “아는 게 많으면 먹고 싶은 게 많아진다더니 정말 그런가봐” 그러면서 고등어구이를 해주면 레몬을 찾고, 해물탕을 끓이면 식초를 넣어야 한다고 잔소리를 하고, 김치찌개를 만들면 베이킹 소다를 소량 넣어달라는 요구를 한다. 처음에는 시험 기간에 하고 싶은 게 많아진 네가 먹고 싶은 게 많아진 상황으로 바뀌었기에 묵묵히 요구사항을 들어줬다. 학교에서 배운 것을 열심히 실천하고 있다고, 기특하다고 생각하면서 말이다. 하지만 너도 아는 것처럼 엄마가 인내심이 없고, 귀찮아하는

부분도 있지. 그런 엄마이니 너의 요구를 충족시켜줄 재료가 없는 날이 올 수밖에 없지. 고등어구이를 했는데 레몬이 없거나, 김치찌개를 했는데 베이킹 소다로 인해 생기는 아주 미묘하게 텁텁한 약간의 쓴맛이 싫어서 일부러 안 넣고 끓인다든가 하는 날 말이야. 사실 베이킹 소다로 인해 줄어드는 신맛의 효과는 미미하기도 하고. 이런 날은 어김없이 너의 강력한 항의를 각오해야지.

"산염기 중화 반응의 원리를 이용해 김치찌개 맛있게 먹자는데 그걸 못해줘? 배운 것을 실천하라며?"라고 직격탄을 날렸다. 대충 먹을 수도 있는데, 꼭 그걸 고집하는 것이 우습기도 하지만 엄마의 신경이 쇠심줄이 아닌지라 툭 끊어질 때가 있잖아. 그래도 어른인데 참아야지. 그렇다고 아무 말도 없이 참으면 네 엄마가 아니지. "베이킹 소다의 구조식이 뭔지 알아? $NaHCO_3$야. 여기 염기의 특성을 나타내게 하는 OH^-도 없는데 어떻게 김치의 젖산과 반응하는 중화 반응이 일어나냐?" "아니 거기에 왜 수산화 이온(OH^-)이 없지? 오히려 수소 이온(H^+)이 들어 있네. 근데 왜 얘를 염기성이라고 하고, 김치찌개 넣으면 신맛이 줄어든다고 말했지?"라고 즉각적인 반응이 온다. 이 즉각적인 반응은 승리의 기운이 엄마 쪽으로 기울었다는 것을 의미한다는 것을 아냐? 회심의 미소를 지으며 마지막 한방을 날렸다. "그래도 걔는 김치찌개에 넣으면 염기로 작용하는 거 맞거든!"이라고. 네가 좁은 의미의 산염기만 배워서 반격할 수 있는 빌미는 주는 이런 학습법은 엄마에게 아주 좋은 것이다. 카타르시스를 주는……. 엄마의 이런 카타르시스는 가끔 너의 반응을 증폭시키는 촉매가 된다는 것을 너무나 잘 아는데도 엄마 방식으로 시비를 걸어본다.

산과 염기가 뭐냐고?

네가 요구하는 요리법들은 모두 산염기 중화 반응을 이용해 산도를 줄이는 거야. 일반적으로 산성을 가진 물질과 염기성을 가진 물질이 만나 물을 만들면서 산성과 염기성을 중화시키지. 앞의 네 얘기를 요약해보면, 산성은 H^+을 내는 물질이고, 염기성은 OH^-을 내는 물질이야. H^+를 수소 이온, OH^-를 수산화 이온이라고 부르는 것은 말하지 않아도 알 거라 생각해.

$$H^+ + OH^- \rightarrow H_2O$$

그전에 산이라는 것과 염기라는 것을 먼저 보자. 신맛이 나면 산이지? 식초도 신맛이 나고, 개미 똥구멍 핥으면 신맛이 나지. 엄마가 말한 식초는 아세트산이고, 개미 똥구멍에서 나는 신맛은 포름산이야. 이런 건 먹어도 된다는 거잖아. 이런 거 말고 먹으면 큰일 나는 염산(HCl)과 황산(H_2SO_4)도 있잖아. 그래서 학교에서 실험시간에 염산과 황산을 다룰 때 아주 주의해야 한다고 선생님들이 당부 또 당부하지. 특히 진한 염산과 진한 황산을 물에 넣어 묽게 만들 때는 아주 천천히 소량씩 넣어야 한다고. 한꺼번에 넣으면 아주 폭발적으로 반응이 일어나고 흰 연기도 마구 난다고. 이런 거 먹으면 큰일 나지. 입에 닿는 순간 세포들이 마구 녹을 거야.

수소 이온과 수산화 이온의 생긴 모양을 가지고 왜 먹으면 큰일이 나는지 보자. 수소는 원자번호 1번이고, 전자를 하나 가지고 있지. 얘가 전자를 하나 잃었어. 그럼 원자핵만 남아 있는 상태가 된 거지. 이 원자핵이 가만히 있을 수 있겠어? 아니, 죽어라고 전자를 채우려고 할 거야. 그래야 안정되니까. 그럼 주위에 있는 다른 원자나 분자들을 공격해서 전자를 뺏어오려고 할 거잖아. 이런 불안정한 수소 이온이 생명체를 구성하고 있는 단백질이나, 인지질을 만났다고 생각해봐. 바로 공격에 들어갈 거고 그 결과 복원할 수 없는 상태로 조직이 망가지지. 이렇게 먹으면 큰일나는 산을 강산, 아세트산처럼 먹어도 되는 산을 약산이라고 해.

염산의 이온화	$HCl \rightarrow H^+ + Cl^-$
황산의 이온화	$H_2SO_4 \rightarrow 2H^+ + SO_4^{2-}$
아세트산의 이온화	$CH_3COOH \rightarrow H^+ + CH_3COO^-$
포름산의 이온화	$HCOOH \rightarrow H^+ + HCOO^-$

염기는 수산화 이온(OH^-)이 나오는 녀석들이라면서? 그러니 수산화나트륨($NaOH$), 수산화칼륨(KOH), 수산화칼슘($Ca(OH)_2$)나 수산화마그네슘($Mg(OH)_2$)처럼 '수산화'라고 이름 붙일 수 있게 만든 수산화 이온(OH^-)이 있어야 하는 거야. 그러면서 이런 애

기도 들어봤을 걸? 얘들을 물에 녹여 손으로 만져보면 미끈거린다고. 염기성 물질의 미끈거림은 염기성에 의해 피부에 있는 단백질이 녹아서 미끈거리는 거야. 수산화 이온이 수소 이온처럼 단백질을 공격한 결과지. 물에 녹이지 않고 그냥 흰 백색의 결정인 수산화나트륨을 손으로 만져도 미끈거려. 이미 수산화나트륨이 물에 녹았다는 거야. 물이 어디 있냐고? 공기 중에도 있고, 손에도 수분이 있잖아. 특히 너처럼 피부의 촉촉함을 유지하기 위해 애쓰는 사람일수록 미끈거림이 심하겠지. 왜? 물이 많으니 많이 녹았을 거잖아. 정말 완벽하게 습기를 차단할 수 있다면 수산화나트륨은 미끈거리는 성질을 나타내지 않는 고체덩어리일 뿐이야. 산의 종류에 강산과 약산이 있으니 강염기와 약염기도 있을 거잖아. 예를 든 염기성 물질들 중 수산화마그네슘만 약염기고 나머지는 강염기야. "그럼 약염기인 수산화나트륨은 먹어도 돼?" 약산은 먹어도 된다고 했으니 약염기도 먹어도 되지. 그래서 강산으로 들끓고 있는 위에서 신물이 넘어와 속쓰림을 유발할 때 위액의 산성을 중화시키기 위해 희멀건 액체를 마시잖아. 그 액체에 바로 수산화마그네슘이 포함되어 있거든.

수산화나트륨의 이온화	$NaOH \rightarrow Na^{+} + OH^{-}$
수산화칼륨의 이온화	$KOH \rightarrow K^{+} + OH^{-}$
수산화마그네슘의 이온화	$Mg(OH)_2 \rightarrow Mg^{2+} + 2OH^{-}$

그런데 말이야, 지금까지 엄마가 산과 염기 얘기를 하면서 공통적으로 얘기한 사실이 있어. 그게 뭔지 알아? '물에 녹였을 때'라는 거야. 1884년 스웨덴의 화학자 스반테 아레니우스(Svante Arrhenius)는 어떤 물질을 물에 녹였을 때 수소 이온(H^+)을 내는 물질을 산(acid), 수산화 이온(OH^-)을 내는 물질을 염기(base)라고 정의했어. 네가 알고 있는 산과 염기의 정의가 바로 아레니우스의 정의지. 아레니우스가 정의한 수용액 상태의 산과 염기를 합치면 물이 생기면서 중화 반응이 일어나는데, 물 말고 다른 물질도 생기잖아. '염'이라고 부르는 거.

$$NaOH + HCl \rightarrow Na^+ + Cl^- + OH^- + H^+ \rightarrow NaCl + H_2O$$

이거 어디서 들어본 것 같지 않아? 염전 얘기하면서 '염!' 얘기했잖아. 할로겐족(17족)과 1족인 알칼리금속이 만나서 만드는 고체, 이게 염이라고. 중화 반응의 결과로 인해 이렇게 염이 생겨. 그런데 이렇게 생긴 염의 이온 결합이 약하면 염화나트륨처럼 쉽게 물에 녹아버려 보이지 않지만, 염을 만드는 이온들의 결합이 강력해서 이온화되지 않으면 앙금으로 나타나는 거야. 염화은처럼.

고등어를 먹는 네 혀의 카타르시스를 증가시키기 위해 시트르산(citric acid)이 왕창 들어 있는 레몬즙을 뿌린다고 했지. 그럼 중화 반응에 의해 비린내가 줄어든다고. 이 얘기의 결론은 비린내

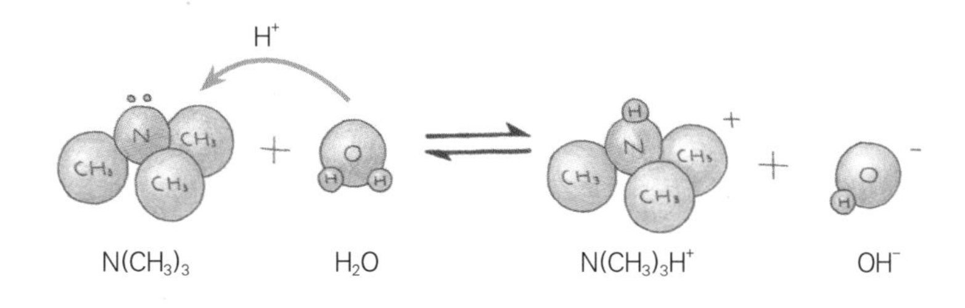

· 트리메틸아민을 물에 녹였을 때 염기성이 되는 원리 ·

의 주성분이 염기성이라는 얘기잖아. 물고기가 체내 염도를 조절하기 위해 트리메틸아민옥사이드(trimethylamine oxide)라는 물질을 고이 간직하고 있는데, 죽는 순간부터 체내 박테리아와 효소들이 달려들어 트리메틸아민(trimethylamine)으로 바꿔버려. 얘가 바로 비린내의 주범이야. 얘의 구조를 보자. 'Tri'는 3개라는 뜻이고, methyl은 CH_3를 말하고, amine은 질소 화합물이니까 질소를 중심으로 3개의 메틸 분자가 결합한 구조겠지. 그런데 구조를 자세히 봐봐. 어디에도 수산화(OH^-)기가 없잖아. 수산화기가 없는 애들이 어떻게 물에 들어가 OH^-기를 내서 염기성이 되고, 어떻게 레몬즙에 들어 있는 시트르산의 H^+와 결합해서 중화 반응이 일어난다는 건지 이해할 수가 없잖아.

이런 종류의 염기들은 아레니우스의 산염기 정의로는 설명이 안 되는 염기야. 산염기에 대한 다른 정의들이 있냐고? 당연히 있지. 발상의 전환을 해봐. 어떤 물질을 물에 넣었어. 거기서 수소 이온과 수산화 이온이 나오지 않아도, 수용액에 H^+가 증가하거나

OH^-가 증가하면 무조건 산성 용액이 되거나 염기성 용액이 되는 거잖아. 물에 넣어주는 용매가 반드시 수소 이온이나 수산화 이온을 가지고 있을 필요는 없다는 거지.

수산화 이온(OH^-)도 없는 트리메틸아민이 물에 녹아 있을 때 어떻게 염기성이 되는지 보자. 비공유 전자쌍을 가지고 있는 트리메틸아민을 물에 녹여. 그럼 물속에 떠다니던 H^+이 철석같이 결합할 수 있잖아. 그럼 상대적으로 물속에 있는 H^+의 농도가 줄어들 거잖아. 다른 예를 들어볼까? 수산화 이온이 없으나 약염기라고 불리는 암모니아의 분자식은 NH_3잖아. 얘도 트리메틸아민과 똑같이 놀고 있는 비공유 전자쌍이 하나 있으니, 물에 녹이면 H^+이 철석같이 달라붙으면서 전체적으로 H^+의 농도가 줄어들지. 혹시 기억하니? 배위 결합이라는 용어를? 공유 결합이기는 하지만, 각자가 가지고 있는 전자를 서로 공유하는 게 아니라, 하나의 분자가 비공유 전자쌍을 일방적으로 제공해서 이루어지는 공유 결합이지. 수소 이온 농도가 줄어든 수용액 속에 레몬즙을 넣어서 H^+의 농도를 높여주면 물속에 떠다니는 수산화 이온과 결합하는 중화 반응이 일어나게 되는 거야. 그래서 이런 상황을 정리하기 위해

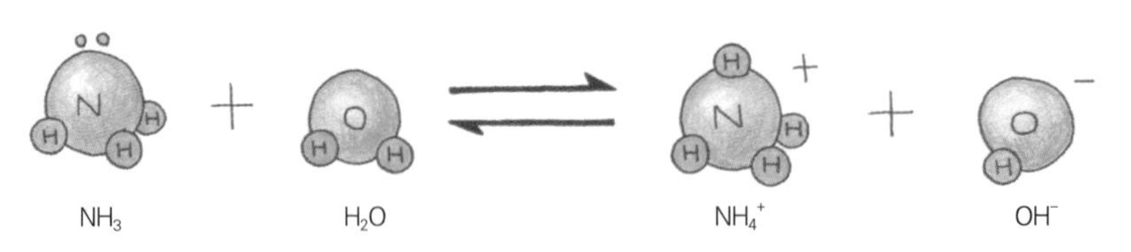

· 암모니아 수용액이 염기성이 되는 원리 ·

여러 과학자들이 산과 염기에 대한 다시 정의를 내렸어. 브뢴스테드(Johannes Brønsted)와 로우리(Thomas Lowry)는 수소 이온을 내놓은 물질을 산, 수소 이온을 받는 물질을 염기라고 했어. 누가 뭐라고 정의하든지 간에 어떤 물질이 녹았을 때 수용액 속에 존재하는 수소 이온과 수산화 이온의 농도에 따라 산과 염기가 결정된다는 거야.

산염기의 정의

구분	산	염기
아레니우스	수용액 상에서 H^+를 내놓는 물질	수용액 상에서 OH^-를 내놓는 물질
브뢴스테드-로우리	H^+를 내놓는 물질	H^+를 받는 물질

움직이는 평형 상태

아레니우스의 정의가 아닌 '브뢴스테드-로우리'의 산과 염기에 대한 정의를 가지고 염화수소가 산이 되는 원리를 재해석해보자. 다음 화학식을 보자. 염화수소가 물과 만나서 수소 이온을 내놓으니 산이 되고, 물은 수소를 받으니 염기가 되지. "엄마, 그런데 왜 갑자기 수소 이온이 아니라 H_3O^+가 튀어나와?" H_3O^+라고 쓰고 하이드로늄 이온(옥소늄 이온)이라고 읽는 이 녀석이 어떻게 만들어지는 쉽게 생각할 수 있어. 물이라고 읽는 H_2O는 산소에 비공유 전자쌍을 가지고 있잖아. 물에 염화수소를 넣어 H^+의 농도가 증가하면 수소 이온이 산소의 비공유 전자쌍에 결합할 수 있지. 이런 거 배위 결합이잖아. 하이드로늄 이온이라고 표현한다고 해서 수소 이온과 특별히 다른 건 아니야. 그냥 수소 이온과 같다고 보면 되는 거야. 브뢴스테드-로우리의 산염기 개념에서 수소 이온을 받는다는 것을 표현하기 위해 사용한 거지.

$$HCl + H_2O \rightleftarrows H_3O^+ + Cl^-$$

그런데 아주 중요한 사실을 알아차렸을까? 엄마가 지금까지 반응의 방향을 늘 한쪽 방향으로만 표시했는데 어느 순간부터 양방향의 화살표를 사용했어. 왜? 이게 멈춰 있는 상태가 절대로 아니라는 거야. 엄마가 이런 얘기를 했어. 아무리 단단한 금속 결합에 의해 결합된 분자라고 하더라도 10억 배로 확대해보면 얘들이 끊임없이 움직이고 있는 것을 확인할 수 있다고. 또한 염화은처럼 침전물로 나타나는 물질도 아주 소량으로 녹는다고. 다만, 전체적인 반응이 결정을 이루는 쪽으로 치우쳐 있고, 녹는 속도와 결정을 이루는 속도가 같아서 우리 눈에 아무것도 일어나지 않는 것처럼 보인다는 얘기를 했지. 고체인 분자도 이렇게 움직이는데 수용액 속에 있는 이온들의 움직임은 더하겠지. 움직인다는 것은 끊임없이 주위 분자들의 전자를 이렇게 저렇게 건드릴 수밖에 없는 상황이기 때문에, 정지된 것처럼 보이는 수용액 내부는 끊임없이 양쪽방향으로 반응이 일어나는 거야. 그래서 화살표를 양쪽 방향으로 표

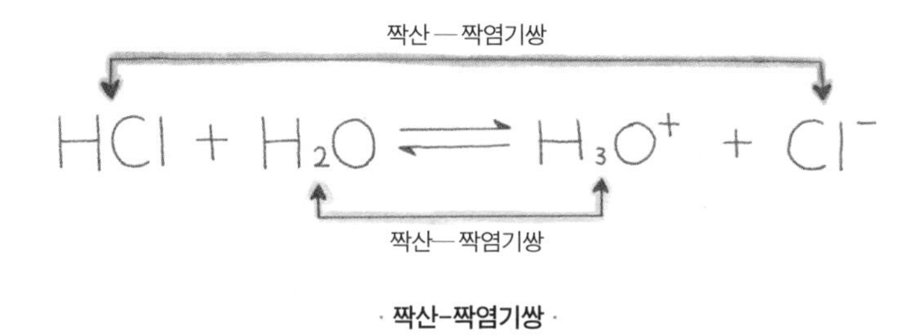

· 짝산-짝염기쌍 ·

시한 거야. 이렇게 양쪽 방향의 반응 속도가 같은 상태를 동적 평형 상태라고 해.

이런 동적 평형 상태에서 염화수소의 이온화를 재해석해보면, 왼쪽에서 오른쪽으로 일어나는 반응(정반응)과 역방향의 반응(역반응)이 늘 동시에 일어나고 있다는 거야. 다만, 평형을 이루는 상태가 정반응으로 치우쳐 있기 때문에 염산은 강산이 되는 거지. 반면, 약산인 아세트산은 역반응 쪽으로 반응이 치우쳐 평형을 이루고 있을 뿐이지. 이 반응식을 수소 이온이 들락거린다는 브뢴스테드-로우리의 산염기 정의의 관점에서 조금 자세히 보자. 정반응이 일어날 때, 염화수소는 수소 이온을 내놓으니 산이고, 물이 그 수소 이온을 받아주니 염기가 되겠지. 역반응을 보면, 하이드로늄 이온이 수소 이온을 내놓으니 산이 되고, 염소 이온이 수소 이온을 받으니 염기가 되잖아. HCl과 Cl^-처럼 반응의 방향에 따라 H^+가 이동하여 산과 염기로 되는 한 쌍의 물질을 짝산-짝염기라고 해. 이런 얘기를 했으니, 베이킹 소다로 신 김치의 맛을 중화시키는 반응은 쉽게 생각할 수 있잖아? 이것도 엄마가 해줘야 한다고? 〈$CH_3CH(OH)COOH + NaHCO_3 \rightarrow CH_3CH(OH)COONa + H_2O + CO_2$〉야. 반응의 결과 젖산을 중화시켜 물이 생겼잖아. 이 과정에서 베이킹 소다는 염기로 작용했지.

다시 비린내 얘기로 돌아가보면 트리메틸아민이 생긴 고등어에 상큼한 레몬을 뿌려 중화 반응이 일어난다고 해서 비린내의 주범이 없어지는 것은 아니잖아. 상큼한 향과 신맛이 네 후각을 마비시켜 비린내를 잘 못 느낄 뿐이지. 사실 약간의 다른 이유가 있어. 물 속에 트리메틸아민에 결합할 수 있는 수소 이온의 양은 매우 적기 때문에 대부분의 트리메틸아민은 수소 이온이 결합하지 않은 형태로 존재해. 수소 이온이 결합하지 않는 트리메틸아민은 휘발성이 강하거든. 그래서 쉽게 날아가 네 코를 자극하지. 그런데 수소 이온을 왕창 넣어주면 더 많은 수소 이온이 결합할 수 있는데, 수소 이온이 결합한 형태는 휘발성이 떨어지거든. 그래서 산을 넣으면 비린내를 덜 느끼는 거야. 그리고 꼭 레몬즙을 고집할 필요도 없잖아. 다른 종류의 먹어도 되는 산을 넣어주면 되잖아. 가장 많이 사용하는 방법이 젖산이 많이 들어 있는 신 김치를 넣고 고등어를 졸여서 먹는 거지. 더불어 트리메틸아민이 조금이나마 날아가도록 뚜껑을 열고 조리하는 게 좋지. 먹어도 되는 산이 없을 때 사용할 수 있는 다른 방법은 없냐고? 단백질 입자가 왕창 든 우유에 담그면 냄새 입자들이 단백질에 둘러싸이거든. 그런 다음 씻어 버리면 냄새의 주범인 물질이 많이 제거가 돼서 훨씬 냄새가 덜나지. 레몬즙이 없는 날은 엄마가 이미 그렇게 우유에 잠깐 담갔다가 구웠다는 것을 알기나 하는가? 신선한 생선을 사용하는 것이 최선이겠지만, 방금 잡은 고등어를 먹을 수 있는 환경은 아니니 조리법으로 일부 해결해야겠지.

또 물? 또 물!

그런데 왜 어떤 녀석은 먹어도 될 정도의 약산과 약염기가 되고, 어떤 녀석은 먹으면 큰일 나는 강산과 강염기가 되는데? 약산과 약염기도 각각 세포를 공격할 수 있는 수소 이온과 수산화 이온을 포함하고 있잖아. 이는 이들 이온의 불안정성 이외에 큰일을 일으키는 다른 요인이 있다는 거지. 그게 뭐냐고? 농도야. 수소 이온의 농도가 높아지면 한꺼번에 공격하는 숫자가 많아지니까 세포들이 공격을 감당하지 못하고 파괴되지만, 수소 이온의 농도가 낮으면 '그쯤이야' 하면서 견딘다는 거지. 우리 인체는 약산과 약염기를 견딜 수 있는 능력이 있거든. 이 얘기를 바꾸면 강산이나 강염기는 공격할 수 있는 수소 이온 또는 수산화 이온의 농도가 높다는 거고, 약산과 약염기는 농도가 낮다는 거지.

왜 HCl이 이온화가 잘 되냐고? 이미 답을 알고 있잖아. 수소와 염소의 전기음성도 차이가 무지 크잖아. 엄청난 극성을 띠는 염화수소가 극성을 띠는 물에 들어가면? 대부분의 HCl이 이온화되는 거지. 하지만 먹어도 되는 아세트산과 같은 녀석들은 이온화가 되

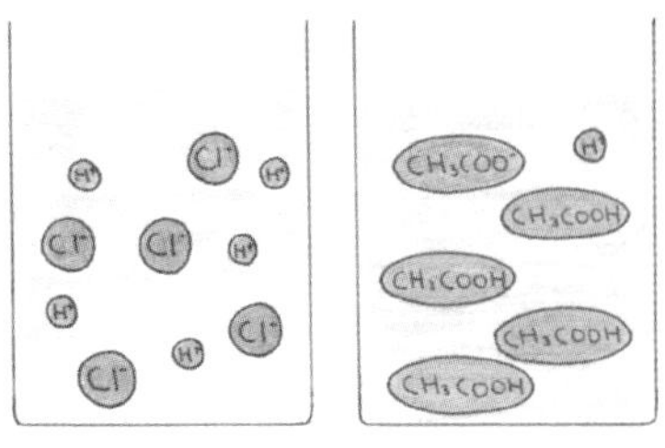

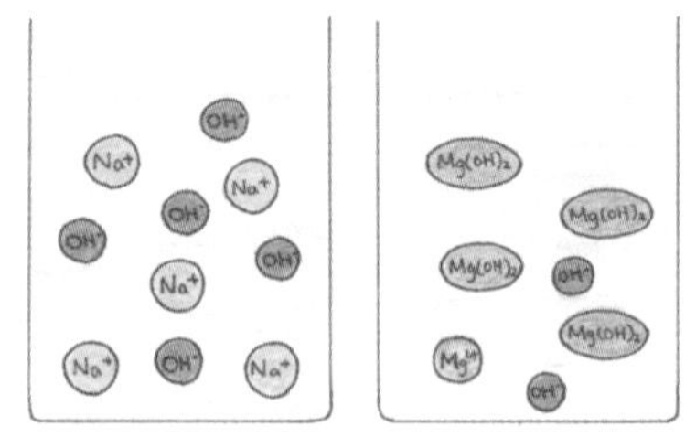

· 염산과 아세트산의 이온화 모형 ·

· 수산화나트륨과 수산화마그네슘의 이온화 모형 ·

기는 하는데 양이 워낙 적거든. 그래서 수소 이온의 농도가 낮은 약산이 되는 거야. 강염기와 약염기도 마찬가지지. 이온화가 잘 되어서 수산화 이온의 농도가 많아지면 강염기고 아니면 약염기고. 얘들이 강하거나 약하게 되는 이유는 결국은 이온화 정도라는 얘기지.

어떤 산이 강하고, 어떤 산이 약한지는 이온화하는 정도라고 했는데 산과 염기가 이온화되는 정도는 온도와 농도에 따라 달라져. 동일한 물질이라고 해도 온도가 높고 농도가 낮은 경우에 이온화 정도가 크거든. 물속에서 이온화되려면 물 분자와의 관계가 중요한데, 이온화를 촉진시킬 물 분자가 훨씬 많아야 쉽게 이온화가 되겠지. 실제로 진한 황산은 아주 위험한 물질임에도 불구하고 산성도는 낮거든. 물의 농도가 너무 낮아 이온화하는 것 자체가 힘들어서.

그럼 온도나 농도와 관계없이 산과 염기의 세기를 비교할 수는 없는 걸까? 당연히 있지. 반응이 양방향이니 양쪽 반응에서의 각각의 농도 비율을 보면 어느 물질이 이온화가 잘 되는지 쉽게 알 수 있어. 이런 비율을 비교하기 위해 도입된 개념이 이온화 상수야. 즉, 온도나 농도 등의 조건을 배제하고 동적 평형 상태에서 물질들의 농도 비율을 보면 쉽게 알 수 있다는 거지. 이 농도 비율을 K라고 표현하고 어떤 산과 염기를 물에 넣더라도 물의 농도는 같으니까 물의 농도를 무시하고 만들어낸 상수를 이온화 상수 Ka라고 해. 나중에 보면 알겠지만, Ka라는 숫자가 너무 작아서 경우에 따라서는 pKa라고 −logKa값으로 나타내기도 해. 아세트산을 가지고 이온화 상수를 어떻게 계산하는지 적어놨으니 참고하길. 당초 물의 농도는 모든 산과 염기가 같기 때문에 큰 의미가 없어 무시한다고 했고, 사실 또 하나 무시하는 게 있어. 변화된 CH_3COOH의 양이야. 아세트산은 약산이라, 아주 일부가 CH_3COO^-로 변했기 때문에 동적 평형 상태에서 CH_3COOH도 줄어들었지. 하지만 초기 아세트산의 농도 대비 줄어든 양이 아주 작기 때문에 무시하는 거야.

$$CH_3COOH + H_2O \rightleftarrows H_3O^+ + CH_3COO^-$$

동적 평형 상태에서 각 물질의 농도 평형은,

$$K= \frac{[H_3O^+][CH_3COO^-]}{[CH_3COOH][H_2O]}$$ 이고,

모든 반응에서 동일한 농도로 존재하는 물의 농도를 무시하면

이온화 상수 $Ka= \frac{[H_3O^+][CH_3COO^-]}{[CH_3COOH]}$ 이다.

- 아세트산의 이온화 상수 -

엄마가 농도 얘기를 하면서 정의만 얘기하고 특별히 언급하지 않는 농도가 있어. 몰 농도(M). 얘를 도대체 어떤 경우에 사용하는지 얘기도 안 하고, 그냥 용액 1L에 분자량만큼, 다른 말로 1몰 수만큼 들어 있으면 1M이라는 얘기를 했지. 이 농도를 왜 사용하냐고? 지금처럼 용액 내의 아주 적은 수의 이온 농도를 나타낼 때 아주 유용하지. 분자량이 60인 아세트산을 6g을 아주 정확히 재서 물과 섞어 1L를 만들었다고 해보자. 이거 아세트산 0.1M이잖아. 분자량만큼 재면 아보가드로 수만큼 들어 있는데, 그것의 1/10이니까 CH_3COOH 입자 수는 6.02×10^{22}개가 되지. 실제로 아세트산의 이온화도는 아주 낮아서 대부분이 CH_3COOH로 있거든. 아주 소량만 이온화되는 상태에서 %와 같은 농도를 사용할 수는 없지. 그러니 입자 수의 개념을 포함한 몰 농도를 사용하는 거지. 이미 엄마가 화학식에서 몰 농도를 사용했어. $[H_3O^+]$라고 '[ ]' 기호를 사용해서. 이 이온화 상수를 가지고 앞에 언급한 산과 염기의 세기를 나타내보면 25℃에서 묽은 염산의 이온화 상수는 약 10^7, 묽은 황산은 10^2, 아세트산은 1.75×10^{-5}, 포름산은 1.77×10^{-4}야. 이 숫자만 봐도 먹어도 되는 산과 먹으면 큰일 나는 산의 이온화 정도가 얼마나 큰 차이가 나는지 알 수 있잖아.

그런데 수소 이온 농도가 얼마나 되는지 어떻게 알아? 우리 주변에 산성을 나타내는 물질이 엄청 많잖아. 먹어보고 신맛이 나면 산성이라고? 아무리 그래도 묽은 염산을 먹을 수는 없지. 묽은 염산 속에 얼마의 수소 이온 입자가 들어 있는지 척~ 보고 알 수 있다면 아주 간편하잖아. 그래서 네가 지시약과 리트머스 종이를 배웠지. BTB 용액이라는 지시약을 염기성 수용액에 떨어뜨리면 파란색이고, 중성에서는 초록색이고 산성에서는 노란색이라고. 또한 리트머스 종이를 수용액에 담그면 색이 변하는 정도를 가지고 산성도를 알 수 있다고. 이렇게 리트머스 종이를 가지고 산성도나 염기성 정도를 측정하는 방법도 지시약과 똑같은 원리야. 리트머스 종이는 곰팡이와 박테리아가 공생하는 지의류라는 생물체가 가지고 있는 염색물질을 종이에 입혀놓은 거지.

엄마가 학교 다닐 때 리트머스 종이 색깔이 청색과 붉은색 두 가지가 있는 거야. 청색 리트머스 종이는 산성 용액에 닿으면 붉은색으로 변하고, 붉은색 리트머스 종이는 염기성에 닿으면 푸른색으로 변한다고 배웠어. 얼마나 헷갈리던지 지금도 마찬가지야. 원리적으로 보면 쉬울 수도 있어. 청색의 리트머스 종이는 알코올 용액에 소량의 암모니아가 들어 있으니 염기성이라서 산성을 만나야 색이 변하고, 붉은색 리트머스 종이는 염화수소를 이용해 산성으로 만들었으니 염기성을 만나야 색이 변한다는 거지. 이게 얼마나 외우기 싫고 헷갈렸으면 대학에 가서 산성도를 숫자로 측정하는 pH미터기를 만났을 때 정말 행복했지. pH는 수용액 속에 들어 있는 수소 이온 농도를 측정해서 만든 척도로 숫자가 1~14까지 있거든. 수소 이온의 농도를 어떻게 측정하냐고? 전기전도도를 가지고 측정해. 이온 농도가 높으면 전류가 잘 흐르고, 낮으면 잘 흐르지 못하잖아. 그런데 이렇게 막연하게 표현하면 알 수가 없으니 기준을 정했지. pH의 기준은 중성인 7이잖아. 얘를 기준으로 7보다 숫자가 작으면 산성이고, 7보다 크면 염기성이라고 하지. 이게 어디서 왔을 것 같아? 또 물이지.

지금까지 물에 대해서 말하지 않은 또 다른 비밀이 있어. 아니, 이미 눈치 챘는지도 모르지. 우리 눈으로 보기에는 아무런 변화도 없는 물인 것 같지만 산소와 수소의 극성 공유 결합으로 이루어진 물 분자도 끊임없이 움직이고 있어. 모든 분자는 고정되어 있지 않고 끊임없이 움직이고, 옆에 있는 분자의 전자에 의해서 영향을 받고 있잖아. 물도 예외는 아니거든. H_2O 분자끼리 영향을 줘서 이온화되면? H^+와 OH^-가 돼. H^+는 H_2O와 결합하니까 H^+를 편의상 H_3O^+로 나타낼 수 있잖아. 그러니 물속에는 H_2O와 H_3O^+와 OH^-가 둥둥 떠다닌다는 거지. 그렇다고 한번 이온화된 물 분자가 계속 이

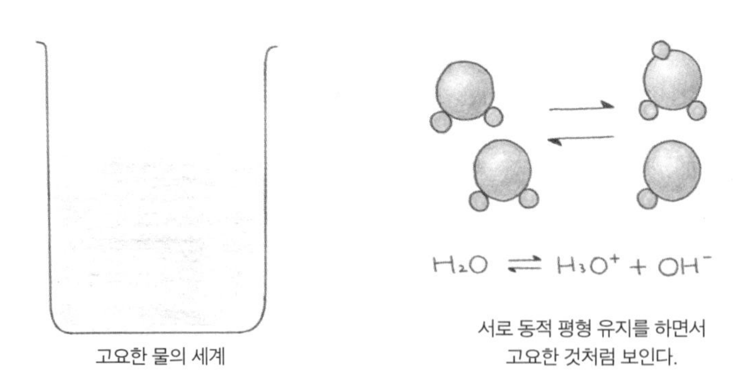

고요한 물의 세계

서로 동적 평형 유지를 하면서 고요한 것처럼 보인다.

· 물의 이온화와 동적 평형 ·

온화된 상태로 남아 있지는 않을 거잖아. 이 얘기는 수소 이온과 수산화 이온이 다시 H_2O가 되기도 한다는 거지. 고요한 것처럼 보이지만 실제로는 끊임없이 물 분자가 이온화가 되고, 이온화된 하이드로늄 이온과 수산화 이온이 다시 물이 되는 현상이 반복해서 일어나고 있어. 물 위에 떠 있는 백조마냥 우아하게.

하지만 물이 이온화해봐야 생기는 하이드로늄 이온(수소 이온)의 농도와 수산화 이온의 농도가 같으니 물은 결국은 중성이야. 물론 이온화되는 정도를 조절할 수는 있어. 즉, 물의 동적 평형 상태에서 온도를 올림으로써 동적 평형 상태가 오른쪽으로 이동하게 만들 수는 있지. 그렇다고 해도 물속의 하이드로늄 이온이 높아지면 수산화 이온의 농도도 덩달아 높아지니까 결국 물은 중성이 될 수밖에 없지. 물의 이온화 상수는 1×10^{-14}인데, 중성인 모든 수용액에서 하이드로늄 이온과 수산화 이온의 농도는 같잖아. 그러니 물의 이온화 상수 10^{-14}라는 숫자는 하이드로늄 이온 농도 10^{-7}과 수산화 이온 농도 10^{-7}을 곱한 값에서 나왔지. 이런 숫자가 너무 작아서 읽고 확인하기 편한 숫자로 환산했는데 $-\log[10^{-7}]$라고 하자고 했어. 물에 있는 하이드로늄 이온의 농도, 또는 수소 이온 농도를 기준으로 만들어진 pH의 정의야.

그래서 수용액에 pH 미터 센서를 담그면 수용액 안에 수소 이온 농도에 따른 전기전도도를 측정해서 계기판에 8.4, 6.8 이렇게 숫자로 나타나거든. 머리 아프게 리트머스 종이 색깔이 어쩌고저쩌고 안 해도 되잖아. 사실 네가 아니면 리트머스 종이 색깔 변화는 그냥 잊어버리고 말았을 걸? "그렇지만 집에 수소 이온 농도를 재는 pH 미터가 있는 건 아니잖아? 그러니 알아둬야 하는 거 아닌가?" 집에 리트머스 종이는 있냐? 지의류를 이용해서 만든 리트머스 종이가 말려 있는 바깥쪽에 색깔에 따른 pH가 다 그림으로 그려져 있어. 머리 아프게 외울 필요가 없었다는 거지.

수용액의 움직이는 균형감

그런데 너는 왜 집에서 산도를 측정할 생각을 하는데? "그거야 산성인 음식도 있고 알칼리성 음식도 있는데 그걸 먹으면 인체의 pH 농도가 변할 거잖아. 중성의 음식을 먹어야 하는 거 아닌가? 아니면 사람들이 얘기하는 것처럼 알칼리성 음식을 먹고 그래야 하는 건가?" 생명체를 너무 우습게 보는 것은 아닌가? 그 정도도 조절하지 못할까봐 걱정이냐? 엄마가 그랬잖아. 염산이나 황산과 같은 강산이나 수산화나트륨과 같은 강염기는 먹으면 아주 위험하다고. 하지만 우리가 먹는 음식들은 다 약산과 약염기들이야. 우리 인체는 약산과 약염기를 견딜 능력이 있다고 했어. 우리 인체의 pH가 보통 중성에 가깝다고 얘기하지만 인체 부위마다 달라. 일반적으로 인체의 pH 농도는 7.35~7.45 정도라고 얘기하는데, 이는 혈액의 pH 값일 뿐이거든. 입속은 pH 2~6으로 산성~약산성이고, 위는 pH 1~2로 강산성, 소장은 pH 7.6 으로 약알칼리성이지. 그렇다고 너의 질문이 완전히 바보같은 질문은 아니야. 음식

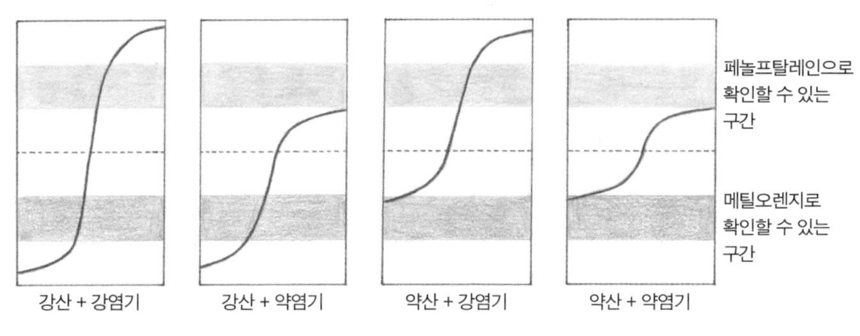

· 산–염기 적정에 따른 pH 변화 ·

의 산도에 따라 모든 영양분을 공급하는 혈액의 pH가 달라질 수도 있지. 하지만 크게 걱정할 필요는 없어. 혈액은 특별한 시스템을 가지고 있거든. 그게 뭐냐고? 외부의 충격을 견디는 힘, 완충 작용이야.

중화 적정 실험이라는 것을 해봤잖아. 일정한 농도의 염산에 지시약을 넣고 일정한 농도의 NaOH 용액을 떨어뜨리면서 pH가 어떻게 변하는지. 즉, H^+와 OH^-가 만나 H_2O와 염을 생성해 산성을 나타내는 H^+의 농도가 줄어드는 거지. 그걸 지시약의 색으로 확인하지 않았어?

강산에 강염기를 가하면 pH가 급격하게 변하지만 강산에 약염기를 가하거나, 약산에 약염기를 가하면 변하는 정도가 강산–강염기 중화적정반응보다 적다면서 열심히 pH7의 중성을 만드는 염기의 양을 찾는 실험을 했잖아. 이렇게 되는 이유가 뭐겠어? 동적 평형 상태 때문이야. 산과 염기의 이온화 상수는 다 다르지. 더불어 아주 중요한 것은 각 산과 염기의 이온화 상수는 일정하다는 거야. 이게 무슨 의미냐고? 약산에다가 약염기를 아무리 추가해도 강산에 강염기를 넣을 때처럼 급격하게 pH가 증가하지도 않고 pH14까지 절대로 가지도 못한다는 거야.

엄마가 김치찌개에 탄산수소나트륨을 넣어봐야 산도가 크게 줄지도 않고 많이 넣으면 씁쓸한 맛만 난다는 얘기를 했지. 탄산수소나트륨은 수산화 이온도 없으면서 산성인 물에 녹이면 염기성이 되는 녀석이잖아. 왜 그런지 $NaHCO_3$라는 화학식만 딱 봐도 보이지 않냐? 나트륨의 엄청난 이온화 경향 때문에 물에 들어가면 무조건 이온화되어 이온이 떨어져나갈 거잖아. 그럼 HCO_3^-가 생성되는데 물 그 자체에 둥둥 떠다니는 수소 이온(H^+)이 HCO_3^-에 얼씨구나 결합해서 H_2CO_3가 되는 거지. 물속에 수소 이온 농도와 수산화 이온 농도가 동일한데 수소 이온이 줄었으니 상대적으로 수산화 이온 농도가 높아진 거잖아. 이게 염기잖아. 하지만 얘는 이 상황에서 약염기라서 수소 이온과 결합할 수 있는 능력이 아주 낮거든. 그러니 신김치찌개에 들어있는 아주 일부의 수소 이온만 제거되는 거지.

만약 물속에 HCO_3^-이 떠다니는 이 용액에 염기성 수용액을 넣으면 어찌 될까? 염기성이 더 증가 할까? 약염기인 암모니아(NH_3)를 넣는 순간 탄산수소나트륨은 더 이상 염기로 작용하지 않아. 오히려 H^+이온을 내놓는 산으로 작용해. 어떻게 그런 일이 일어나는지는 다음 반응식을 참고해줘. 이렇게 상황에 따라 염기 또는 산의 양쪽으로 작용하는 물질들을 양쪽성 물질이라고 하는

데 대부분의 약산과 약염기가 양쪽성 물질이야. 왜 그렇겠어? 이온화하는 정도가 약하고 농도 평형을 맞춰서 그런 거지.

산과 반응　　$HCl + HCO_3^-$ (염기) $\rightleftarrows H_2CO_3 + Cl^-$

염기와 반응　$NH_3 + HCO_3^-$(산) $\rightleftarrows NH_4^+ + CO_3^{2-}$

이런 사실을 기반으로 네가 좋다고 우기는, 단지 물에다 이산화탄소 이외에는 좋은 것이라고는 아무것도 없는 탄산수를 만들어보자. 물에 녹는 양이 적기는 하지만, 그래도 소량이 녹는 거잖아. 그렇게 녹아서 무조건 탄산수소를 만들지. 이렇게 만들어진 탄산수소가 물속에서 산이 되는 이유는 이산화탄소의 비공유 전자쌍에 쌍극자가 유발되어 하이드로늄 이온이 만들어지기 때문이지. 얘는 약산이고, 얘의 농도 평형이 역방향 쪽으로 치우쳐 있다는 거지. 여기다가 더 강한 산성 용액을 만들기 위해 인위적으로 수소 이온을 더 넣어보자. 일정한 이온화 상수를 가지는 상황에서 농도 평형을 유지하기 위해서 반응이 계속 역방향으로 일어나면서 수소 이온을 제거하게 되는 거지.

$$CO_2 + H_2O \rightleftarrows H_2CO_3 \rightleftarrows H_3O^+ + HCO_3^-$$

반대로 수산화 이온을 넣으면? 수소 이온과 반응해서 물이 생기기 때문에 H_2CO_3가 지속적으로 이온화되거든. 그래서 쉽게 pH가 올라가지 않아. 결국 약산에 아무리 약염기를 넣어서 pH를 높이려고 해도 일정 수준에서 머물고 만다는 거지. 이 기작이 바로 혈액의 pH 조절 기능이야. 즉, 외부에서 일정한 농도의 수소 이온과 수산화 이온이 오면 일정한 농도 평형을 유지할 수 있는 완충 능력을 가졌다는 거지. 그러니 굳이 리트머스 종이로 산도를 측정해가면서까지 음식을 먹을 필요는 없다는 거지. 그렇기는 하지만 엄청난 양의 수소 이온이나 수산화 이온을 넣으면 변할 수밖에 없지. 단지 일정 범위에서 완충할 수 있는 능력을 가지고 있다는 거지.

그것말고 우리 몸에는 완충 작용을 해주는 또 다른 물질이 있거든. 혹시 단백질의 기본 단위인 아미노산의 구조를 기억하는가? 탄소를 중심으로 아민기와 카르복실기가 붙어 있잖아. 아민기가 (+)전하를 띠고, 카르복실기가 (-) 전하를 띠는 건 주로 중성의 수용액 상태에서야. 만약 애를 H^+ 이온이 더 많은 산성 수용액에 집어넣으면 COO^-가 H^+을 받아 COOH가 될 거고, 알칼리 수용액에 집어넣으면 NH_3^+가 H^+을 내놓아 NH_2가 되겠지. 그럼 아미노산 입장이 아닌 수용액 상태에서 보면 아미노산의 쌍극자 이온(dipolar ion)들이 알아서 수용액의 H^+와 OH^- 농도를 조절하는 완충제의 역할을 해주고 있는 거지.

그래서인데 시험 기간에 그림 그리고 싶고 피아노도 치고 싶고, 빵도 만들고 싶어하는 그 모든 행위가 너의 완충제였냐? 비록 그게 시험기간의 완충제로 나타나 안타깝기는 하지만 길게 보면, 네 나이 마흔이 되었을 때, 쉰이 되었을 때 그 모든 시간들을 행복하

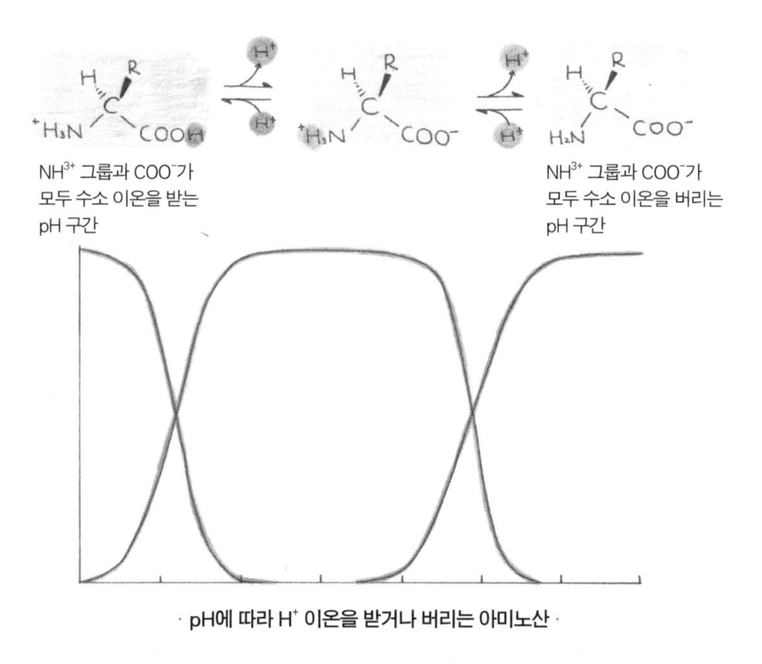

· pH에 따라 H^+ 이온을 받거나 버리는 아미노산 ·

게 만드는 완충제가 되겠지. 그런 완충제로 해결되지 않는다면? 급격하게 폭발해, 방문을 콱 닫고 방에 처박히겠지. 엄마가 바라는 헛된 꿈으로 인생을 채워 가려면 그런 완충제가 없으면 큰일이 나겠지. 다행이다, 그런 완충제가 있어서.

희생과 스트레스 해소?

뜨거운 프라이팬 위에서 생선이 지글지글 익어가는 걸 보면서 먹으면 더 맛있겠다고 주장하기에 고심 끝에 무쇠 프라이팬을 사기는 했지만 쓰고 나면 늘 후회한다. 내가 왜 이렇게 무겁고 비실용적인 프라이팬을 사서 이 고생을 하는지. 다른 냄비나 그릇들과 달리 단순히 씻고 끝나는 것이 아니라 가열해 습기를 완전히 제거하고, 다시 기름으로 코팅을 해놓아야 하잖아. 안 그러면 금방 녹이 슬어버리니까. 엄마의 투덜거림과 무관하게 설거지하는 옆에 서서 쫑알거린다. "엄마, 산에다가 알칼리성 금속을 담그면 부식이 일어나잖아. 엄마가 지금 세제로 닦고 있는데 알칼리에서는 부식이 안 일어나? 그리고 이건 중화 반응이랑 아무 상관없어? 어떤 금속은 알칼리금속이라고도 하잖아"라고. 내용이 이것저것 마구 섞여 질문이 중구난방이네. 부식이 왜 안 일어나겠냐? 당연히 일어나지. 세척하는 시간이 짧고, 세제가 강한 염기성이 아니니 눈에 보이지 않을 뿐이지. 아~ 알칼리금속? 그건 산이나 염기에 녹였을 때가 아니라 중성인 물에 녹였을 때 물을 염기성으로 만드는 금속을 얘기하는 거였지. 부식은 산화고. 지금 엄마를 힘들고 귀찮게 만드는 철을 가지고 산화 얘기를 해보자.

지구 질량의 약 32%를 차지할 정도로 많은 철은 전이 금속으로 지구에 아주 흔한 산소와 반응해 대부분 여러 종류의 산화철 화합물로 존재하잖아. 그 중에서도 Fe_2O_3 형태가 가장 흔해. 최외각 전자가 2개이기는 하지만, 산소와 반응한 전자가 수를 따져보면 Fe^{3+}지. 골치 아픈 d오비탈 때문에 다른 원소와 반응할 때 +3 또는 +2 등의 다양한 형태로 반응할 수 있다고 했어. 산화철이 많이 들어 있는 철광석을 주워 와서 용광로에 코크스(C)를 집어넣고 뜨겁게 만드는 거야. 코크스가 뭐냐고? 엄마가 'C'라고 썼잖아. 탄소가 많은 물질이라는 거지. 인류의 조상들이 훌륭한 도구를 만들기 위해 철을 제련하던 초기에는 숯을 사용했어. 코크스가 특별한 건 아니고, 숯이랑 비슷하게 탄소가 엄청 많은 물질이라는 거지. 이 반응을 통해 순수한 액체의 철이 만들어져. 이 반응을 철(Fe)의 입장에서 보면 결합되어 있던 산소가 떨어져나간 거고 탄소(C) 입장에서 보면 산소를 얻은 거지. 무쇠 프라이팬은 Fe_2O_3에 결합된 산소를 제거한 철로 만든 거잖아. 그러니 그냥 두면 다시 산소랑 결합해 녹이 슬거고. 이게 네가 말하는 부식으로 산소와 결합한다고 해서 '산화'라고 해.

$$2Fe_2O_3(\text{고체}) + 3C(\text{고체}) \rightleftarrows 4Fe(\text{액체}) + 3CO_2(\text{기체})$$

산소와 결합하는 반응이 부식만 있는 것은 아니야. "산소와 결합? 연소도 산소와 결합하는 반응이잖아~" 맞아. 두 반응 모두 산소와 결합하니까 산화지. 하지만, 부식은 산소와 결합하는 반응속도가 느릴 때 사용하는 말이고, 빠르게 산소와 결합해 빛과 열은 내는 반응은 '연소'라고 해. 연소를 보기 위해 가스레인지를 켜보자. 천연가스(LPG)의 주성분인 메테인이 산소를 만나 산화하면서 1000℃가 넘는 온도를 만들어내잖아. 다음 식에서 메테인은 산소와 결합해 이산화탄소가 되었고, 산소는 2개의 수소를 얻었지.

$$CH_4(\text{기체}) + 2O_2 \rightarrow CO_2(\text{기체}) + 2H_2O$$

엄마가 두 반응을 얘기하면서 특별히 다르게 사용한 기호가 있어. 반응의 방향을 표시하는 화살표. 산화철의 정제 과정은 양방향 화살표를, 메테인의 연소 반응은 한쪽 방향의 화살표를 사용했지. 산화철은 산소를 제거해도 쉽게 다시 산소와 결합할 수 있는 반면, 메테인은 한꺼번에 에너지를 폭발시키기 때문에 다시 돌아가기가 어렵기 때문이지. 두 반응의 공통점은? 산소와 결합한 거잖아. 이렇게 산소를 얻는 반응을 '산화', 산소를 잃어버리는 반응을 '환원'이라고 하지. 더불어 산화와 환원은 늘 동시에 일어난다는 것을 알 수 있어. 그래서 하나가 산화되면 다른 하나가 환원되고. 그래서 자신이 산화되면서 남을 환원시키는 물질은 환원제가 되고, 자신은 환원되면서 남을 산화시키는 물질은 산화제가 되는 거지. 두 반응식에서 각각 환원제를 골라보면 산화된 녀석들이 환원제니까 Fe_2O_3와 CH_4가 되고, 산화제는 C(고체)와 O_2가 되겠네.

그런데 말이야, 엄마가 산에 금속을 담그는 캐번디시의 실험을 얘기하면서 이는 '산화-환원 반응이다'라는 얘기를 했어. 가연성 공기 그 자체라고 명명했던 수소가 생성되는 반응이었지. 이 반응을 다시 소환해보자. 반응식을 보면 어디에도 산소가 없으니 산소를 준 녀석도 받은 녀석도 없지. 그럼 저~ 앞에서 이 반응이 산화-환원이라고 말한 엄마가 틀린 것인가? 틀리지 않았으니 당당하게

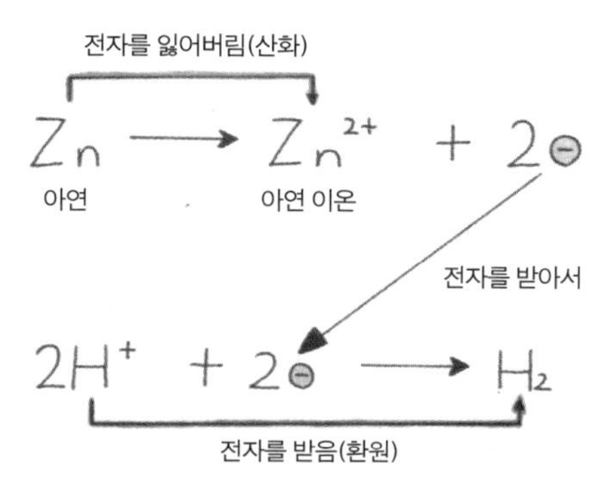

· 아연을 염산에 담글 때 일어나는 산화-환원 반응 ·

산화-환원이라고 말했겠지. 산화-환원을 조금 다른 관점에서 보자. 다른 관점이라고 해서 특별한 것은 아니고, 산소가 아닌 전자의 관점에서 보자는 거야. 모든 화학 반응에서 가장 중요한 것은 전자의 들락거림이니까. 산화-환원의 개념이 반드시 산소를 얻고 잃는 것만은 아니야. 더 확장될 수 있다는 거지.

캐번디시처럼 수소 이온과 염소 이온이 둥둥 떠다니는 염화수소 수용액에 고체인 아연을 넣어보자. 전체 반응식은 〈$2HCl+Zn \rightarrow ZnCl_2 + H_2\uparrow$〉로 반응결과 염화아연이 생성되고 수소 기체가 발생해. 각각을 분리해서 보면 반응 전 고체인 아연의 전자가는 '0'이지만, 반응이 끝나서 만들어진 염화아연에서의 전자가는 +2야. 즉, 아연이 산화-환원 반응을 통해 2개의 전자를 잃어버린 거지. 그럼 아연이 내놓은 전자를 다른 누군가가 받아줘야 하잖아. 그걸 받아주는 녀석이 수소 이온이지. 그래서 염화수소 수용액에 아연을 넣으면 수소 기체가 생기는 거지. 이렇게 전자를 잃어버리는 반응이 산화고, 전자를 얻는 반응이 환원이지. 이처럼 이온화 경향이 큰 금속과 비금속 사이에 일어나는 이온 결합의 경우는 반드시 전자를 주고받아야 하기 때문에 어느 게 산화되었고 어느 게 환원되었는지 쉽게 알 수 있어.

하지만 공유 결합을 하는 경우에도 산화-환원이 일어날까? 전자를 주고받는 게 아닌데도? 응. 일어나. 엄마가 그랬잖아. 원자핵을 건드리지 않는 거의 모든 화학 반응은 전자가 들락거리는 거라고. 전자가 들락거리는 거니 모두 산화-환원 반응이지. "공유 결합은 전자를 주고받는 것이 아니라 공유하는 건데 어떻게 전자를 주고받는 산화환원으로 설명이 가능하냐고~" 실제로 전자를 주고받지는 않지만 전자를 공유하는데 전자를 공평하게 공유하는 것이 아니라, 불공평하게 공유해서 한쪽으로 전자가 치우치잖아. 왜? 전기음성도 차이 때문에. 이 얘기는 어떤 원자가 전자를 더 많이 가진다는 의미가 되는 거지.

공유 결합의 대표적 예인 물을 보자. 수소 입장에서 보면 산소를 얻은 것이니 산화되었고, 산소는 수소를 얻었으니 환원되었지. 하지만 전자를 준 것도 받은 것도 아니니 전자의 이동으로 산화-환원을 설명하기가 어려워. 그런데 전기음성도를 보면 조금 명확하지. 산소와 수소의 전기음성도를 보면 산소가 전기음성도가 훨씬 크기 때문에 전자가 산소 쪽으로 치우칠 거잖아. 그럼 산소 입장에서 보면 전자를 얻은 거니까 환원된 거고, 수소 입장에서 보면 상

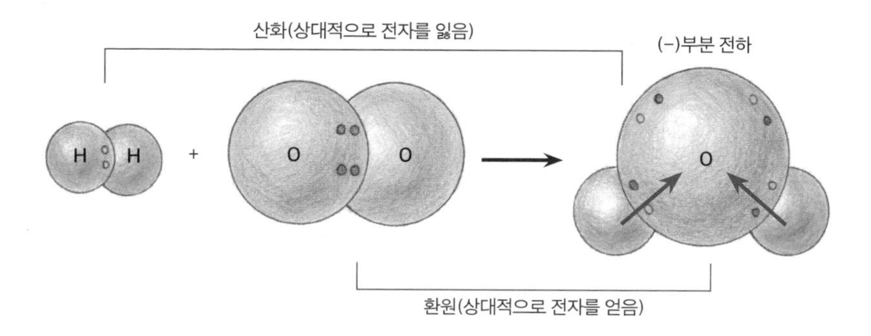

· 물 분자 형성 시 일어나는 수소와 산소의 산화-환원 반응 ·

대적으로 전자를 잃은 거니까 산화된 거지. 엄마가 거의 모든 화학 반응이 산화-환원이라고 했다고 공유 결합을 한 홑원소 분자들도 산화-환원이라고 생각하면 곤란해. 수소 분자와 산소 분자 들은 동일한 원소가 공유 결합한 건데, 얘들의 전기음성도는 같잖아. 결국 얘들이 만나 공유 결합을 할 때는 공유하는 전자를 공평하게 나눠가지니까 전자를 주지도 받지도 않으니 산화-환원 반응이라고 말하기는 어렵지.

이렇게 산화-환원 반응에서 들락거리는 전자를 가지고 '산화수'라는 개념을 만들었어. 어떤 물질 속에서 원소가 어느 정도로 산화되었는지, 다른 말로 전자를 얼마나 잃어버렸는지를 나타내는 가상의 전자 수(전하량)이야. 엄마가 그랬잖아~ 이온 결합은 명확하게 전자가 들락거리는 거라고. 그러니 이온 결합에서는 들락거리는 전자의 전자 수가 산화 수랑 똑같지. 염화나트륨에서 나트륨은 전자를 하나 잃어버리고, 염소는 전자를 하나 얻으니 나트륨

— 산화
— 환원

$$2\overset{+3}{Fe_2}O_3(\text{고체}) + 3\overset{0}{C}(\text{고체}) \rightarrow 4\overset{0}{Fe}(\text{액체}) + 3\overset{+4}{C}O_2(\text{기체})$$

$$\overset{+4}{C}H_4(\text{기체}) + \overset{0}{O_2}(\text{기체}) \rightarrow \overset{+4}{C}O_2(\text{기체}) + 2H_2\overset{-4}{O}(\text{액체})$$

$$\overset{0}{Zn}(\text{고체}) + 2\overset{+1}{H}Cl(\text{액체}) \rightarrow \overset{+2}{Zn}Cl_2 + \overset{0}{H_2}(\text{기체})$$

· 철 제련 시 일어나는 산화-환원 반응 ·

의 산화 수는 +1이고 염소의 산화 수는 −1이지. 그런데 공유 결합에서는 전자가 단지 치우칠 뿐이지 실제로 주고받는 것은 아니잖아. 그러니 전자의 이동으로 산화-환원 반응을 설명하기 위해서 뭔가를 가정해야 하는 거야. 즉, 전기음성도가 큰 원자가 공유전자를 모두 가진다고 가정하는 거지. 물 분자를 보면 산소가 수소보다 전기음성도가 크니까 공유한 전자를 모두 차지한다고 가정한다는 거지. 그러니 산소의 산화 수는 -2가 되고, 수소의 산화 수는 +1이 되는 거야. 그런데 홑원소 분자의 경우는 정말로 공평하게 전자를 공유하는 거니까 원자의 산화 수는 0이 되는 거지.

다음 몇 가지 산화-환원 반응에서 산화 수가 어떻게 변하는지 정리를 해놨는데, 그 중에서 메테인을 보자. CH_4인 메테인에서 탄소의 산화 수는 -4잖아. 그런데 얘를 태워 열을 내면서 생성된

CO_2의 산화 수는 +4야. 즉, 산화-환원은 상대적이라는 얘기지. 하나의 원자는 결합하는 원자와의 상대적 전기음성도의 차이에 따라 다양한 산화 수를 가질 수 있다는 거지.

무쇠 프라이팬을 설거지하는 과정을 다시 자세히 보자. 씻고, 가스레인지에 올려 습기를 제거하고, 기름을 바른다잖아. 왜 이렇게 하겠어? 최대한 물을 제거해야만 산소를 차단할 수가 있기 때문이지. 산소 그 자체는 공기 중의 기체일 뿐이야. 그런데 반응이 일어나려면? 물에 녹아야지. 물이 없으면 반응도 안 일어나거든. 그러니 산소가 물에 녹을 확률을 최소화하기 위해 무조건 물기를 제거하는 거지. 그렇다고 여기서 끝내면 무쇠 프라이팬은 공기 중의 습기에 그대로 노출이 될 거니까 또 산소의 공격을 받을 확률이 커지는 거잖아. 그러니 물과 상극인 기름으로 코팅을 해서 원천적으로 물을 차단하는 거지. 이게 엄마만의 특별한 비법이냐고? 그럴 리가. 녹스는 것을 방지하기 위해 흔히 사용하는 방법이야.

침몰한 배를 끌어올리는 장면을 본 적이 있는가? 직접 볼 일이 없었겠지만, 화면으로는 봤잖아. 여기저기 시뻘겋게 녹도 슬고, 해양생물도 달라붙어 있는 화면을. 침몰하기 전의 배의 아랫부분은 늘 나트륨 이온과 염화 이온이 둥둥 떠다니는 바닷물에 잠겨 있지. 일단 반응이 일어나려면 물이 있어야 하잖아. 바닷물에 잠기는 배의 아랫부분은 산소를 좋아하는 철로 만들어져 있고, 물속에 늘 잠겨 있지. 그것도 이 물이 그냥 물이 아니라 보통의 물보다 전자의 이동이 훨씬 자유로운 전해질이라는 거잖아. 전해질이란 전류를 흐르게 하는 물질이라는 뜻인데, 나트륨 이온과 염소 이온이 둥둥 떠 있으니 전자가 자유롭게 이동할 수 있다는 거지. 철로 만든 물건을 아주 빨리 망가뜨리고 싶으면 이온이 둥둥 떠다니는 바닷물이나, 산 또는 염기에 집어넣으면 돼. 그런데 배가 녹슬면 어떤 일이 벌어지겠어? 겉이 녹슬어 푸석푸석해지면 어느 순간 구멍이 뚫리고 물이 들어올 수도 있지. 사실 이렇게 되기 전에 녹슬기 시작하는 부분에 생물체들이 달라붙어서 자라면서 배의 저항을 크게 만들어. 물살을 가르고 저항을 최소화해서 달려야 하는 배가 마구 저항을 받고, 이로 인해 더 많은 동력이 필요한 상태가 되는 거지.

그러니 이를 최소화하기 위한 온갖 방법들을 강구해야 할 거잖아. 어떤 방법을 쓸 수 있냐고? 가장 손쉬운 방법이 물과 상극인 물질로 코팅해버리는 거잖아. 코팅의 가장 기본적인 물질은 페인트잖아. 페인트칠은 단순히 예쁘라고 하는 게 아니라, 전해질인 바닷물이 직접 철판에 닿는 것을 방지하기 위한 목적이 더 크거든. 이렇게 페이트칠을 해도 강력한 생명력을 가진 바다 생물들은 이 페인트를 분해하면서 자랄 수 있거든. 그래서 생명체가 먹으면 죽는 강력한 독성 물질을 섞은 페인트를 사용해왔지. 이런 물질을 방오 페인트라고 해. 오염을 방지하는 페인트라는 뜻이지. 강력한 독성 물질로 비소와 수은을 쓸 수 있을 거야. 이렇게 강한 독성 물질을 사용함으로써 해양생물의 부착을 효과적으로 억제할 수 있기는 하지만, 당연히 이를 바르는 인부와 선원들에게도 영향을 줄 수밖에 없지. 그래서 이보다는 독성이 약한 구리나 주석이 사용되어 왔어. 가장 대표적인 물질이 TBT(Tributyltin)이라고 유기주석 화합물이야. 그런데 이렇게 유해한 물질을 품은 배가 바다를 돌아다녀봐. 독성 물질들이 바다에 녹아들 거고, 거기에 사는 생명체들은 위험을 받고, 그 생명체를 먹고 사는 우리의 위험도는 날로 증가할 거잖아. 그럼 어찌해야겠어? 방오 성능은 떨어지지만, 생명체에게 유해성이 낮은 조금은 친환경적인 방오제를 사용해야 하는 거지.

엄마가 '친환경'이라는 용어를 썼지? 사실 엄마는 친환경이라는 용어도 적합한 용어는 아니라고 생각하지만 남들이 다 그렇게 사용을 하니까 쓴 것뿐이야. 친환경이라 하면 자연에 존재하는 물질에서 추출한 것을 말하지. 결국 얘들도 화학 물질이잖아. 그래도 자연에 존재하는 물질들은 생태계 내의 다양한 미생물에 의해서 독성이 약화되거나 분해될 가능성이 크기 때문에 생태계에 미치는 악영향이 크지 않다는 거지. 실제로 2008년 국제해사기구에서 TBT 사용을 전면 금지하자는 약속을 했어.

이런 방법 말고 희생양극법(Sacrificial Anode Method)이라는 방법이 있어. 특별한 방법은 아니야. 철보다 이온화 경향이 커서 더 쉽게 산화할 수 있는 금속들을 마구 붙여놓는 거지. 그러면 철을 대신해 먼저 산화가 되기 때문에 정작 철은 안전하다는 거지. 철보다 이온화 경향이 큰 금속들이 뭐가 있겠냐? 알 수가 없다고? 주기율표를 보면 알 수 있잖아. 그런데 엄마가 이런 얘기를 했어. 주기율표가 원자에 관한 거의 모든 것을 얘기해주기는 하지만, 그건 경향일 뿐이고 전형 원소가 아닌 전이 원소들은 골치 아픈 d오비탈과 f오비탈 때문에 이온화 경향을 단숨에 예측하기 어렵다고. 그럼 방법이 뭐냐고? 외우는 거지. 그래서 중요 금속의 이온화 경향 순서를 이 땅의 중고등학생들이 누르면 튀어나오는 조건반사처럼 외웠지. '칼카나마알아~철니주납~수구수은은백금!' 하면서 말이야. 조건반사처럼 외우기는 했지만, 주기율표를 자세히 들여다보면서 원자의 크기에 따라 전자를 당기는 힘과 최외각 전자를 고려하면 충분히 납득이 가는 순서거든. 이온화 경향이 크다는 얘기는 전자를 마구 버리는 성질이 크다는 거고, 전자를 버린다는 것은 산화하려는 경향이 크다는 얘기지. 즉, 철보다 이온화 경향이 커서 먼저 산화되는 거지. 이런 현상을 철 대신 아연이 산화되어 스스로를 희생한다고 해서 희생양극법이라는 감성적인 언어로 얘기하는 거지. "수소는 금속도 아닌데 왜 들어가 있어?" 금속의 이온화 경향은 결국은 반응에 있어서 상대적일 수밖에 없거든. 그러니 비교의 대상이 있어야 하는 거지. 그리고 실제로 이온화는 거의 대부분 물속에서 일어나잖아. 물속의 대표적인 이온이 뭐가 있겠어? 수소이온이지. 수소를 그 모든 이온화 기준점으로 삼은 거지.

금속의 이온화 경향 차이를 응용한 수많은 방법들 중 대표적인 것이 전지거든. 전지는 전류가 흐르는 거고, 전류가 흐르는 것은 전자가 이동한다는 거지. 즉, 어떤 금속에서 전자가 빠져나와 다른 금속으로 들어가는 건데, 전자가 빠져나오는 것은 산화요, 전자

· 금속의 이온화 경향 순서 ·

가 들어가는 것은 환원이잖아. 구리와 아연을 따로따로 염화수소에 넣으면 캐번디시의 실험에서처럼 둘 다 수소 기체가 발생해. 그런데 구리와 아연을 같이 넣고 전선으로 양쪽을 연결하면 구리 쪽에서만 기체가 발생하거든. 금속의 이온화 경향 차이에 따라 아연은 계속 전자를 내놓아 산화되고, 이 전자가 구리 쪽으로 이동해서 환원이 일어나니 수소 기체가 발생하는 거지. 구리 대신에 은을 사용할 수도 있다고? 당연히 있지. 한쪽에 아연을 사용하는 경우 다른 쪽에는 아연보다 이온화 경향이 작은 금속을 사용하기만 하면 돼. 아연과 은을 사용하는 경우 이온화 경향 차이가 더 크기 때문에 전기가 더 많이 발생하지만 은은 비싸잖아. 그러니 대량으로 생산하기 위해서 싼 구리를 사용하는 거지. 이런 원리를 이용한 전지가 볼타(Alessandro Volta)에 의해 세계 최초로 발명된 볼타전지지. 이 전지는 아연이 다 이온화하면 더 이상 전지로서 기능을 못하잖아. 버려야 한다는 얘기지. 이렇게 한 번만 쓰고 버리는 전지를 일차 전지라고 하지. 하지만 휴대폰 배터리는 충전해서 사용하잖아. 한 번 쓰고 버리지는 않지. 이런 전지들을 이차 전지라고 하지.

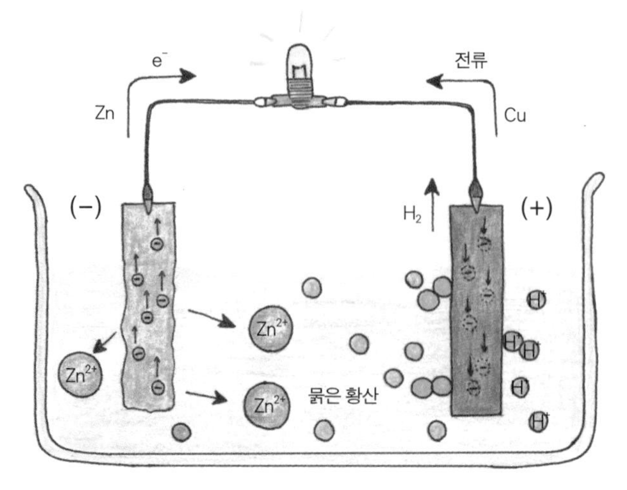

· 금속의 이온화 경향 차이를 이용한 볼타전지의 원리 ·

"그런데 나보고 '칼카나마알아~ 어쩌고~'를 외우라는 거야?" 응. 외우라는 거야. "아니 지금까지 외우지 말라고 그렇게 노래를 해놓고 이제 와서 외우라는 거냐고?" 응. 외우라는 거야. 그것도 아주 공식적으로. 물론 지금까지 이런저런 얘기를 하면서 비공식적으로 외우게 만든 거 알잖아. 하지만 얘는 방법이 없거든. 사실 방법이 없는 것은 아닌데, 우리나라 시험이 방법을 없게 만들었지. 원리를 이해하고 있다면 시험 볼 때 이 금속의 이온화 경향 순서를 지문으로 제시해주면 되잖아. 하지만 우리나라 시험이 그렇게 친절하지는 않으니까.

그런데 아무 생각 없이 외우면 심각한 문제가 생겨. 엄마가 어느 날 신문 기사를 보다가 기사 첫머리에 '칼카나마알아철니주납수구수은은백금~ 학창시절 죽어라 외웠던 원자번호~'로 시작하는 기사를 봤는데, 흥미로웠던 것은 그 아래 달린 댓글이었어. 사실 너무 많은 댓글이 달려서 '나중에 이 기사는 삭제되겠구나'라고 생각될 정도로 수많은 댓글이 달렸더라고. 뭐라고 달렸겠니? '기자님, 그건 원자번호가 아니라 금속의 이온화 경향입니다.' '기자가 이런 것도 모른다. 어찌 이런 일이~' 기타 등등이었지. 기사의 주된 내용이 금속의 이온화 경향과 관련된 것은 아니었는데, 대한민국 국민이 다 아는 이 방언을 다른 것이라고 썼으니 원래 기자가 하고 싶었던 얘기는 다 묻혀버리고 '칼카나마알아~'만 남은 거지. 아마 그 기자도 처음에는 완전 신났을 거야. 자신도 방언처럼 튀어나오는 '칼카나마알아~'를 써먹을 수 있는 기사를 쓸 기회가 왔으니까. 그런데 그냥 무조건 외웠으니 이게 원자번호 순서인지 이온화 경향 순서인지도 몰랐던 거지. 그래서인데, 그냥 일상에서 주문처럼 외우는 하나쯤의 방언은 필요하지 않을까? 다만 그 뜻이 뭔지만 정확히 안다면?

뭐 엄마가 처음으로 외우라고 했다고 강력한 반박을 하려고? 반박해도 이는 어쩔 수 없는 일이지. 그렇다고 강력한 항의의 행위로 금속으로 만들어진 연필꽂이를 긁어대다니. 망가트리고 싶은 욕구가 생겼냐? 어디 그렇게 해서 쉽게 망가지겠냐? 더 빨리 망가지게 하는 방법을 알고 있잖아. 산화-환원을 배웠으니, 금속으로 된 연필꽂이를 전해질인 소금물이나 아세트산을 넣어 만든 산성 용액에다가 하루 이틀 담가놓으면 더 쉽게 망가진다는 것을 알고 있잖아. 더군다나 이미 긁어서 코팅을 벗겨냈으니 훨씬 더 빨리 부식되겠구만. 연필꽂이를 희생시켜 너의 스트레스를 해소하고 있는 것인가?

엄마는 네가 '뭐가 몸에 좋대, 뭐가 좋대' 하면서 특정 제품의 구매를 강요할 때마다 엄청난 스트레스를 받아왔어. 요즘은 조금 무뎌져서 구매 강요에 대해 '그런가 보다' 하고 마는 경우가 대부분이지만. 엄마는 너로 인한 스트레스를 어떻게 해결했냐고? 엄마도 희생양을 선택했어. 엄마의 희생양은 바로 너지. 과학이란 어쩌고 저쩌고 하면서 말이야. 엄마가 말하는 '어쩌고 저쩌고'를 조금 다른 측면에서 해석해보면, 좋다고 말할 때는 근거가 있어야 한다는 거야. 또 좋다고 다 좋은 것은 아니라는 걸 분명히 알고 얘기해야지. 안타깝게도 엄마는 네가 '좋다'라고 말하는 대부분은 명확한 근거가 없는 '프리멈 엔스'와 같다고 생각해. 프리멈 엔스가 뭔지 기억하지? 16세기에 청춘을 돌려준다고 마구 팔아먹은 약이잖아. 과학이 발달하면서 과학용어가 일상의 용어가 되어가는 아주 훌륭한 현상이 일어나고 있어. 그러니 알칼리, 이온, 나노, 기타 등등의 단어들이 아주 자연스럽게 사용되고 있지. 엄마는 이를 아주 긍정적이라고 생각하거든. 하지만 아무렇게나 그런 용어들을 남발해서 소비자들을 혹하게 만드는 행위는 근거 없는 논리로 '프리멈 엔스'를 팔아먹는 것과 똑같다는 거야. 과학 용어를 사용한다고 해서 논리적인 것은 절대 아니지. 오히려 과학 용어들을 신비롭게 나열함으로써 사람들을 혹하게 만드는 광고에 불과한 거지. 이 정도의 신비주의를 이용한 상술은 애교라고? 더 나쁜 일들이 비일비재하다고? 뭐 그렇다고 해도 비난을 피해갈 수는 없다고 생각해.

지금까지 인류는 위험한 자연에서 스스로를 보호하기 위해 수많은 방법들과 물질들을 이용해왔어. 자연에 있다고 해서 다 안전한 것은 아니니 안전한 것을 선택하기 위한 수많은 시행착오를 겪어왔지. 끊임없이 강조해온 것처럼 화학 물질이라고 해서 다 나쁜 것은 아니잖아. 우리는 화학 물질로 이루어져 있고, 화학 물질 없이 살 수 없잖아. 이 시점에서 중요한 것은 화학 물질 그 자체가 아니야. 화학 물질 그 자체로 인한 위험성보다 더 큰 위험성, 인간 사회가 만들어내는 위험성. 사실 엄마가 걱정하는 게 바로 이런 거야. 자연이 만들어낸 화학 물질이든 인위적으로 합성한 화학 물질이든 인류는 그걸 안전하고 유용하게 쓸 능력이 있어. 하지만 지금까지 엄마가 떠든 내용을 보면, 위험한 화학 물질들로 인한 큰 사고나 화학 물질로 인한 위험성이 증가하게 된 결정적인 이유는 그걸 이용해 좁은 범위의 이익에만 매달리고, 그런 사회적 위험성을 걸러내지 못한 제도의 문제였지. 그러니 화학 물질의 위험성을 잘 걸러낼 수 있는 안전한 사회를 만들어가는 게 정말 중요하다는 거지. 그래서인데 회의적이 되면 안 될까? '알칼리수가 좋다', '이거 먹으면 몸에 좋다', '천연에서 온 물질은 안전하다', '안전한 방법으로 만든 안전한 물질이다', '친환경 방오도료라서 해양생물체에 무해하다'라는 수도 없는 문구는 들을 때마다 의심하고 또 의심하라는 거지. '좋다'라는 것과 '안전하다'라는 것보다 그 '물질이 안전하다', '좋다'라고 판단해준 기준과 그 과정이 옳은지……. 더불어 정말 그 기준에 따라 만들어진 것인지…….

생물학에서 시작한 '불량엄마의 과학수다' 시리즈가 지구과학을 거쳐 화학까지 이르렀다. 당초에 지구과학과 화학을 쓸 생각은 없었다. 그냥 아이들과 공부한 과거로 남겨두고 싶었다. 그런데 어쩌다보니(?) 벌써 세 번째다. 주위 사람들에게 떠밀린 것도 있지만, 아이들과 함께 고민하고 그림 그리는 시간들을 놓치고 싶지 않았기 때문일 것이다. 더불어 과학을 여전히 외워야 한다고 생각하는 많은 아이들에 대한 안타까움도 있었다. 또한 탄소라면 무조건 나쁘다고 생각하는 시선, 화학이라고 하면 색안경을 끼고 바라보는 시선에 대해 꼭 한번은 짚고 넘어가고 싶었다. 실제로 탄소가 없는 세상에서 존재할 수 있는 생명체는 없으며, 화학 물질이 없는 세상은 없다고. 문제는 화학 물질에 있는 것이 아니라 사용자의 남

용에 있다고.

화학을 마무리 지으면서 약간의 문제에 부딪혔다. 소위 '물화생지'라고 말하는 과학의 영역 중에서 공식적으로 '물리'를 다루지 않았다. 하지만 비공식적으로 다른 분야에서 많이 다루었다. 물리 없이 얘기할 수 없는 부분들이 많기에 세 권의 책 여기저기에 물리가 녹아 들어가 있다. 사실 모든 책을 읽다보면 이게 화학인지, 생물인지, 지구과학인지 구분하기 어려운 부분들이 종종 있다. 아이들과의 수다 시간에도 그러했다. 아이는 하나를 물었는데 오지랖 넓은 나는 생물과 화학, 물리와 지구 얘기를 다 섞어서 했다. 예를 들면 대기 대순환을 얘기하면서 중력장 얘기, 지구탈출 속도 얘기를 마구 섞어서 하고, 생물학에서 화학을 화학에서 생물학과 물리를 떠들기도 했다. 이는 과학의 특정 영역만 따로 떼어내어 얘기하기 어렵다는 얘기다.

'그럼 다음은 물리?'라고 질문할 이가 있을지도 모르겠다. 그래서 고민했다. 다른 책들에서 언급한 물리 관련 내용을 보다 깊게 이해할 수 있는 해설서 수준에서의 물리를 써보는 건 어떨까 하는 생각도 했다. 지금까지 과학과 연계된 일들을 해오면서 특별히 따로 접할 기회가 거의 없었던 분야가 물리이기에 이참에 물리를 심도 깊게 공부해볼까 하는 생각을 한 것도 사실이다. 이런 나의 생각에 대해 같이 사는 남자가 "누가 물리학 그 자체를 하래? 어떻게 전달할 것인가가 중요하지"라고 주장했다. 그렇다고 물러설 내가 아니다. 그래서 나는 그에게 이렇게 제안했다. 물리학을 좋아하고 지금도 이런저런 공부를 하는 당신이 써보는 게 어떠하냐고. 그러면서 한마디를 덧붙였다. '불량엄마 남편의 물리학 부록'을 쓰라고. 그가 정말 쓸지는 잘 모르겠다. 그가 쓴다면 제안한 제목처럼 불량엄마 과학수다 시리즈에 넣어줄 생각은 있다. 그가 쓰지 않는다면? 아이들에게 떠들었던 내용을 다시 엮어야 하나? 그건 차후의 문제이다.

첫 여정에서부터 지금까지 함께 해준 궁리출판사 식구들과 딸아이, 화학책에 합류한 아들녀석에게 그리고 특별한 스승이신 이덕환 선생님께 다시 한번 감사의 마음을 전한다.

2018년 5월

찾아보기

굵게 표시한 숫자는 각 용어가 본문 그림자료에 있는 경우를 가리킵니다.

ㅂ

페르미, 엔리코 121~122

ㅎ

기타